无线传感器网络移动数据收集

郭松涛　王　飞　刘德芳　杨元元　著

科学出版社
北　京

内 容 简 介

本书阐述了无线传感器网络移动数据收集的基础理论、关键技术和最新研究成果，详细介绍了将多用户多输入多输出 (multiple-input multiple-output, MIMO)技术、空分多路复用(space division multiple access, SDMA)技术、并发数据上传技术等现代通信技术应用到无线传感器网络的移动数据收集，深入讨论了在网络连通或不连通、低传输延迟、收集代价最小、有界中继跳数等情况下的无线传感器网络移动数据收集。

本书可作为高校信息学科专业的本科生、研究生教材或教师及研究机构科研工作者的参考书。

图书在版编目(CIP)数据

无线传感器网络移动数据收集 / 郭松涛等著. —北京：科学出版社，2019.7

ISBN 978-7-03-061852-8

Ⅰ.①无… Ⅱ.①郭… Ⅲ.①无线电通信-传感器-数据采集-研究 Ⅳ.①TP212

中国版本图书馆 CIP 数据核字(2019)第 136824 号

责任编辑：张 展 黄 嘉/责任校对：彭 映

责任印制：罗 科 / 封面设计：墨创文化

科学出版社出版

北京东黄城根北街16号

邮政编码：100717

http://www.sciencep.com

成都锦瑞印刷有限责任公司印刷

科学出版社发行 各地新华书店经销

*

2023 年 10 月第 一 版 开本：B5 (720×1000)

2023 年 10 月第一次印刷 印张：16

字数：386 000

定价：198.00 元

(如有印装质量问题，我社负责调换)

前　言

无线传感器网络的移动数据收集具有广泛的应用价值，依据所搭载不同类型的传感器，可以探测包括电磁、温度、湿度、噪声、光强度、压力、土壤成分、移动物体的大小、速度和方向等周边环境中的各种现象。在军事、航空、反恐、防爆、救灾、环境、医疗等应用领域具有广泛的应用。当今正是物联网蓬勃发展的初期，无线传感器网络移动数据收集的发展在工业控制、环境监测、目标跟踪、医疗护理及军事领域有着不可估量的作用。

目前国内外对无线传感器网络的研究热点已经从静态数据收集转移到移动数据收集。移动数据收集已经成为无线传感器网络研究的一个新的研究方向。移动数据收集相比传统的数据收集方式，可以极大地节约传感器中的能量、延长传感器的网络寿命，可以有效地消除传感器之间能量消耗的不均匀性等。通过将多用户多输入-多输出(multiple-input multiple-output，MIMO)技术、空分多路复用(space division multiple access，SDMA)技术、并发数据上传技术等现代通信技术应用到无线传感器网络的移动数据收集，显著地提高了移动数据收集的性能。因此，移动数据收集已经超出传统无线传感器网络(wireless sensor network，WSN)的研究范畴和深度，为未来无线传感器网络的部署方式和运行机制提供了新的理论基础。读者通过阅读本书能够了解无线传感器网络移动数据收集的基本思想、关键技术及重要结论，也可以把握无线传感器网络的研究方向，通过对一些基本研究方法和研究成果的深思和总结，有助于形成自己独特的研究思路和新的研究方向。

在组织结构上，本书首先介绍了无线传感器网络及数据收集，给出数据收集的分类、存在的问题、挑战及移动数据收集的分类等，然后详细讨论了连通及不连通 WSN 的移动数据收集机制、WSN 中移动数据收集的路径规划、基于有界中继跳数的移动数据收集、基于多用户 MIMO 技术的移动数据收集、基于空分多路复用的有效移动数据收集等关键技术，最后又阐述了基于优化的分布式移动数据收集算法、基于代价最小化的移动数据收集算法、基于并发数据上传的移动数据收集架构、基于信号与干扰加噪声比(signal to interference plus noise ratio，SINR)的低延迟数据收集算法等算法和架构。

本书的内容来源于作者近年来在无线传感器网络移动数据收集方面的最新研究成果，得到了国际学术界的高度评价，在国际上具有一定的先进性和前瞻性。在此谨向所有帮助和参与本书相关研究工作的老师和同学表示感谢！特别感谢美国石溪大学研究团队的赵淼、宫大伟、马明等对本书研究工作做出的突出贡献；也感谢研究团队的余红宴、杨阳、刘贵燕、何春蓉、何静、吴燕、邹玉雪、李俊、陈文渊等参与了本书的部分写作。在本书的著述过程中阅读了大量参考资料，谨向书中已列出和未列出的所有文献资料的作者表示敬意。同时，也向长期以来一直默默支持我们研究工作的亲人表示诚挚的感谢！

尽管在著述过程中仔细构思，然而由于作者才疏学浅，书中难免仍有不少瑕疵，敬请广大读者不吝赐教，特别感谢！

目　　录

第1章 绪 论

1.1 无线传感器概述

无线传感器网络(wireless sensor network，WSN)通常由数百或数千个传感器节点通过无线连接来执行感知、数据传送任务。随着嵌入式技术的蓬勃发展，各种功能的传感器模块被置入单个节点上，并通过无线通信技术连接，形成了最初的无线传感器网络[1]。21 世纪初，无线传感器网络曾经被《美国周刊》评为最有发展前景的十大新兴技术之一。

1.1.1 无线传感器网络体系的结构

在无线传感器网络中，传感器通常随机分布在没有配置基础设施的空间中，每个传感器都具备监测环境、收集数据及将数据路由传输到数据接收器的能力。典型的无线传感器网络体系架构如图 1.1 所示。无线传感器网络通常由大量的传感器节点、固定或移动的汇聚(sink)节点、外部网络(互联网或蜂窝网络)和客户端组成。无线传感器节点主要负责从检测环境中感知数据，并将感知到的数据以单跳或多跳的方式进行传输；汇聚节点是连接外部网络和无线传感器网络的网关，具有较多的能量和较大的内存空间；外部网络借助互联网或蜂窝网络来实现长距离的数据传输和通信；客户端则借助外部网络通过电脑或智能手机向传感器网络发送控制命令和接收来自传感器网络的数据。

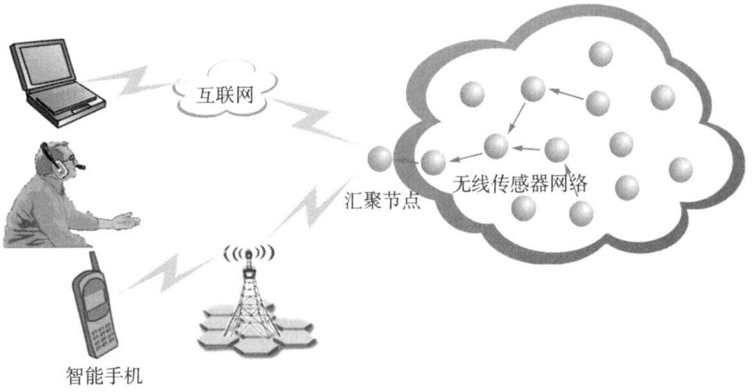

图 1.1 无线传感器网络体系架构

无线传感器节点具有体积小、智能化、易于扩展、成本低廉、安装部署方便的特性，这使其组成的无线传感器网络具有较好的经济性能并得到了广泛应用。但是，无线传感器节点在能量供应、计算、存储和通信方面的能力十分有限，这也给无线传感器网络的研究带来了巨大挑战。和其他类型的网络相比，无线传感器网络的瓶颈主要是资源有限，特别是能耗方面，所以在设计硬件和路由协议时需要首先考虑。因此，考虑到无线传感器节点在硬件资源上的限制，要求应用到无线传感器网络的算法和路由协议必须是特定的、轻量级的，所以不宜直接移植其他类型网络已有的算法和协议。

1.1.2 无线传感器网络的特点

无线传感器网络在当前社会中有着极为广泛的应用[2]，如环境监测、智能家居等。作为一个面向应用的网络，其主要任务就是通过收集相应的数据来检测网络部署区域内事件发生的状况。相比传统的无线局域网络，无线传感器网络表现出很多自身固有的特性，主要体现在以下几个方面[3]。

(1) 以数据为中心且数据冗余度高：传统的无线局域网络以地址为中心，网络中的每个节点在进行数据传输时以目的地址为根据，而无线传感器网络却不同，它以数据为中心，终端用户只对传感器节点所感知的数据感兴趣，而对感知数据的某个传感器节点并不关心。例如，用户在查询某个区域的事件时，返回给用户的结果是事件本身，而不是监测到该事件的某个传感器节点的编号。另外，由于无线传感器网络的节点数量较多，因此在一定区域范围内的节点所监测到的数据通常具有较高的冗余度。

(2) 网络规模庞大且传感器节点分布随机：通常情况下，无线传感器网络中的节点数目庞大，在不同的应用场景下，数目由几百到几千个，甚至几万个，并且这些节点多数情况下是随机部署的。

(3) 节点的资源及能力受限：一般情况下，传感器节点的资源是受限的，节点由自身携带的微型电池供电，如果电池的电量耗尽，那么该节点便成为死亡节点。一旦有节点死亡，便很有可能出现“能量空洞”现象[4]。另外，受到资源及制造工艺的限制，无线传感器节点通常只具备有限的计算能力、存储能力和通信能力。所以，一般不会将很复杂的计算任务交给传感器节点执行，而是将其交给汇聚节点。

(4) 节点具备自组织能力且网络拓扑结构易变：传感器节点具备自组织能力，能够自动进行组织和管理，构成一个分布式多跳任务型网络。由于在很多应用场景下，传感器节点被部署于自然气候条件非常恶劣的地域中，因此传感器节点很容易发生故障或损坏，节点的可靠性较差。当节点发生故障时，会导致网络的拓扑结构发生变化，因此无线传感器网络的拓扑结构是易变的。

(5) 无线传感器网络具备很强的应用相关性：无线传感器网络是面向任务的自

组织分布式网络，因此它是应用相关的。针对不同的应用场景或需求，整个网络在硬件层面和软件层面的设计上也有不同的要求和偏重。例如，在对海洋温度勘测的应用中，需要周期性地将数据返回给终端用户，而在火灾监测的应用场景下，应用对实时性的要求较高，需要及时将事件信息发送给终端用户。

1.1.3 无线传感器网络的研究热点

虽然无线传感器网络在众多领域的广泛应用给生产及生活带来了极大的便利，但是传感器节点的能量受限问题却给无线传感器网络的发展带来了一定程度的制约。因此，不同于传统无线局域网络，无线传感器网络的研究一般都围绕能耗这个主题，以下列举了该领域内的一些研究热点。

1. 数据收集

数据收集是无线传感器网络的基础问题，也是热点问题。监测区域内的传感器节点感知外部环境并依照设定的数据收集方式将产生的感知数据传输到基站。当前学术界提出了大量旨在节省传感器节点能量、延长网络寿命的数据收集方法。总体上，传统的方法可分为四大类：原始数据收集、基于数据融合的数据收集、基于时空相关性的数据收集和基于数据压缩的数据收集。

2. 数据传输与路由协议

数据传输同样是无线传感器网络的基础研究问题。传感器节点收集数据后，通过单跳或多跳的方式，将数据传输到汇聚节点。因为传感器网络中大多节点的冗余度较高，因此在满足覆盖率和连通度的前提下，剔除不必要的无线连接，构建一个精简的传输路径，是数据传输的主要研究内容。数据传输所涉及的研究内容非常广泛：网络拓扑控制、路由协议设计、媒体访问控制(media access control，MAC)层协议设计等。其中以节能为目的的路由协议、MAC 层协议一直是学术界研究的热点[4]。常见的路由协议可分为传感器信息协商协议(sensor protocol for information via negotiation，SPIN[5])、定向扩散(directed diffusion，DD[6])路由协议和低能耗自适应聚类层次(low energy adaptive clustering hierarchy，LEACH[7])协议、阈值敏感节能传感器网络(threshold sensitive energy efficient sensor network protocol，TEEN[8])协议、基于链状结构的传感器信息系统能量高效聚集(power-efficient gathering in sensor information systems，PEGASIS[9])路由协议。

3. 拓扑管理

对自组织的无线传感器网络而言，网络拓扑控制对网络性能的影响很大。其拓扑结构受很多因素(如节点的传输能量、天线角度、信号干扰等)的影响，动态性很强。拓扑结构是设计链路层和网络层协议的基础，是网络性能的重要保障。研究表明，良好的拓扑管理可以提高路由和链路层协议的效率及网络吞吐量，同时减少网络干扰，节约节点资源，从而达到延长网络生命周期的目的。

还有一些关键技术，如数据融合[2]、时钟同步[3]、节点定位[4]、数据管理[10]、网络安全[11]等也是无线传感器网络的研究热点。鉴于篇幅，在此不进行逐一讨论。

1.2 无线传感器网络的数据收集

数据收集是获取物理世界状态的重要方式，也是实现各种复杂无线传感器网络应用的基础。高效的数据收集对于无线传感器网络具有重大意义。首先，数据收集是实现无线传感器网络功能的关键。只有高效可靠地获取物理世界感知的信息，我们才能够准确地了解当前物理世界的状态，为后期的数据分析、知识挖掘和决策反馈提供真实可靠的依据。其次，作为无线传感器网络的基本功能，高效的数据收集方法是延长网络寿命的重要途径。高效的数据收集方法可以根据实际的应用需求挖掘全网内部的数据特点，合理调度数据采集并准确恢复全网感知数据，在减少节点能量消耗的同时满足实际应用的数据质量需求。

1.2.1 数据收集模式及收集方法分类

无线传感器网络中的数据收集模式可以分为：①持续的数据收集，网络中每个传感器节点周期性地产生感知数据并传输到基站；②基于查询的数据收集，网络中拥有符合用户查询所需求数据的传感器节点时，才会被触发并传输感知数据到基站；③基于事件驱动的数据收集，只有在网络中检测到用户感兴趣的特定事件的传感器节点才会将其感知的数据回传到基站。

如前所述，总体上，数据收集的方法可分为四大类：原始数据收集、基于数据融合的数据收集、基于时空相关性的数据收集和基于数据压缩的数据收集。

(1) 原始数据收集的方法是传感器节点不对其采集的数据进行处理，直接传输原始数据。这种方法经常因传感器节点的密集部署而使网络内部的数据流量大且分布不均匀，基站附近传感器节点的能量消耗过快，从而引发“热点问题”，进而影响网络效率。

(2) 基于数据融合的数据收集方法能够获得监测区域内高度概括的感知状况（如整个监测区域感知数据的最大值和最小值），但这并不能满足大部分实际应用中对细粒度感知的需求。

(3) 基于时空相关性的数据收集。传感器节点的感知数据存在较为明显的时空相关性，借助数据的时空相关性，数据收集方法可在数据精度和能量节省之间保持平衡。在减少实际应用需求的基础上牺牲一定的数据精度，同时可实现传感器节点大量节能的目的。

(4) 基于数据压缩的数据收集方法是利用传感器节点感知数据的相关性对数据进行编码以消除信息冗余，从而减少数据传输量。该类方法依据网内数据编码方式又可分为基于传统压缩编码的数据收集方法、基于分布式信源编码(distributed source coding, DSC)[12]的数据收集方法和基于压缩感知(compressive sensing, CS)[13]的数据收集方法。

1.2.2 数据收集中存在的问题与挑战

数据收集的目标在于结合实际应用需求和无线传感器网络本身的特点来设计高效的数据收集方法，以保证所收集数据的能量有效性、可扩展性及动态适应性等。虽然无线传感器网络中有关数据收集的研究已经持续了很多年并取得了大量的研究成果，但是随着无线传感器网络应用的多样化发展，新的应用特点和需求不断被提出，已有的数据收集方法也需进一步改善。

1. 能量有效性

无线传感器网络软件及硬件设计的一个核心原则即能量有效性，这是出于传感器节点的资源限制和无线传感器网络长期运行的需求。从数据收集的角度出发，提高能量有效性的方法主要包括以下两方面。一方面需要尽可能地减少传感器节点的能量消耗。研究表明，在传感器节点的各项活动中，通信是传感器节点能量消耗最多的环节。因此，在数据收集过程中有效降低数据通信量是节省传感器节点能量的重要途径，而如何利用网络中感知数据的时空相关性来抑制冗余数据传输是关键。另一方面需要保证网络能量消耗均衡，这样可使得所有传感器节点的能量消耗同步，避免因局部能耗热点造成网络空洞而缩短网络的有效工作寿命。虽然，当前已有的数据收集方法提出了不同的措施来提高传感器节点的能量有效性或平衡全网节点能耗，但是综合考虑传感器节点层面和网络层面中能量有效性的数据收集方法仍有待研究。

2. 可扩展性

数据收集方法需要具有较好的可扩展性以满足不同应用场景下不同规模的无线传感器网络对数据收集的需要。无线传感器网络可能包含成百上千个传感器节点，所以有效容纳如此多的节点来完成大范围的数据收集就需要设计扩展性强的数据收集方法，保证数据收集过程中的计算操作或信息交换在节点本地或局部小范围内进行，避免泛洪(flooding)等不必要的涉及全网节点参与的操作。传统的数据收集方法因数据量过大等而具有较差的可扩展性，故只适合小规模的无线传感器网络。集中式的数据收集方法在大规模网络中的可扩展性较差，因此需要设计一套分布式的数据收集相关机制与方法来有效管理广域分布的传感器节点并高效地完成数据收集任务。

3. 动态适应性

无线传感器网络本身的动态特性及潜在的广泛应用要求数据收集方法具有较强的适应性。无线传感器网络普遍存在新节点加入及已有节点因能量耗尽而废弃的情况，此外网络部署环境的动态变化也会影响网络拓扑，这使得网络结构或网络拓扑发生动态变化，进而影响数据收集的效率。数据收集方法需要动态地适应这些变化并及时做出调整。无线传感器网络的实际应用具有不同的数据质量需求，设计自适应的数据收集方法，通过有效利用数据质量需求来制定相应的数据收集策略，从而实现数据质量与传感器节点能耗的平衡。

总的来说，虽然当前有大量关于无线传感器网络数据收集方法的研究，但仍存在缺陷与不足，具体体现在数据收集能量开销大且传感器节点能量消耗不均衡；传感器节点间的相关性度量有效性差，不能进行有效的空间分簇；数据收集精度低且不可控；数据收集方法的设计目标单一，不能满足各类网络场景的数据收集应用需求。

1.3 移动数据收集

1.3.1 移动数据收集的背景

基于以上分析，本书将重点讨论无线传感器网络中的移动数据收集。与普通的无线传感器网络相比，移动型无线传感器网络的显著特征就是在网络中引入了移动节点，包括移动汇聚节点和移动感知节点。在普通的无线传感器网络中，数据汇聚节点和感知节点都是静止的，数据采用多跳方式传送到汇聚节点，因此会出现“漏斗效应”或“热点效应”，即靠近数据汇聚节点的感知节点的能量消耗特别快，使网络快速失效。在无线传感器网络中引入移动节点可以避免这种情况的发生，数据汇聚节点与感知节点可以直接通信或减少通信跳数。此外，移动型无线传感器网络还可以将不连通的多个子网络连接起来，避免形成网络孤岛。

2003 年，Shah 等提出了一种 Data mules 的移动型无线传感器网络，开启了移动型无线传感器网络的研究[14]。这种无线传感器网络可以用于环境监测、动物跟踪等。文献[15]～文献[17]进一步研究了 Data mules：文献[15]对多个 Data mules 的线路进行优化，以减少数据的收集延迟；文献[16]采用小世界网络模型优化了 Data mules 的数据收集线路；文献[17]采用聚类的方法产生了 Data mules 可靠的数据收集线路，提高了消息传递的效果。

文献[18]总结了移动型无线传感器网络的移动模式、移动模型和移动节点，相应的分类如图 1.2 所示。移动模式是指不同移动载体的运动方式，包括步行者移动模式、车辆移动模式和动态媒介移动模式。

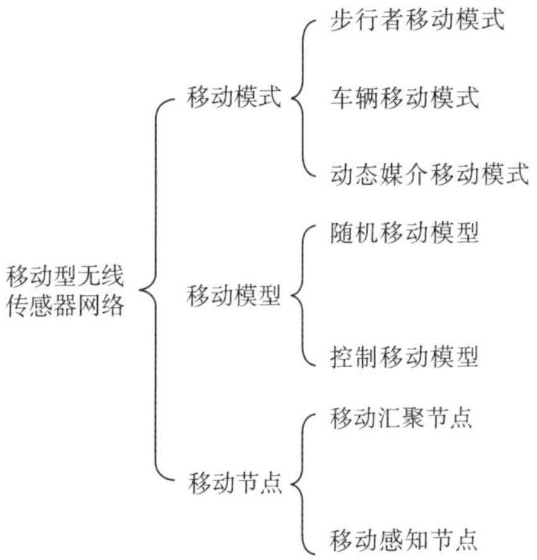

图 1.2 移动模式、移动模型和移动节点分类[18]

移动模型是移动模式的数学抽象和数学表达，包括随机移动模型和控制移动模型，其分类如图 1.2 所示。在随机移动模型中，移动载体按照概率方式生成移动线路；在控制移动模型中，移动载体可以采用维度控制变量生成线路，例如，平面中，可以通过二维变量的方向和速度(加速度)生成线路。一般情况下，步行者移动模式和动态媒介移动模式采用随机移动模型表示，而车辆移动模式采用控制移动模型表示。

移动节点指网络中可以移动的节点，包括汇聚节点(sink node)和感知节点(sensor node)，如图 1.2 所示。在移动汇聚节点的网络中，汇聚节点可以移动，而感知节点静止。文献[18]将移动汇聚节点的网络划分为三种类型：移动基站的网络、移动数据收集器的网络和预约节点的网络。在移动基站的网络中，传感器节点通过多跳方式将数据传输给汇聚节点；在移动数据收集器的网络中，传感器节点通过单跳方式将数据传输给汇聚节点；在预约节点的网络中，传感器节点将数据转发给预约节点，预约节点将数据临时保存，移动收集器周期性地收集预约节点的数据。在移动感知节点的网络中，部分传感器节点具有移动能力，可以存储并转发不连通网络的数据。

1.3.2 移动汇聚型无线传感器网络

本书主要关注移动汇聚节点的网络类型。2007 年，Ma 和 Yang[19]等提出了一种称为 Sencar 的移动数据收集器，掀起了对移动汇聚型无线传感器网络的研究热潮。这种移动汇聚型无线传感器网络包含两种节点：感知节点(sensor node)和移动节点(sencar node)。与 Data mules 类似，感知节点只具有环境感知、数据采集和数据传输的功能，一般采用电池供电，并静止地部署在环境中；Sencar 是一种移动数据收集设备，与 Data mules 不同的是，Sencar 是一种配置无线数据收发设备的移动机器人或移动小车，它的运动方向和速度都是可以控制的。Sencar 的数据收集方式为周期性循环数据收集方式：从初始点出发，访问所有的感知节点，再回到初始点。这种方式具有较好的实用性，可以应用于无人机环境监测[20]。这种移动数据收集规划的数学模型可以归结为旅行商问题(traveling salesman problem，TSP)，这也是一种多项式复杂程度的非确定性(NP)完全(non-deterministic polynomial complete，NP-Complete)问题，很难求出精确解。因此，文献[9]提出采用分治策略规划 Sencar 的运行线路，并采用多跳分簇方式传送感知节点的数据。

在此基础上，文献[21]～文献[24]对 Sencar 做了进一步研究。文献[21]在 Sencar 的基础上提出了无线传感器网络移动数据收集的框架。该框架包含三层：感知层、簇头层和 Sencar 层。在这种框架下数据传输的方式是：感知节点采集数据，并将采集数据通过多跳的方式传送到簇头节点；簇头节点接收数据后，将数据存储起来，等待 Sencar 收集数据；Sencar 周期性地移动到簇头，收集簇头存储的数据。文献[22]研究了单 Sencar 和多 Sencar 情况下的线路规划。单 Sencar 情况下的线路规划问题被形式化为混合整数规划问题，并提出了生成树覆盖算法；多 Sencar 情况下的问题增加了线路长度约束，并将多 Sencar 问题分解为单 Sencar 问题。文献[23]研究了 Sencar 双天线感知节点的匹配问题。文献[24]研究了多输入-多输出情况下的数据收集。这些研究都表明 Sencar 这种移动汇聚型无线传感器网络是实用的网络，但这种网络难以规划。

在移动型无线传感器网络中，根据汇聚节点的数量，网络被划分为单汇聚节点网络和多汇聚节点网络。单汇聚节点网络是指网络中包含一个移动汇聚节点和多个静止的传感器节点。从文献可以看出，大多数的研究是基于单汇聚节点网络的。文献[25]研究了单汇聚节点网络的生存时间最大化问题。文献[26]研究了单汇聚节点网络中汇聚节点循环访问传感器节点的最大轮数。文献[27]研究了单汇聚节点网络的网络利用最大化问题，该问题被形式化为利用函数的最大优化问题。文献[28]研究了在线路固定的情况下，单小车以恒定速度收集数据的问题。该问题被形式化为整数线性规划，目标是使网络的总能耗最低。文献[29]探讨了传感器节点存储有限个单汇聚节点的网络生存时间的优化问题。文献[30]研究了单汇聚节点不连通网络的移动导航调度问题。多汇聚节点网络是指网络中包含两个以上的移动汇聚节点和多个静止节点。文献[22]研究了移动汇聚节点和多移动汇聚节点的线路规划问题，移动汇聚节点的目标是使线路长度最短，而多移动汇聚节点的目标是使线路长度平衡。文献[31]研究了在容量和时间的约束条件下，使移动汇聚节点最少的问题。文献[32]采用多移动汇聚节点以减少数据收集延迟。文献[33]研究了多移动汇聚节点的线路长度平衡性问题。文献[34]～文献[37]也对多移动汇聚节点的网络进行了研究。

在移动型无线传感器网络中，根据数据经过的传感器节点的跳数，网络可划分为直接数据传输网络和多跳数据传输网络。在直接数据传输网络中，移动汇聚节点移动到每个感知节点，感知节点通过单跳的方式将数据直接传送给移动汇聚节点。例如，文献[38]中，首先选择部分感知节点的位置作为锚点的位置，然后将移动汇聚节点移到锚点的位置并收集附近感知节点的数据。这是一种典型的直接数据传输网络。文献[22]、文献[23]、文献[39]～文献[41]等也从不同的方面对直接数据传输网络进行了研究。在多跳数据传输网络中，感知节点被划分为簇，簇内的数据通过多跳的方式汇聚到簇头节点，簇头节点再采用直接数据传输的方式将数据转发给移动汇聚节点。文献[19]规划了多跳数据传输网络中移动汇聚节点的线路问题。文献[42]研究了多跳数据传输网络中跳数与移动汇聚节点的线路平衡性问题。文献[21]和文献[43]～文献[45]也对多跳数据传输网络进行了研究。

在移动型无线传感器网络中，根据数据类型，可将网络划分为数据流收集网络和事件收集网络。数据流收集是指移动汇聚节点收集感知节点获取的所有原始数据。这是基本的数据类型，如文献[19]、文献[21]、文献[23]、文献[44]和文献[45]采用 Sencar 进行原始数据流收集。Sencar 周期性地收集感知节点的数据，收集的过程为：首先，Sencar 从初始位置出发，然后访问所有的感知节点并获取感知节点的数据，最后返回初始位置并卸载数据，准备进行下一轮数据收集。在这种方式下，移动汇聚节点的线路规划问题是一个旅行商问题，因此线路规划比较困难。与数据流收集的网络不同，事件收集网络需要考虑事件发生的时间和地点，同时也需要进一步考虑事件的融合问题。文献[39]研究了如何在事件收集网络中获取最大网络生存时间的问题。文献[46]研究了平面区域事件的时空相关性。在网络中引入时空相关性的事件收集后，移动汇聚节点就不必访问所有的感知节点，而只需要访问事件相关的节点，因此可以延长网络的生存时间。文献[47]进一步研究了无人机事件的收集方法和最短线路规划问题。

在移动型无线传感器网络中，根据汇聚节点的数据采集方式，可以将汇聚节点的数据收集模式划分为停止等待数据收集模式和运动数据收集模式。在停止等待数据收集模式中，移动汇聚节点移动到规定的位置(称为锚点或数据采集点)后，收集感知节点的数据，数据收集结束后再移动到下一个位置并收集数据。停止等待数据收集模式的应用十分广泛，文献[23]、文献[38]、文献[43]～文献[46]、文献[48]均采用了停止等待数据收集模式。这种模式的数据收集过程简单，数据传输的速率较稳定，但在数据量大的情况下，其所花费的时间较多。在运动数据收集模式中，移动汇聚节点在运动过程中收集数据，即一边走一边收集数据。文献[40]使用了运动数据收集模式，有效地减少数据收集的时间，也减少了数据的延迟。

在移动型无线传感器网络中，根据移动汇聚节点线路产生方式的不同可分为：随机线路、可预测线路和可控制线路。正如文献[49]所述，Data mules 的线路就是随机线路。Data mules 被安装在动物、人类和随机移动的车辆上，因此 Data mules 的线路是一种随机线路。随机线路是动物、人类和随机移动的车辆随机产生的，因此网络通信简易方便，但线路本身不可预测、控制和优化。正如文献[19]所述，类似于 Sencar 的移动汇聚节点的线路是可控制的线路，Sencar 是一种移动机器人或小车，它的速度和方向都可以控制，因此可以为 Sencar 规划线路。此外，像公交车、飞机等交通工具的线路是固定的，它们也可以安装传感器，这种类型的线路是一种固定线路或可预测的线路。

基于以上分析可以看出，基于移动收集的无线传感器网络有着许多值得研究的内容和难点。本书将围绕部分问题，结合一些新技术展开叙述。

1.4 本书的架构

第 2 章介绍连通网络和不连通网络中大规模多跳无线传感器网络的移动数据收集机制。通过规划 Sencar 的移动路径，并平衡由传感器节点到 Sencar 的负载来延长网络寿命。该机制可以应用于人类不可达的环境，如外太空、海底等。在这些环境中，感知的数据通常以较低的速率被收集；同时它们为时延不敏感型数据，因而可以累积成固定长度的数据包并在一定时间内上传。

第 3 章主要讨论在单跳情况下的最小数据路径收集长度，并提出了一个应用于大规模无线传感器网络的数据收集机制。首先把单跳数据收集问题定义为一个混合整数规划问题，并提出了在单个移动收集器情况下的启发式路径规划算法。在有严格的距离或时间限制的应用中，我们考虑使用多个移动收集器，多个移动收集器同时遍历并提出了一个在满足距离和时间限制情况下的几条较短子路径机制，从而满足时间约束。

第 4 章主要讨论为了减少数据收集延迟并节约每个节点的能量，通过多跳传输的方式进行局部数据融合，然后将融合的数据上传给移动收集器。通过平衡本地数据融合的中继跳数和移动收集器的路径长度来权衡节能和数据收集延迟。首先，本章提出了一种基于轮询的移动收集方法，一个传感器节点子集将会被选择为轮询点来存储本地融合数据，当移动收集器到来时，将融合数据上传给移动收集器。然后，提出了用集中式和分布式算法来寻找传感器的轮询点。

第 5 章设计了一个能使感知区域的能量消耗均匀，达到延长网络寿命生存时间的数据收集方案。首先，本章提出了一个分布式算法负载均衡集群(load balance cluster，LBC)用来分簇，其中每个簇有多个簇头，其目的在于平衡簇内数据融合的负担，同时促进簇头和移动收集器间的 MIMO 数据上传。其次，协同合作每个簇内的多个簇头，以达到最佳能效的簇内数据传输。最后，在整个感知区域内的每个移动收集器(Sencar)上布置了多根天线，它可以访问每个簇头的数据。

第 6 章为了实现均衡的能量消耗，将 SDMA 技术应用于数据收集，并为每个 Sencar 均配备了多个天线，这样不同的传感器就可以成功地将并发数据上传至 Sencar。本章考虑了两种情况，分别在 WSN 中部署一个 Sencar 和多个 Sencar。对于单一 Sencar 的情况，本章提出了三个启发式算法，使包含 Sencar 移动时间和传感器数据上传时间的总体数据收集时间达到最小。对于多个 Sencar 的情况，提出了使不同区域内数据收集时间保持平衡的区域划分和路径规划(region-division and tour-planning，RDTP)算法并进行解决。

第 7 章研究了无线传感器网络中基于锚点的移动数据收集最优策略。我们把问题形式化为两个凸优化问题，即每个锚点在固定逗留时间情况下的网络效益最大化(network utility maximisation-fixed sojourn time，NUM-FT)问题和每个锚点具有可变逗留时间情况下的网络效益最大化(network utility maximisation-variable sojourn time，NUM-VT)问题。这两个问题的目标是在保证给定的网络生命周期和数据收集延迟时，最大限度地提高网络的整体效益。

第 8 章研究了无线传感器网络中移动数据收集的性能优化。我们把问题构建为一个成本最小化问题，其受信道容量、每个传感器上传数据的最小量及所有锚点总停留时间的约束。成本最小化问题本质上是传感器在哪里及怎样与移动收集器通信，因而我们把它定义为一个定价机制，其中通过移动数据收集器设置不同锚点的影子价格，传感器通过独立调整它们的支付代价来争夺数据上传的机会。

第 9 章主要考虑在无线传感器网络中进行移动数据采集，主要采用具有多个天线的移动数据收集器。我们利用两根天线的 Sencar 和 SDMA 技术，首先将以并发数据上传的移动数据采集问题转化为(data gathering cost minimization，DaGCM)问题，然后通过引入一些辅助变量，将非凸 DaGCM 问题转化为一个凸问题，再进一步分解成在传输层的数据控制和数据分割子问题，以及在网络层的路由子问题和在物理层的功率控制和兼容性决策子问题。

第 10 章设计了一种无线传感器网络中基于树的数据收集机制。本章将数据收集中树的构建问题、链路调度问题和能量分配问题构建成一个优化问题，其目标是最小化数据收集延迟。为了保证较好可靠性，所有传感器节点以时分多址(time division multiple access，TDMA)方式访问无线介质。具体来说，本章选取无线传感器网络中的链路子集来构建数据收集树，在不同的时隙内调度树中的链路从而进行数据传输，并且在每一时隙为激活节点动态分配传输功率，这样所有节点的感知数据将以尽量少的时隙可靠地传输至汇聚节点。

参 考 文 献

[1] 孙利民. 无线传感器网络. 北京：清华大学出版社, 2005.

[2] 任丰原, 黄海宁, 林闯. 无线传感器网络. 软件学报, 2003, 14(7) : 1282-1291.

[3] Yick J, Mukherjee B, Ghosal D . Wireless sensor network survey. Computer Networks, 2008, 52(12) : 2292-2330.

[4] Akyildiz I F, Su W L, Sankarasubramaniam Y. Wireless sensor networks: A survey. Computer Networks, 2002, 38(4) : 393-422.

[5] Perrig A, Szewczyk R, Tygar J D, et al. SPINS: Security protocols for sensor networks. Wireless Networks, 2002, 8(5) :521-534.

[6] Intanagonwiwat C, Govindan R, Estrin D. Directed diffusion: A scalable and robust communication paradigm for Sensor networks. Proc. Annual Int'l Conf. on Mobile Computing and Networking, 2000: 56-67.

[7] Heinzelman W R, Chandrakasan A P, Balakrishnan H. Energy-efficient communication protocol for wireless sensor networks. Proc. 36rd Annual Hawaii Int'l Conf. on System Sciences. IEEE, 2000: 10-17.

[8] Manjeshwar A, Agrawal D P. TEEN: A routing protocol for enhanced efficiency in wireless sensor networks. Proc. International Parallel & Distributed Processing Symposium, 2001: 2009-2015.

[9] Lindsey S, Raghavendra C S. PEGASIS: Power-efficient gathering in sensor information systems. Proc. IEEE Aerospace Conference, 2002: 1125-1130.

[10] Krishnamachari B, Estrin D, Wicker S. The impact of data aggregation in wireless sensor networks. Proc. International Conference on Distributed Computing Systems Workshops, 2002: 296-300.

[11] Perrig A, Stankovic J, Wagner D. Security in wireless sensor networks. Commu. ACM, 2004, 47(6) :53-57.

[12] Sartipi M, Fekri F. Distributed source coding in wireless sensor networks using LDPC coding: The entire slepian-wolf rate region. Proc. IEEE Wireless Communications & Networking Conference, 2005: 1939-1944.

[13] Luo C, Wu F, Sun J,et al. Compressive data gathering for large-scale wireless sensor networks. Proc. 15th Annual International Conference on Mobile Computing and Networking, 2009: 145-156.

[14] Shah R C, Roy S, Jain S. Data mules: Modeling a three-tier architecture for sparse sensor networks. Proc. IEEE International Workshop on Sensor Network Protocols and Applications, 2003: 30-41.

[15] Kim D, Uma R N, Abay B H, et al. Minimum latency multiple data MULE trajectory planning in wireless sensor networks. IEEE Transactions on Mobile Computing, 2014, 13(4) :838-851.

[16] Jiang C J, Chen C, Chang J W, et al. Construct small worlds in wireless networks using data mules. Proc. IEEE International Conference on Sensor Networks, Ubiquitous, and Trustworthy Computing, 2008: 28-35.

[17] Mkhwanazi X , Le H , Blake E . Clustering between data mules for better message delivery. Proc. IEEE International Conference on Advanced Information Networking & Applications Workshops, 2012: 209-214.

[18] Dong Q, Dargie W. A survey on mobility and mobility-aware mac protocols in wireless sensor networks. IEEE Communications Surveys & Tutorials, 2013, 15(1) : 88-100.

[19] Ma M, Yang Y. Sencar: An energy-efficient data gathering mechanism for large-scale multihop sensor networks. IEEE Transactions on Parallel and Distributed Systems, 2007, 18(10): 1476-1488.

[20] Gu Z, Hua Q S, Wang Y, et al. Reducing information gathering latency through mobile aerial sensor network. Proc. IEEE Infocom, 2013: 656-664.

[21] Zhao M, Yang Y. A framework for mobile data gathering with load balanced clustering and MIMO uploading. Proc. IEEE Infocom, 2011: 2759-2767.

[22] Ma M, Yang Y, Zhao M. Tour planning for mobile data-gathering mechanisms in wireless sensor networks. IEEE Transactions on Vehicular Technology, 2013, 62(4): 1472-1483.

[23] Zhao M, Ma M, Yang Y. Efficient data gathering with mobile collectors and space-division multiple access technique in wireless sensor networks. IEEE Transactions on Computers, 2011, 60(3): 400-417.

[24] Zhao M, Ma M, Yang Y. Mobile data gathering with multi-user MIMO technique in wireless sensor networks. Proc. IEEE Globecom, 2007: 838-842.

[25] Luo J, Hubaux J P. Joint mobility and routing for lifetime elongation in wireless sensor networks. Proc. IEEE Infocom, 2005: 1735-1746.

[26] Yun Y, Xia Y, Behdani B, et al. Distributed algorithm for lifetime maximization in a delay-tolerant wireless sensor network with a mobile sink. IEEE Transactions on Mobile Computing, 2013, 12(10):1920-1930.

[27] Zhao M, Yang Y. Optimization-based distributed algorithms for mobile data gathering in wireless sensor networks. IEEE Transactions on Mobile Computing, 2012, 11(10):1464-1477.

[28] Gao S, Zhang H, Das S K. Efficient data collection in wireless sensor networks with path-constrained mobile sinks. IEEE Transactions on Mobile Computing, 2011, 10(4):592-608.

[29] Gu Y, Liu H, Song F, et al. Joint sink mobility and data diffusion for lifetime optimization in wireless sensor networks. Proc. IEEE Asia-pacific Service Computing Conference, 2007: 56-61.

[30] Chen T C, Chen T S, Wu P W. On data collection using mobile robot in wireless sensor networks. IEEE Transactions on Systems, Man and Cybernetics, Part A (Systems and Humans), 2011, 41(6):1213-1224.

[31] Wang C, Ma H. Data collection in wireless sensor networks by utilizing multiple mobile nodes. Proc. IEEE International Conference on Mobile Ad-hoc and Sensor Networks, 2011: 83-90.

[32] Kim D, Abay B H, Uma R N, et al. Minimizing data collection latency in wireless sensor network with multiple mobile elements. Proc. IEEE Infocom, 2012: 504-512.

[33] Chin T L, Yen Y T. Load balance for mobile sensor patrolling in surveillance sensor networks. Proc. IEEE Wireless Communications and Networking Conference, 2012: 2168-2172.

[34] Tas B, Tosun A S. Coordinating robots for connectivity in wireless sensor networks. Proc. IEEE International Conference on Mobile Ad Hoc & Sensor Systems, 2014: 452-460.

[35] Kinalis A, Nikoletseas S. Scalable data collection protocols for wireless sensor networks with multiple mobile sinks. Proc. IEEE Simulation Symposium, 2007: 60-72.

[36] Vincze Z, Vida R, Vidacs A. Deploying multiple sinks in multi-hop wireless sensor networks. Proc. IEEE International Conference on Pervasive Services, 2007: 55-63.

[37] Azad A, Chockalingam A. Wlc12-2: Bounds on the lifetime of wireless sensor networks employing multiple data sinks. Proc. IEEE Globecom, 2006: 1-5.

[38] Zhao M, Gong D, Yang Y. A cost minimization algorithm for mobile data gathering in wireless sensor networks. Proc. IEEE International Conference on Mobile Ad-Hoc and Sensor Systems, 2010: 322-331.

[39] Tashtarian F, Moghaddam M H Y, Sohraby K, et al. On maximizing the lifetime of wireless sensor networks in event-driven applications with mobile sinks. IEEE Transactions on Vehicular Technology, 2015, 64(7): 3177-3189.

[40] Tang J，Huang H，Guo S，et al. Dellat: Delivery latency minimization in wireless sensor networks with mobile sink. IEEE Journal of Parallel and Distributed Computing, 2015, 83: 133-142.

[41] Keskin M E, Altinel K, Aras N, et al. Wireless sensor network lifetime maximization by optimal sensor deployment, activity scheduling, data routing and sink mobility. Ad Hoc Networks, 2014, 17(3): 18-36.

[42] Zhao M, Yang Y. Bounded relay hop mobile data gathering in wireless sensor networks. IEEE Transactions on Computers, 2012, 61(2): 265-277.

[43] Guo S, Yang Y,Wang C. DAGCM: A concurrent data uploading framework for mobile data gathering in wireless sensor networks. IEEE Transactions on Mobile Computing, 2016, 15(3): 610-626.

[44] Guo S, Wang C, Yang Y. Joint mobile data gathering and energy provisioning in wireless rechargeable sensor networks. IEEE Transactions on Mobile Computing, 2014, 13(12): 2836-2852.

[45] Zhao M, Yang Y, Wang C. Mobile data gathering with load balanced clustering and dual data uploading in wireless sensor networks. IEEE Transactions on Mobile Computing, 2015, 14(4): 770-785.

[46] Xu X, Luo J, Zhang Q. Delay tolerant event collection in sensor networks with mobile sink. Proc. IEEE Infocom, 2010: 1-9.

[47] Isaacs J T, Venkateswaran S, Hespanha J, et al. Multiple event localization in a sparse acoustic sensor network using UAVS as data mules. Proc. IEEE Globecom, 2012: 1562-1567.

[48] Gu Y, Ji Y, Li J, et al. ESWC: Efficient scheduling for the mobile sink in wireless sensor networks with delay constraint. IEEE Transactions on Parallel and Distributed Systems, 2013, 24(7): 1310-1320.

[49] Jea D, Somasundara A A, Srivastava M B. Multiple controlled mobile elements (data mules) for data collection in sencar Networks. Proc. IEEE/ACM DCOSS, 2005: 244-257.

第 2 章　连通及不连通 WSN 的移动数据收集机制

在移动数据收集方案中，Sencar 是很重要的组成部分。Sencar 是一个移动数据收集器，它可以是移动机器人，也可以是装备了强大收发装置和电池的运输工具，就像网络中的移动基站那样工作。Sencar 周期性地从静态的数据汇集节点(data sink node，DSN)开始遍历整个网络，并在移动过程中收集所有传感器的数据，再返回到开始点，最终把数据上传到数据汇聚节点。与 Sencar 不同的是，网络中的传感器节点都是静态的，简单且廉价，当 Sencar 靠近时，传感器节点将其感知到的数据上传至 Sencar。由于传感器的通信范围有限，因此数据包可能需要多跳中继才能到达 Sencar。

本章将提出针对连通网络和不连通网络两种情况的大规模多跳移动数据收集机制。首先，本章证明 Sencar 的移动路径可以极大地影响网络寿命，并提出能够实现 Sencar 移动路径规划和网络负载均衡的启发式算法。然后，证明通过驱动 Sencar 可沿着更好的路径进行数据收集和平衡从传感器到 Sencar 的传输负载，从而可以有效地延长网络寿命。本章提出的移动路径规划算法可以同时应用于连通和不连通的网络。特别地，Sencar 在移动时能够绕过障碍物。仿真结果表明，与只有一个静态数据汇聚节点的数据收集机制和移动收集器只能沿直线进行数据收集的机制相比，本章提出的移动数据收集机制能明显地延长网络寿命。

2.1　引　　言

近年来，传感器技术和无线通信技术的发展使无线传感器网络在很多领域中发挥着越来越重要的作用，如医疗、外空探测、远程栖息地监控和战场监控等[1-5]。在这些应用中，大量配备有限能量电池的低成本传感器分散在监控区域中，这些节点自组织成一个无线网络，每个传感器节点可感知这个区域的情况并周期性地将感知数据上传到数据汇聚节点。因此，如何以最低能耗有效地收集感知到的数据，是对资源有限的大规模传感器网络应用的一个最重要的挑战。

研究人员提出了多种数据收集机制，并已应用到大规模传感器网络中。这些机制可以粗略地分为以下几种。第一种是静态无线传感器网络的数据收集机制。在该网络中，数据汇集节点对所有的传感器节点必须是可达的，数据包通过单跳或多跳的方式传送到数据汇集节点。在这样的网络中，所有数据流向数据汇集节点，这就造成靠近数据汇集节点的节点比其他节点的能量消耗更快，从而靠近数据汇集节点的传感器节点先死亡。这样，即使其他节点仍然有更多的能量，整个网络仍然会停止工作。因此，为了提高网络的可扩展性，文献[6]和文献[7]提出了随机分簇和簇头选择协议。然而，他们假设所有的传感器节点在网络中是同构的，即具有相同的处理能力和通信能力，这使得所有节点都有成为簇头的可能。此外，在静态网络中，节点必须实现所有功能，如寻找路由路径、获取位置信息、调度数据传输等[8,9]。因此，这种具有一个数据汇集节点的网络结构只适用于较小的网络。第二种是分层次网络的数据收集机制。通过增加少量功能强大的簇头节点，整个网络被分成多个簇[10,11]。在这种结构的网络中，传感器节点在传感器网络的低层组成不同的簇，在高层，簇头节点将收集到的数据发送至数据汇集节点。与同构网络相比，这种两层混合网络具有更好的延展性和高效节能性。然而，虽然增加簇头节点能够减小传感器节点的负担，但簇头节点的开销又成为新的问题。第三种是引入一个或多个数据汇集节点动态进行数据收集的机制。Sencar 周期性地从静态的基站或数据汇集节点出发，遍历整个网络并在移动过程中收集数据，再返回到起点，把数据上传到数据汇聚节点。Sencar 的移动路径及移动方向可以是随机的，也可以是规划好的。当 Sencar 进入一些传感器节点的通信范围时，这些传感器节点直接向 Sencar 发送数据，而其他较远的点，可以通过单跳或多跳中继来实现与 Sencar 之间的通信。中继的路径及每个数据包的传输时间由 Sencar 决定。另外，在传感器上安装全球定位系数(global positioning system，GPS)接收器来估计传感器节点与 Sencar 之间的距离或许是一个很好的选择[8,9]。通过移动数据收集机制，可以减少传输数据包所消耗的能量，这使传感器节点更加简单和便宜。

本章通过规划 Sencar 的移动路径和平衡从传感器节点到 Sencar 的负载来延长网络寿命。该机制可以应用于人类不可达的环境，如外太空、海底等。在这些环境中，感知的数据通常以较低的速率被收集；同时它们为时延不敏感型数据，所以可以累积成固定长度的数据包并在一定时间内上传。对于这些应用，我们有以下假设：静态的传感器密集地分布在二维(two-dimensional，2D)的工作区域内。由于传输功率有限，传感器节点只能在有限的传输范围内进行通信。此外，假设传输数据包所需的处理功率[包括编码/解码、调制与解调、模数(A/D)和数模(D/A)转换等所需的功率]及无线电的发送功率都与数据包的大小成正比。为简单起见，只考虑用于通信的能量消耗，而忽略用于数据感知及其他任务的能量消耗。移动观测器 Sencar 可以移动到工作区域的任何位置，同时观测者配备一个无线收发装置和一块电池，其中收发装置的传输功率及电池的寿命远超过传感器的传输功率和寿命。另外，假设移动观测器 Sencar 在接收数据之前已经探测了整个区域。在这个过程中，Sencar 已经获取了传感器的位置信息及传感器之间的连接状态信息。

本章的其余部分安排如下：2.2 节讨论相关工作；2.3 节将本章提出的数据收集机制应用于连通网络；2.4 节把数据收集机制应用于不连通网络；2.5 节给出仿真结果和一些讨论；2.6 节进行总结。

2.2　相　关　工　作

近些年来，一些研究探讨了无线传感器网络的移动性[3-5,12-19]。在文献[3]和文献[4]中，将贴上无线标签的斑马和鲸鱼当作移动观测者来收集野外环境中的数据。这些基于动物的移动节点随机移动，且只有当靠近传感器节点时才交换数据，因此在这样的网络中并不需要一直保持连通。此外，这种随机移动观测者的移动轨迹很难去预测和控制，因此最大数据包延迟很难得到保证。对于分布在市区的传感器网络，一些公共交通工具沿着固定的路线移动，如公交车、火车等，因此可以在这些设施上安装收发装置来当作基站[12,13]。与随机移动的动物相比，这种运动方式的路径和时间是可以预测的，但是其数据交换依赖于公共交通中已有的线路及调度，因此其有很强的限制性。文献[16]提出了用运动控制的方式来提高数据传输的性能，其中一些叫作消息轮渡的移动收集器被用来收集数据。在文献[18]和文献[20]中，一些被称为数据骡子的移动观测者被用来收集数据。当传感器节点与观测者相距较近时，观测者直接从传感器节点接收数据并传递至线接入点。数据骡子的移动可以建模为 2D 随机漫步模型。文献[16]、文献[18]和文献[20]所提策略的主要缺点在于其数据收集时延过长，这是由于移动观测者需要遍历整个通信范围去收集数据。在文献[15]中，移动观测者以一种平行直线的方式遍历整个传感器网络区域，从而收集传感器的数据。为了减少时延，传感器所上传的数据包允许通过其他传感器节点中继从而到达移动观测者。这种方式在大规模均匀分布的网络中取得了很好的效果。但是在现实中，数据骡子很难一直沿着直线移动，例如，障碍或边界也许会阻碍数据骡子的移动路径。此外，基于数据骡子的数据收集策略，其性能及代价依赖于数据骡子的数量和传感器的分布情况。当只有少量的数据骡子，并且在只有部分传感器节点连通的情况下，数据骡子沿着直线前进，有可能并不能收集所有传感器节点的数据。在文献[17]中，通过同时考虑移动规划问题及路由选择问题，作者提出了一个数据收集策略以减小传感器节点的最大平均负载。假设传感器节点的位置分布服从泊松分布，那么一个传感器网络的平均负载就可以通过节点的密度函数进行估计，但是这种估计方式在节点并不是密集分布的情况下有可能并不准确。Kansal 等在文献[19]中讨论了将可控移动性引入网络基础结构的一些优点及设计问题，并主要探讨了移动速度控制和通信协议的设计。

本章内容的主要目的在于提出一个适用于各种网络拓扑的数据收集策略，为此我们动态地根据节点分布情况来设计观测者的移动路径。下面，首先给出一个可以应用在任意连通网络的数据收集方案，然后讨论网络中存在分离簇的情形。

2.3 连通 WSN 的移动数据收集

无线传感器网络经常被部署在一些危险且人类不可达的区域，如火山、外太空、海沟等。在这些环境中，人类很难靠近传感器区域，所以 Sencar 被用来周期性地收集数据。由于整个网络有可能包含很多传感器节点，因此每一次数据收集过程或许都需要很长时间。为了节约能量，传感器节点只有当发送或转发数据时才打开收发装置。除此之外，传感器的收发装置总是处于睡眠状态。我们可以把整个网络分为很多簇，分簇必须保证当 Sencar 通过某一簇时，簇内的任何节点都可以向 Sencar 发送数据。当 Sencar 靠近某一簇时，这个簇内的所有节点都必须解除睡眠状态并准备开始发送数据。当 Sencar 遍历整个区域时，就收集到了所有传感器节点的感知数据。为了实现这个机制，必须解决两个问题。第一个问题，怎样在需要的时候激活和关闭传感器节点。文献[21]提出了一种无线唤醒机制，这种机制允许传感器节点的收发装置在空闲时保持睡眠状态。第二个问题，怎样将传感器节点分簇。就像下面所提到的，Sencar 的移动路径包含一系列的连接段。靠近任意段的传感器节点将会被组织成为一个簇，这就使整个传感器网络被分为一些簇。一个简单的分簇方法就是将每个传感器节点分配到离它最近的段所构成的簇中。具体的分簇方法将在后面介绍。在 Sencar 移动的过程中，Sencar 会一个传感器接着一个传感器地收集数据。数据的中继路径和传输时间由 Sencar 所决定。因此，可以避免数据包冲突且传感器节点不需要维护数据传输路径的信息。

另外，在设计中继路径时，我们需要平衡流量负载从而延长网络寿命。本章所提出的数据收集方案需要处理三个相关的问题：负载平衡、移动路径规划、分簇。当给定 Sencar 的移动路径时，负载平衡算法可以为每个传感器节点寻找最优的数据传输路径，从而最大化网络寿命。移动路径规划算法决定了我们如何从一些备选路径中选择出最佳路径。在给定的路径选择中，Sencar 用负载平衡算法分别计算采用每个路径可以达到的最大网络寿命，然后选择最优的那个。分簇算法将整个网络分簇以使得负载平衡算法和移动路径规划算法可以被重复运行。下面先分别介绍这三个问题，再描述如何将这三个算法进行整合以收集数据。

2.3.1 负载平衡

如上所述，由于每个传感器节点转发的信息量不同，所以一些传感器节点有可能比其他节点更容易失效。为了最大化网络寿命，必须精心设计中继路径从而平衡流量负载。文献[11]、文献[22]和文献[23]已经讨论了静态传感器网络的负载平衡问题。下面介绍如何将最大化网络寿命问题转化为网络流量问题。

在给定网络连通模式及 Sencar 移动路径的情况下，一个传感器网络可以被构建为一个有向图 $G(S,c,A)$。其中 $S=\{s_1,s_2,\cdots,s_n\}$ 为所有传感器节点组成的集合；c 为 Sencar；A 为所有直接相连的有向链路 $a(i,j)$ 的集合，$i\in S$，$j\in S\cup\{c\}$。对于任意一对节点 $s_i,s_j\in S$，如果 s_i 与 s_j 可以单跳相连，那么 $a(s_i,s_j)$ 就属于集合 A。如果 Sencar 可以经过 s_i 的通信区域，也就是说，当 Sencar 移动时，s_i 可以通过单跳的方式将数据传输至 Sencar，那么链路 $a(s_i,c)\in A$。图 2.1(a)和图 2.1(b)给出了如何构建一个连通网络的有向图。

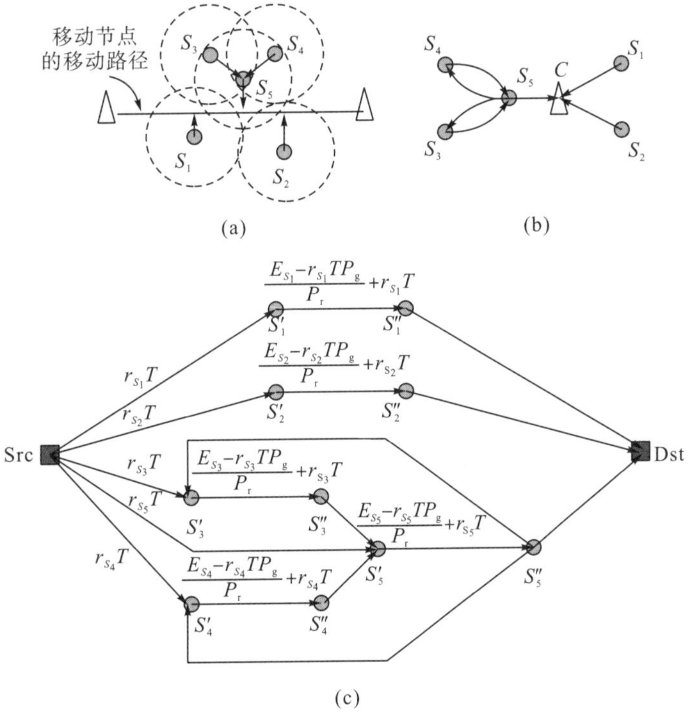

图 2.1 连通网络的有向图(a)传感器网络的连通部分；(b)对应连通部分的有向图；(c)最大化网络寿命的网络流量图

（图片来源：Ma M, Yang Y. Sencar: An energy-efficient data gathering mechanism for large-scale multihop sensor networks. IEEE Transactions on Parallel and Distributed Systems, 2007, 18(10): 1476-1488.）

给定一个网络的有向图 G，其相应的网络流图 $G'(S',\mathrm{Src},\mathrm{Dst},A')$ 可用如下方式构造。

(1) 对于每个 $s_i \in S$，增加两个点 s_i' 和 s_i'' 到 S' 中，同时将弧 $a(s_i',s_i'')$ 添加到 A'，其中 $a(s_i',s_i'')$ 的容量为 $\dfrac{E_{S_i}-(r_{S_i}TP_{\mathrm{g}})}{P_{\mathrm{r}}}+r_{s_i}T$。

(2) 对于每个弧 $a(s_i,s_j)\in A$，$s_i,s_j\in S$，将弧 $a(s_i',s_i'')$ 增加到 A' 中并假设其容量无限。

(3) 将一对源节点 Src 和目的节点 Dst 增加到 G' 中，对于任意 $s_i'\in S'$，用容量为 $r_{s_i}T$ 的弧 $a(\mathrm{Src},s_i')$ 连接并使其与 Src 相连。

(4) 对于任意弧 $a(\mathrm{Src},c)\in A$，$s_i\in S$，将弧 $a(s_i'',\mathrm{Dst})$ 增加到 A' 中并将其容量设为无限。

这里，r_{s_i} 和 E_{s_i} 分别为 s_i 的数据生成率和能量限制，P_{g} 和 P_{r} 分别为产生和转发一个单元的流量所消耗的能量，T 为整个网络的寿命。由于移动 Sencar 周期性地访问传感器节点，所以可以在最开始时设置 $T=\Delta T$，然后每次增加 ΔT。对每个给定的 T，这个问题就变成了常规的最大流量问题[24]，因此可以用 Ford-Fulkerson 算法来解决。在这种结构中，$r_{s_i}T$ 限制了从 Src 到 s_i 的流量，同时也代表了 s_i 在 T 时间内产生的流量，在这个过程中花费的能量为 $r_{s_i}TP_{\mathrm{g}}$。由于 s_i 节点的能量受到限制，故在 T 时间内 s_i 能中继的最大流量为 $\dfrac{E_{S_i}-r_{S_i}TP_{\mathrm{g}}}{P_{\mathrm{r}}}$。此时，节点 s_i 在时间 T 内产生及中继的最大流量为 $\dfrac{E_{S_i}-r_{S_i}TP_{\mathrm{g}}}{P_{\mathrm{r}}}+r_{s_i}T$。当最大流量等于 $\sum_{s_i\in s} r_{S_i}T$ 时，表示所有（n 个）节点在时间 T 内所产生的数据都被 Sencar 接收了，因此这 n 个节点必须保持激活状态直到 T 时刻为止。我们可以不断增加 T，同时运行 Ford-Fulkerson 算法获取每个 T 时刻对应的最大流量值。当获取到的最大流量小于 $\sum_{s_i\in s} r_{s_i}T$ 时就不再增加 T，因为一些节点在 T 时刻之前就已经失效，对最大流量值无贡献。最终，我们可以获取最大的 T 值，从而获取网络的最大寿命。图 2.1 描述了这种连通网的流量图。

现在分析这个算法的复杂度。令 U 为一个传感器节点在 T^* 时刻所产生的最大流量，T^* 为算法所得到的网络最大寿命，则有

$$U=\max_{s_i\in S}\left\{\frac{E_{S_i}-r_{s_i}T^*P_{\mathrm{g}}}{P_{\mathrm{r}}}+r_{s_i}T^*\right\}$$

根据 Ford-Fulkerson 算法，当不能在网络中找到新的增广路径时，网络就达到了最大流量。一个网络流量图可能包含 $O(n^2)$ 条边，其中 n 为节点的数量。每条边的最大流量都必须小于 U。因此，这个算法的运行时间为 $O(Un^2)$。基于网络

的连通模式及 Sencar 的移动路径，通过运行上述负载均衡算法，能够在多项式时间内得到最大化网络寿命的流量-中继路径。下面讨论 Sencar 的移动路径。

2.3.2　运动路径：确定拐点

在正式介绍所考虑的问题之前，首先给出一个例子来说明 Sencar 的移动路径是如何影响网络寿命的。如图 2.2(a)所示，Sencar 从位置 *A* 移动到位置 *B* 并遍历整个传感区域，其中分布有 15 个传感器节点。假设每个传感器节点传输一个数据包到 Sencar。由于节点发送功率的限制，数据包有可能需要经过多跳的方式到达 Sencar。为便于传递数据至 Sencar，将传感器节点组织成一个生成树。可以看到，在图 2.2(a)中节点 1 是一个瓶颈节点，因为它需要为自身及其子节点传递 8 个数据包到 Sencar。因此，节点 1 将比其他 7 个节点先消耗完能量。当节点 1 失效后，除非 Sencar 改变路径，否则节点 1 的所有子节点将不能再发送数据到 Sencar。图 2.2(b)为当 Sencar 的移动路径被严格规划时，传感器节点的中继路径。从图中可以看到，一个传感器节点最多只有一个子节点并最多只需要发送两个数据包到 Sencar。在这个例子中，如果只考虑数据传输所消耗的能量，并按照所传递的数据包的个数来粗略计算此时的能量，那么严格规划移动路径的方式与直线移动路径的方式相比，可增加 3 倍的网络寿命。从这个例子可以看出，严格规划 Sencar 的移动路径或许会最小化传感器节点的最大荷载，节约很多能量，从而极大地延长网络寿命。另外，Sencar 的移动路径及负载还能影响数据流的方向，因此对网络寿命有明显的影响。下面考虑如何通过规划 Sencar 的移动路径来最大化网络寿命。

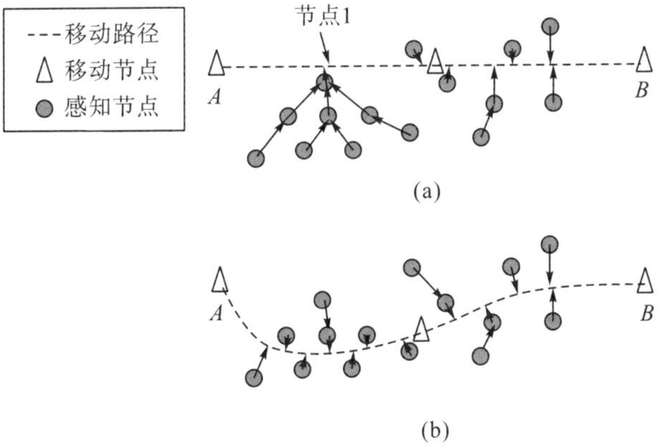

图 2.2　Sencar 从位置 *A* 移动到位置 *B* 收集数据：(a)沿着直线移动；(b)沿着严格规划的路径移动

(图片来源：Ma M, Yang Y. Sencar: An energy-efficient data gathering mechanism for large-scale multihop sensor networks. IEEE Transactions on Parallel and Distributed Systems, 2007, 18(10): 1476-1488.)

在实际中，很难让车辆或机器人光滑地通过任意的曲线弧，为此假设 Sencar 的移动路径由从 A 到 B 的 t+1 条相连的直线段构成。这意味着移动 Sencar 在到达终点 B 之前要转 t 次弯。这里用 $p_1, p_2, \cdots, p_t$ 代表 t 个拐点，那么移动路径就可以用 $A \to P_1 \to P_2 \to \cdots \to P_t \to B$ 表示。我们用 (x_A, y_A)、(x_B, y_B) 和 (x_{p_i}, y_{p_i}) 代表 A、B 和 p_i $(i=1,2,3,\cdots,t)$ 的坐标，假设所有传感器节点的 x 坐标都在 x_A 和 x_B 之间，用分割占领策略来寻找这 t 个拐点，从而减小传感器节点的最大负载量。不失一般性，假设 $t = 2^k - 1$，其中 k 为路径规划算法的迭代次数。首先，给定 A 和 B，可以找到第一个拐点 $\frac{p_{t+1}}{2}$ 的位置。由于 A 和 B 之间的任意点都可以成为第一个拐点，故备选拐点可组成一个无限集。为简单起见，假设第一个拐点只能从一个有限集合中选取，这个集合由初始路径平分线中的有限个点组成。假设第一个拐点的 x 坐标为 $x_{\frac{p_{t+1}}{2}} = \frac{x_A + x_B}{2}$，$y$ 坐标为 $y_{\frac{p_{t+1}}{2}} = m \times \Delta y$，其中 Δy 为一个固定的网格长度，m 为任意能保证 $\left(x_{\frac{p_{t+1}}{2}}, y_{\frac{p_{t+1}}{2}}\right)$ 在传感区域之内的整数。当获得拐点的一系列可能位置后，就可以从中选取一个能够最小化传感器节点最大负载的位置点作为拐点。举例来说，在图 2.3(a) 中，Sencar 的初始移动路径由 A 到 B。给定了 Δy 及感知区域的范围，我们找到了第一个拐点的三个备选位置：$\left(\frac{x_A + x_B}{2}, 2\Delta y\right)$、$\left(\frac{x_A + x_B}{2}, \Delta y\right)$、$\left(\frac{x_A + x_B}{2}, -\Delta y\right)$，在图 2.3(b)～图 2. 3(d) 中给出了这三个位置点。对于每一个位置点，利用本章所提出的负载平衡算法就可获取此时的网络寿命。图 2.3(a)～图 2.3(d) 给出了四种不同移动路径下的连通图，其中节点 1、2、3、4 分别是图 2.3(a)～图 2.3(d) 的瓶颈节点。这四个节点分别需要发送 4、6、3、9 个数据包到 Sencar，所以拐点在 $\left(\frac{x_A + x_B}{2}, \Delta y\right)$ 的第三种移动路径可以获取最长的网络寿命。因此，选取 $\left(\frac{x_A + x_B}{2}, \Delta y\right)$ 作为移动路径的第一个拐点。需要注意的是，最佳的移动路径可能不是通过沿着当前路径的垂直平分线获取拐点而得到的。在这种情况下，新的拐点可以简单地设定为当前路径终点的中间节点。

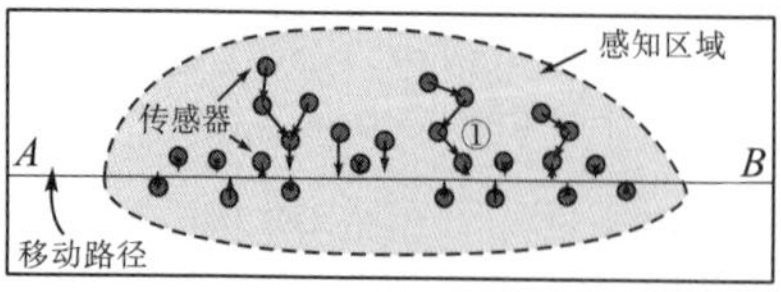

(a)

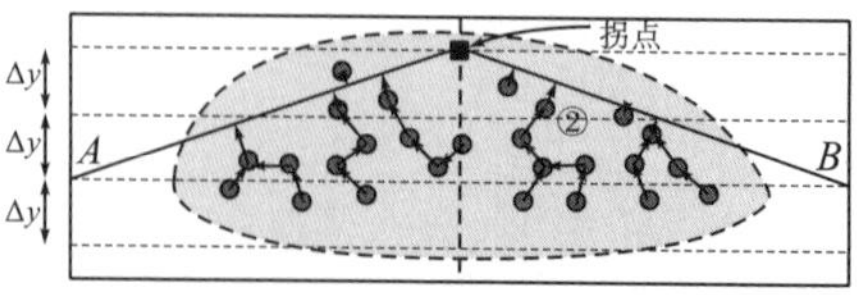

(b)

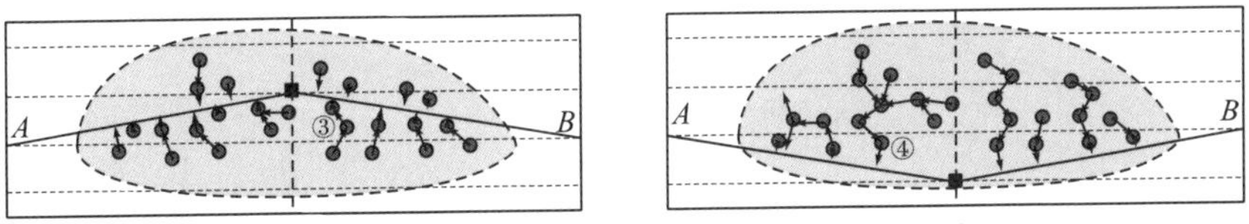

(c)　　(d)

图 2.3　Sencar 从位置 A 移动到位置 B 收集数据：(a) 沿着直线移动；(b) A 和 B 中间有个拐点 $\left(\frac{x_A+x_B}{2},2\Delta y\right)$；(c) 中间有个拐点 $\left(\frac{x_A+x_B}{2},\Delta y\right)$；(d) 中间有个拐点 $\left(\frac{x_A+x_B}{2},-\Delta y\right)$

（图片来源：Ma M, Yang Y. Sencar: An energy-efficient data gathering mechanism for large-scale multihop sensor networks. IEEE Transactions on Parallel and Distributed Systems, 2007, 18(10):1476-1488.）

2.3.3　沿着运动路径的分段进行分簇

当获得第一个拐点后，移动路径就包含两个相连的分段。同时所有的传感器被分为两个簇，其中每个簇对应一个分段。为了节约能量，两个簇内的节点相继被唤醒。一种简单的分簇方法是把传感器归类到距离它最近的分段中。这里，计算传感器到分段的距离是以跳数来衡量的。在给定的传感器集合 S 和分段的集合 L 中，可以在有向图 $G(S, L, E)$ 中用 Dijkstra 最短路径算法来构建簇，具体方法如下。

(1) 将一个根节点 rt 增加到 V 中。

(2) 对于每一个分段，增加一个点 l_i 到 L 中，同时增加一条边 $e(rt,l_i)$ 到 E 中，并且把权值设为 1。

(3) 对于每个传感器节点 $s_j \in S$，增加一个 s_j 到 V 中。当且仅当 s_j 可以通过单跳到达 l_i 时，用边 $e(s_j,l_i)$ 连接 s_j 和 l_i，并且设置其权值为 1。

(4) 对于每一对节点 s_j 和 $s_k \in S$，当它们之间可以通过单跳到达彼此时，用边 $e(s_j,s_k)$ 连接 s_j 和 $s_k \in S$，并且设置其权值为 1。

在图 2.4(a) 中，移动路径的两个分段通过了节点 s_1、s_4、s_5、s_6 的传输范围。图 2.4(b) 给出了对应网络的有向图 $G(S, L, E)$。通过执行 Dijkstra 算法，我们可以找到从根节点到其他点的最短路径。从而可以获得最短路径树，其包含 $|L|$ 个一级节点。图 2.4(c) 和图 2.4(d) 分别显示了有向图 $G(S, L, E)$ 的分簇情况及其最短路径树。每一个一级节点代表了移动路径的一条分段。每一个一级节点 l_i 的子节点组成了一个簇。

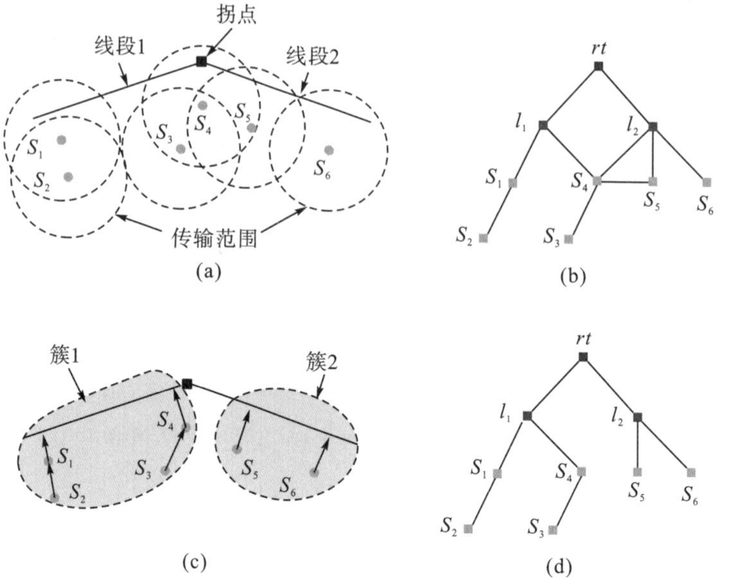

图 2.4 Sencar 从位置 A 移动到位置 B 收集数据；(a) 移动路径的两个线段经过传感器节点 s_1、s_4、s_5、s_6 的传输范围；(b) 网络的有向图 $G(S,L,E)$；(c) 由 $G(S,L,E)$ 的最短路径树形成的簇；(d) 由 $G(S,L,E)$ 获得的最短路径树

（图片来源：Ma M, Yang Y. Sencar: An energy-efficient data gathering mechanism for large-scale multihop sensor networks. IEEE Transactions on Parallel and Distributed Systems, 2007, 18(10): 1476-1488.）

2.3.4 寻找移动路径：分而治之

通过把上述的负载平衡算法、拐点找寻算法及分簇算法结合在一起，移动路径规划算法可以描述如下：先把整个网络看成一个簇，从拐点备选集合中选取出一个拐点，通过添加新拐点重新规划移动路径，然后把每个簇再分成两个簇。对于每个簇重复执行上述算法。当执行 k 次上述路径规划算法后，就可以获得 $\sum_{k=1}^{k} 2^{i-1}$ 个拐点。图 2.5 给出了路径规划算法的一个例子。图 2.5(a)～图 2.5(d) 给出了初始、第一次、第二次、第四次迭代时的移动路径及网络流量。首先，可以观测到节点 1、2、3 分别是图 2.5(a)、图 2.5(b)、图 2.5(c) 的瓶颈节点，它们分别需要转发 6 个、5 个及 2 个数据包到 Sencar。相对来说，这些瓶颈节点的失效速度要比它们的子节点更快。在图 2.5(d) 中，Sencar 遍历了每个节点的通信范围，这就使得每个节点可以直接与 Sencar 通信而无须中继。经过四次迭代使网络寿命比之前增加了 7 倍。

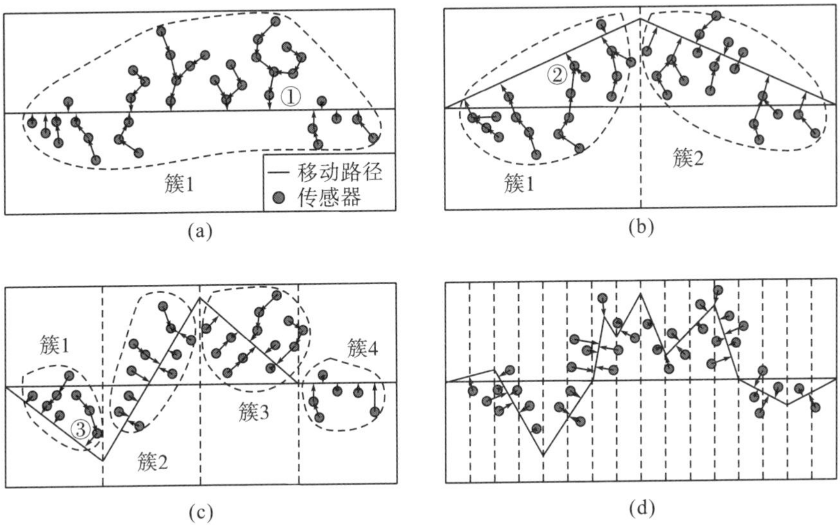

图 2.5 Sencar 从位置 A 移动到位置 B 收集数据：(a)初始的移动路径是条直线；(b)移动路径包含 1 个拐点(一次迭代后)；(c)移动路径包含 3 个拐点(二次迭代后)；(d)移动路径包含 15 个拐点(四次迭代后)

(图片来源：Ma M, Yang Y.Sencar: An energy-efficient data gathering mechanism for large-scale multihop sensor networks. IEEE Transactions on Parallel and Distributed Systems, 2007, 18(10): 1476-1488.)

在移动路径规划算法中，根据三角不等式得知增加拐点会增加 Sencar 的移动距离，而实际中，总的移动距离或巡回长度总是受几个因素限制。第一，传感器的缓存区容量及数据收集速率决定了每次巡回的长度，因为感知的数据必须在缓存溢出前被 Sencar 收集。如果假设所有传感器节点的内存为 mem，数据率为 rate，那么每次巡回的长度必须小于 $\frac{\text{mem}}{\text{rate}}$；第二，没有充电能力的 Sencar 的最大移动距离受其电池容量的限制；第三，对于某些时延敏感型应用，从环境中感知到的数据必须在一定时间内上传到 Sencar。因此，在一些应用中，当时间或距离到达上界时，递归的移动路径算法需要终止运行。

通过考虑这些限制，算法 2.1 中总结了移动路径规划算法。

算法 2.1 Sencar 的移动路径规划算法

```
i=1;
flag=1;
while (flag==1)
 将网络划分为 2^(i-1) 个簇;
 for j=1 to 2^(i-1)  do
```

```
      从所有可能的拐点中找到最佳拐点 j_th; 并将拐点添加到移动路径中;
      if 在添加新拐点后总距离/时间不能满足约束条件
       flag=0;
       从路径中移除新拐点;
      end if
    end for
    i++;
  end while
```

现在分析这个算法的时间复杂度。令 t 为拐点的数目，假设将整个传感区域分为 g 个网格。为了确定一个拐点，最多检测拐点的 g 个可能位置。根据之前得出的结果，获取每个位置对应的最大网络寿命需要的时间为 $O(Un^2)$。因此，移动路径规划算法的运行时间为 $O(\mathrm{tg}Un^2)$，其中 U 与 n 同之前的定义。最后，我们指出移动路径规划算法在 Sencar 开始第一次数据收集之前就已经运行完毕。在这之后，Sencar 只有在当一些节点失效或网络拓扑改变的情况下，才需要重新计算移动路径。

2.3.5 Sencar 移动环的确定

在一些应用中，Sencar 不仅需要遍历整个传感区域，还需要返回开始点并把数据上传给静止的数据汇聚节点。在这些应用中，移动路径变成了移动环。与单向的一条直线相比，其形成了一个往返路径，包含两个形状相同但方向相反的重叠途径。这个过程可以描述为从开始点出发，遍历整个网络，即转向再返回到开始点。初始环的两条单向路径均把网络分为两部分。重叠路径两边的传感器节点各形成一个簇。每一条单向路径对应一个簇，这条路径可以视为对应簇的初始路径。而后，移动路径算法可以迭代地应用在每个簇中。最终，两个独立的移动路径形成了一个移动环。

2.3.6 感知现场的障碍避免

我们已经讨论了如何在一个室外的传感区域规划单向和双向的移动路径。但是，在大部分实际应用中，工作区域有可能局部有界或在传感区域有不规则的障碍物分布。为了让我们的路径规划算法适用于这些情况，Sencar 必须有规避障碍物的能力。在这里，假设在 Sencar 开始收集数据之前就已经获得了传感区域的完整地图，其中应当包括障碍物的位置及形状信息。调整算法 2.1 来避开障碍物并不困难。对于拐点的每个备选位置，Sencar 将会检测从上个拐点到这个备选点的分段及从这个备选点到下一个拐点的分段是否被障碍物所阻碍。如果被阻碍，那么这个备选点将不会成为一个拐点。图 2.6 给出了一个如何检测每个拐点位置可靠性的例子。在 A 和 B 之间有 1 和 2 两个选择，构成了两个路线 $A \to 1 \to B$ 及 $A \to 2 \to B$。由于 A 到 2 的路径被障碍所阻隔，那么将 2 从备选点中移除。这样，A 到 B 的新路径只能经过点 1。

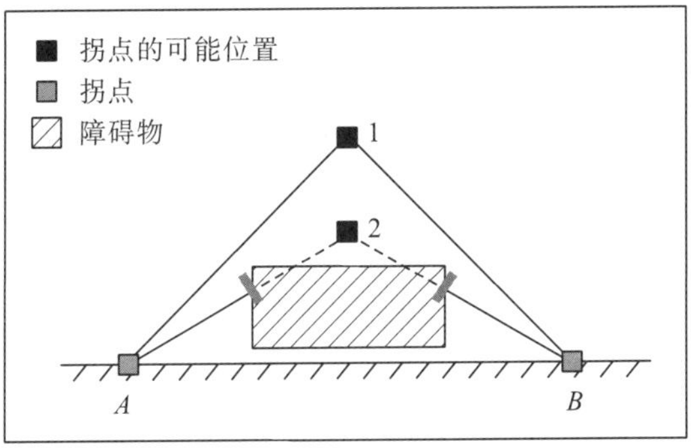

图 2.6　在感知区域有障碍时设计规划移动路径(由于 A 到 B 中间有障碍物，所以 2 不能作为拐点，因此选择 1 作为拐点)

(图片来源：Ma M, Yang Y. Sencar: An energy-efficient data gathering mechanism for large-scale multihop sensor networks. IEEE Transactions on Parallel and Distributed Systems, 2007, 18(10): 1476-1488.)

2.4　不连通 WSN 的移动数据收集

前面已经给出了连通图的移动路径规划算法，但在实际中，传感器节点并不总是相连的。在一些应用中，传感器会被部署在独立的区域中进行信息感知。在每个区域中，传感器是密集分布且相连的，但是不同区域的节点有可能不相连。对于这种情况，一个移动观测者特别适用于在不同区域中进行数据收集。首先，根据传感器节点的位置，一个不相连的网络可以被分为几个相连的簇。然后，Sencar 可以一个簇一个簇地收集数据。这样，整个移动路径可以分为簇内的路径及簇间的路径。在簇内，可以用 2.3 节的路径规划算法来规划路径。下面介绍分簇算法和簇间路径选择。

2.4.1　不连通网络的分簇

分簇算法的目的在于寻找网络中最小的连通部分。在开始阶段，每个节点自己构造一个连通分支，如果一个节点与另一个连通分支的所有节点相连，那么就把这个节点归为这个连通分支。如果没有其他节点能够加入这个连通分支，那么这个连通分支的构建就已完成。当构建完所有的连通分支，就终止执行这个算法。算法 2.2 给出了分簇算法。分簇算法的第一部分是发现邻居的过程。这个阶段需

要花费 $O(n)$ 的时间来寻找所有单跳邻居，其中 n 为传感器网络中节点的数量，寻找邻居节点的时间复杂度为 $O(n^2)$。开始阶段，所有节点组成一个集合 N。从空集合开始构建第 m 个簇 C_m。将节点 $t_j \in N$ 同时增加到 C_m 和临时集合 T_{mp} 中并从 N 中移走。然后 t_j 的单跳邻居也像 t_j 一样放入 C_m 和 T_{mp} 中并从 N 中移走。第二部分是将 t_j 从 T_{mp} 中移走。依次去除 T_{mp} 中的元素直到 T_{mp} 为空集为止，这样就能获得与 t_j 相连的所有元素。重复这个过程，直到 N 为空集，这个过程的时间复杂度为 $O(N)$。因此，整个分簇算法的时间复杂度为 $O(n^2)$。

算法 2.2 网络的分簇算法

```
将所有节点添加到集合 N 中;
for  N 中的每个元素 do
 查找并将所有单跳元素添加到集合 NB(n_i)
end for
m=0;
while  N 不为空
 m++;
 为簇 m_th 构造一个新的空集 C_m;
 从 N 中选择一个节点 n_i,将其添加到集合 T_mp 和 m_th 中,然后将其从 N 中删除;
 while T_mp 不为空
  for T_mp 中的每个元素 t_j do
   for  NB(t_j) 中的每个元素 nb_k do
    从 NB(t_j) 中删除 nb_k 并添加到 T_mp
   end for
   从 T_mp 中删除 t_j 并添加到 C_m
  end for
 end while
end while
```

2.4.2 簇间的运动路径规划

本节将提出一个簇间移动环的规划算法。簇间移动环规划的目的是找到一个能访问所有簇并能返回初始点的最短环。在具体描述此算法之前，先介绍几个术语和假设。

(1)左节点和右节点。假设所有传感器节点在同一个坐标系统中。如果节点 A 的横坐标小于节点 B 的横坐标，那么表示节点 A 在节点 B 的左边。类似地，可以定义右节点。

(2) 簇内最左节点和最右节点分别为横坐标最小和最大的节点。如果存在联系，也可随机选择最左和最右节点。下面，分别使用 ln_i 和 rn_i 表示簇 C_i 内的最左和最右节点。

如图 2.7(a) 所示，在每个移动环中，Sencar 遍历每个簇恰好一次。因此，移动环会两次跨越簇的边界。在每个簇中，假设簇内路径从最左或最右节点或其相反方向开始。给定簇的最左和最右节点，可分别决定簇内移动路径而不影响簇间移动环。对于簇间移动环规划，不需要考虑每个簇内的路径。我们能够简单地找出最短环来连接 $|C|$ 对最左和最右节点，其中 $|C|$ 为簇的对数。为了最小化簇间的移动距离，给定簇的集合，构建图 $G(V, E)$ 如下：

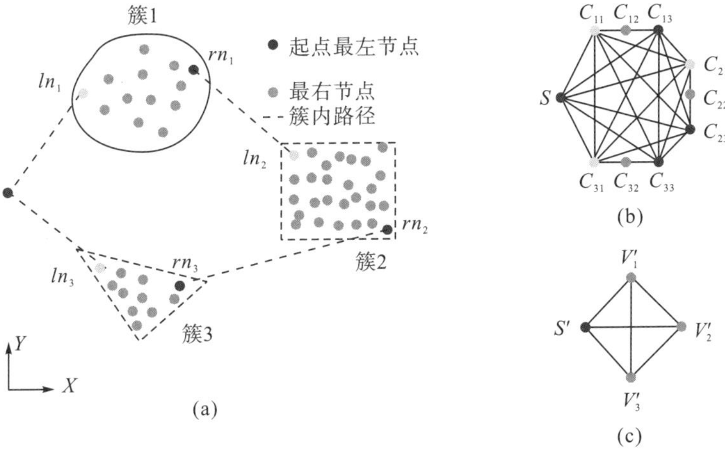

图 2.7　Sencar 从一个不连通的网络中收集数据：(a) 网络包含三个连通簇；(b) SICC 图；(c) TSP 图

（图片来源：Ma M, Yang Y. Sencar: An energy-efficient data gathering mechanism for large-scale multihop sensor networks. IEEE Transactions on Parallel and Distributed Systems, 2007, 18(10): 1476-1488.）

(3) 对于网络中的每个簇 C_i，为 V 增加三个顶点 c_{i_1}、c_{i_2} 和 c_{i_3}，其中 c_{i_1} 和 c_{i_3} 为簇 C_i 的最左节点 ln_i 和最右节点 rn_i。用边 $e(c_{i_1},c_{i_2})$ 连接 c_{i_1} 和 c_{i_2}，并记其距离为 0，同时以边 $e(c_{i_2},c_{i_3})$ 连接 c_{i_2} 和 c_{i_3}，并记其距离为 0。

(4) 对于任意两个簇 C_i 和 C_j，将边 $e(c_{i_1},c_{j_1})$、$e(c_{i_1},c_{j_3})$、$e(c_{i_3},c_{j_1})$ 和 $e(c_{i_3},c_{j_3})$ 加入 E 中，距离分别为 $d(ln_i,ln_j)$、$d(ln_i,rn_j)$、$d(rn_i,ln_j)$ 和 $d(rn_i,rn_j)$，其中 $d(a,b)$ 为节点 a、b 之间的距离，其中 $a\in\{ln_i,rn_i\}$，$b\in\{ln_j,rn_j\}$。

(5) 将起始点 s 加入 V 中。对网络中每个簇 C_i，用边 $e(s,c_{i_3})$ 连接 s 和 c_{i_3}，并记其距离为 $d(s,rn_i)$，其中 $d(s,ln_i)$ 和 $d(s,rn_i)$ 分别为从起始点到 ln_i 和 rn_i 的距离。

在上面的构建过程中，为了访问 G 中的顶点 c_{i_2}，环必须包括 $c_{i_1}\rightarrow c_{i_2}\rightarrow c_{i_3}$ 或

$c_{i_3} \to c_{i_2} \to c_{i_1}$ 中的一段，因为 c_{i_2} 只有两个邻居 c_{i_1} 和 c_{i_3}。因此，当最短环访问完所有顶点并返回到初始点时，即可得到访问所有簇的最短簇间移动环。通过证明，发现最短簇内环(shortest inter-cluster circle，SICC)的问题是一个 NP 难问题。

定理 2.1 SICC 问题是 NP 完全问题。

证明 首先，很容易发现 SICC 是一个 NP 难问题。通过将环内所有线段的长度相加即可得到最短簇内环的距离。为了证明 SICC 是 NP 难的，我们对旅行商问题(TSP)[25]做些精简。任意给定 TSP 的一个实例，可以构建一个 SICC 问题。

令 $G'(V',E')$ 表示 TSP 的图，其中 $V'=\{s,v_1',v_2',\cdots,v_n'\}$。SICC 的图 $G(V,E)$ 构建如下。

(1) 对于每个 G' 中的 v_i'，在 V 加入三个顶点 c_{i_1}、c_{i_2} 和 c_{i_3}，连接 c_{i_1} 和 c_{i_2}，作为距离为 0 的边 $e(c_{i_1},c_{i_2})$，连接 c_{i_2} 和 c_{i_3}，作为距离为 0 的边 $e(c_{i_2},c_{i_3})$。

(2) 对于任意边 $e(v_i',v_j')\in E'$，将边 $e(c_{i_1},c_{j_1})$、$e(c_{i_1},c_{j_3})$、$e(c_{i_3},c_{j_1})$ 和 $e(c_{i_3},c_{j_3})$ 加入 E 中，它们都有相同的距离 $d(v_i',v_j')$，其中 $d(v_i',v_j')$ 为节点 v_i' 和 v_j' 的距离。

(3) 将起始点 s 加入 V 中。对于每条边 $e(s,v_i')\in E'$，连接 s 和 c_{i_1}，作为距离为 $d(s,v_i')$ 的边 $e(s,c_{i_1})$，同时连接 s 和 c_{i_3}，作为距离为 $d(s,v_i')$ 的边 $e(s,c_{i_3})$。

图 2.7(b)和图 2.7(c)给出了由 G' 构建 G 的一个例子，其中图 2.7(c)中的 4 个顶点被扩展为图 2.7(b)中的 10 个顶点。在 SICC 的优化结果中，如果 G 中的最短环包含段 $c_{i_1} \to c_{i_2} \to c_{i_3} \to c_{j_1} \to c_{j_2} \to c_{j_3}$，那么 G' 中的最短 TSP 应该包括 $v_i' \to v_j'$。只要能找到 TSP 的最优解并访问 SICC 所有顶点的最短环，就能得到最短距离。另外，SICC 问题的最短距离等于 TSP 的最短距离。

尽管 SICC 是一个 NP 难问题，但我们可以采用 TSP 的近似算法求解 SICC。例如，一个 2-近似算法[25]可以在 $O(|C|^2\log|C|)$ 时间内实现，其中 $|C|$ 为簇的对数。需要注意在实际情况中，$|C|$ 为一个小的常数(≤10)。在这种情况下，可用穷举搜索来找到最短簇间环。结合簇内路径规划算法、分簇算法及簇内环规划算法，Sencar 能够找到一个非连通网络的环。

2.5 性能评价

本节用多个仿真来验证我们的结果。在仿真中，假设大量的传感器节点密集地分布在传感区域。用双射线传播模型来描述物理层的特征。每个节点的最大传输功率为 0.858mW，通信范围为 40m，同时无线带宽为 250kbps。假设每个数据包的大小固定且为 80B，包含头文件及信息。每个传感器节点的存储容量是 10kb。传感器节点以一个固定速率 100b/min 收集数据。因此，为了防止数据溢出，感知的数据必须每隔 100min 才能上传到 Sencar。当 Sencar 靠近传感器节点的传输半径时，停下并收集数据。假设移动规划路径的网格距离为 10m。在每个簇内，用多跳的方式来防止 MAC 层的数据碰撞。本节评估了移动路径规划算法在连通网络和不连通网络中的性能。

2.5.1　在一个有障碍的区域内寻找移动路径

在这个场景中，假设传感器节点均匀地分布在一个受污染的化学工厂里，并用来检测化学物质泄漏的情况。图 2.8 给出了传感器节点的布局。建筑区域包含 6 个 200m×200m 房间，两边的走道分别是 1000m×1000m。整个区域被砖墙所围起来。Sencar 从开始点(0m,250m)进入大楼，从所有的传感器节点收集数据，最后再回到开始点。假设在布置网络时就已经获取传感器节点的位置信息、连接信息及大楼的内部信息。根据这些信息，Sencar 迭代地使用移动路径规划算法来规划路径。如图 2.8 所示，初始的移动环包含两个重叠的移动路径，即(0m,250m)→(1000m,250m)及(1000m,250m)→(0m,250m)。图 2.8(b)～图 2.8(d)分别给出了迭代次数分别为 2、4、8 的移动路径。从图中可以看出，首先 Sencar 在没有碰到墙壁的情况下进入大楼，然后 Sencar 曲折地沿着大楼去靠近传感器节点。下面将指出 Sencar 的移动路径可以均衡网络负载并延长网络寿命。

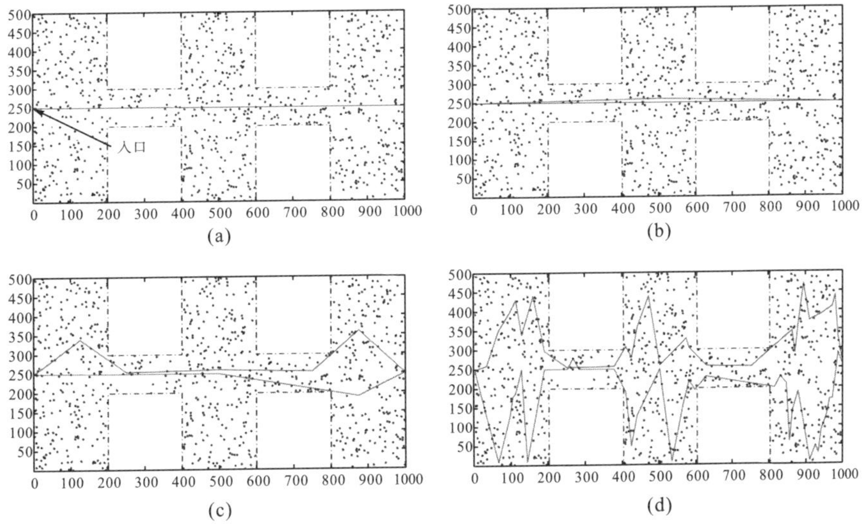

图 2.8　Sencar 从楼的入口处开始收集数据，最后再回到入口处：(a)初始的传感器分布；(b)2 次迭代后的网络分布及移动环；(c)4 次迭代后的网络分布及移动环；(d)8 次迭代后的网络分布及移动环

（图片来源：Ma M, Yang Y. Sencar: An energy-efficient data gathering mechanism for large-scale multihop sensor networks. IEEE Transactions on Parallel and Distributed Systems, 2007, 18(10): 1476-1488.）

2.5.2 网络寿命

现在比较三种数据收集机制的网络寿命。机制 1：一个静态的数据收集者分布在网络的中心(500m,250m)。机制 2：一个只能沿着点(0m,250m)与点(1000m, 250m)间的直线前进后退的移动数据收集者。机制 3：一个能够沿着严格规划移动环移动的 Sencar，其开始点和终止点均为(0m,250m)。这里引入了一个新的衡量方法，即 x 百分比网络寿命。其中 x 为网络寿命，此时(100−x)%的传感器节点能量耗完或无法把数据传输到 Sencar。在这个场景中，我们分别把 x 设为 50%、90%及 100%。对于机制 1，可以用负载平衡算法来估计网络寿命。同时本节也估计了机制 2 的网络寿命。在图 2.9 中用这两种机制作为对比来衡量本章提出的算法。根据图 2.9 可以看到，一个移动的数据收集者与静态的数据收集机制 2 相比，可以明显地延长网络寿命。进一步说，一个路径严格规划好的 Sencar 要比只能沿直线前进后退的移动收集者表现要好得多。

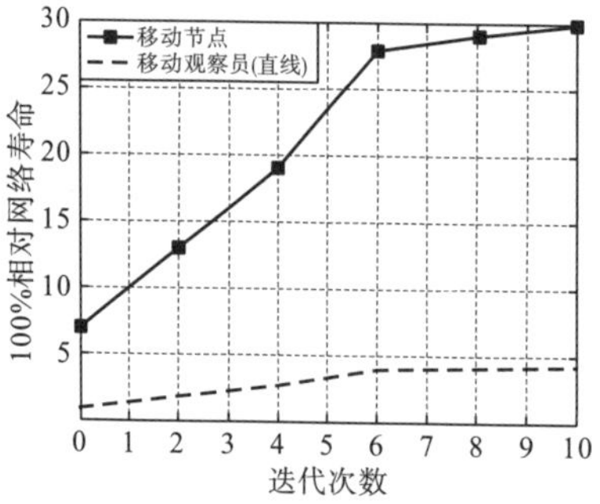

(a) 100%网络寿命

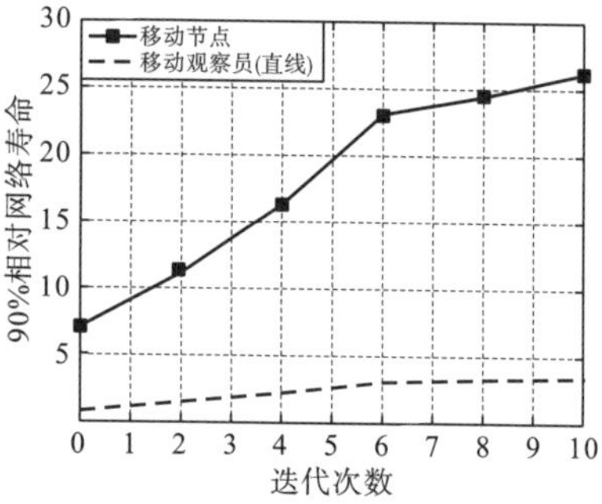

(b) 90%网络寿命

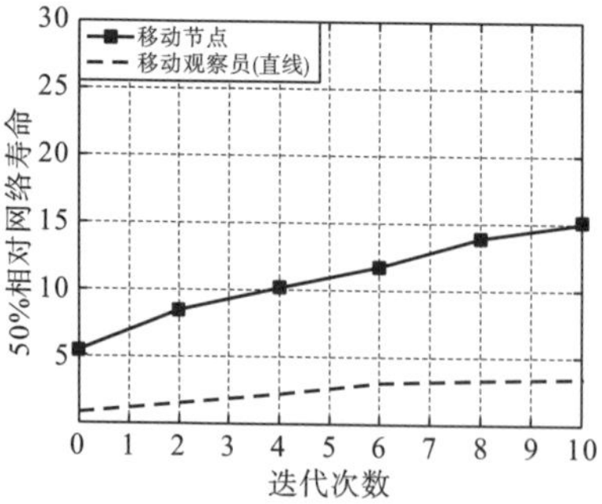

(c) 50%网络寿命

图 2.9 机制 3 与机制 1 和机制 2 的相对网络寿命比较：(a) 100%网络寿命；(b) 90%网络寿命；(c) 50%网络寿命

(图片来源：Ma M, Yang Y. Sencar: An energy-efficient data gathering mechanism for large-scale multihop sensor networks. IEEE Transactions on Parallel and Distributed Systems, 2007, 18(10): 1476-1488.)

2.5.3　与 TSP 解的比较

当我们强制要求 Sencar 访问每个传感器节点时，移动路径规划算法就可以认为是一个 TSP。解决 TSP 的目的在于寻找一个访问每个节点的最短路径，这已经被证明是一个 NP 难问题。显然，TSP 算法与我们提出的算法相比可以明显地延长网络寿命，同时每个传感器节点可以直接传送数据而并不需要中继。另外，TSP 算法由于需要访问每个传感器节点，所以有可能会延长移动路径。由于 TSP 问题的难解性，我们很难在一个大规模的网络中使用穷举搜索算法来找到最优解。但是对于一个小规模的网络，我们已经成功地找到了最优解，并将此解与启发式算法的解相比较。在小规模的网络中用 Concorde TSP 求解器[26]来获取优化解。在这个网络中有 200 个节点均匀地分布在 150m×300m 的区域中。图 2.10 比较了由本章所提算法得到的解与 TSP 求解器得到的最优解。从图中可以看到，随着迭代次数的增加，移动距离和网络寿命都明显增加。当迭代次数为 4 时，本章所提算法得到的网络寿命为优化算法的 76%，得到的移动路径为优化算法的 46%。当迭代次数为 6 时，相对应的比例分别为 87%和 90%。当迭代次数为 8 时，本章所提算法略微延长了网络寿命。因此，如果我们的路线设计完全不考虑网络寿命或不允许数据包的中继，优化的 TSP 算法可以取得较好的网络寿命，即使它是一个 NP 难问题。否则本章所提算法与 TSP 算法相比有着更好的表现。

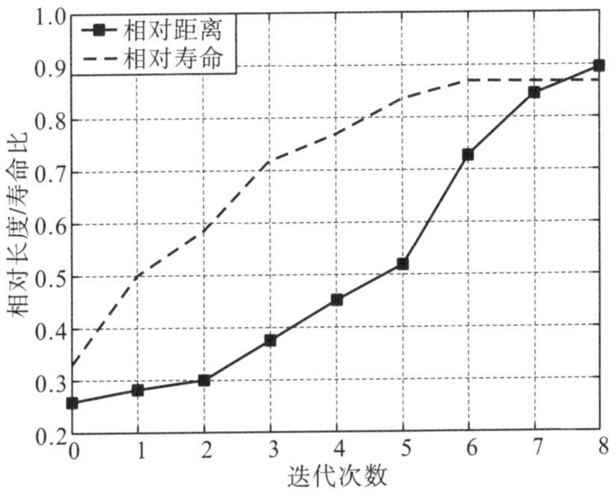

图 2.10　本章所提算法与 TSP 算法对比的示意图

（图片来源：Ma M, Yang Y. Sencar: An energy-efficient data gathering mechanism for large-scale multihop sensor networks. IEEE Transactions on Parallel and Distributed Systems, 2007, 18(10): 1476-1488.）

2.5.4 不连通网络移动环的确定

在本节所考虑的场景中，传感器节点被部署到五个簇内。传感器节点的开始位置和终止位置都是(0m, 400m)。由于每个簇与其他簇并不相连，因此 Sencar 必须一个簇接着一个簇地来收集数据。图 2.11(a)描述了网络的初始布局。我们可以看到传感器节点分别布置在圆形、扇形、M 形、T 形和三角形中。300 个传感器节点密集地分布在每个簇内。实线为簇间的移动路径，虚线为簇内的移动路径。图 2.11(b)～图 2.11(d)分别给出了迭代次数为 2、4、8 的移动路径。从图中可以看到，簇可以通过簇间环连接，而 Sencar 曲折地访问每个簇来收集数据。

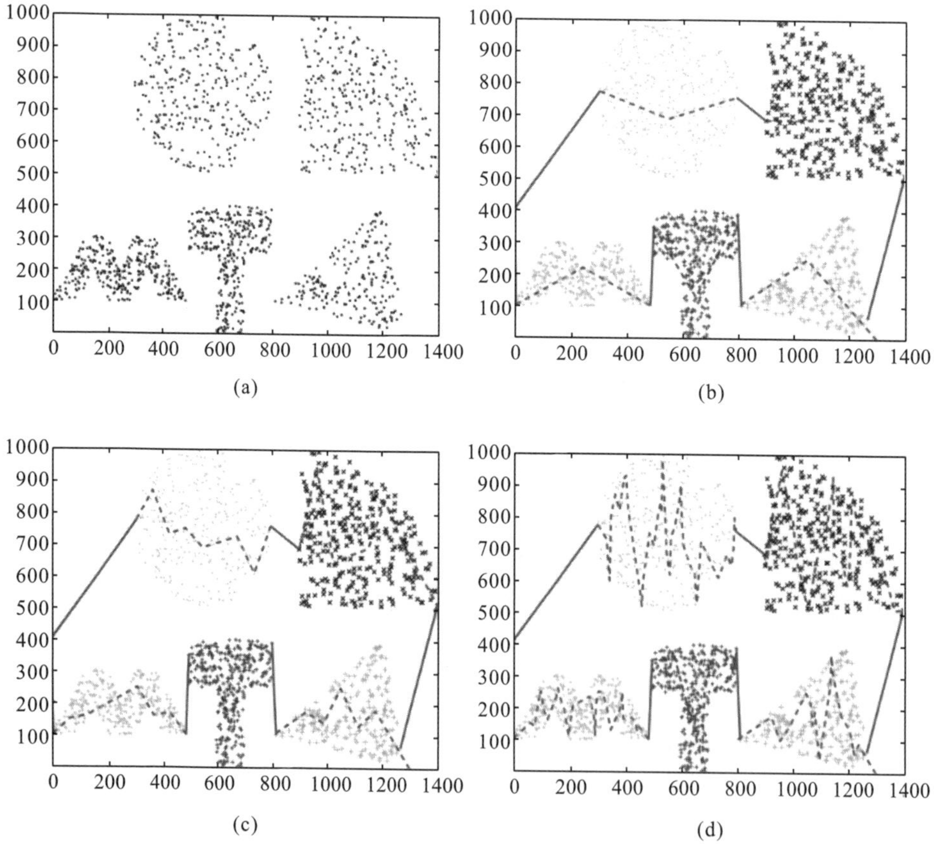

图 2.11 Sencar 从不连通的簇中收集数据：(a)网络的初始布局；(b)2 次迭代后的移动路径；(c)4 次迭代后的移动路径；(d)8 次迭代后的移动路径

(图片来源：Ma M, Yang Y. Sencar: An energy-efficient data gathering mechanism for large-scale multihop sensor networks. IEEE Transactions on Parallel and Distributed Systems, 2007, 18(10): 1476-1488.)

2.6 本 章 小 结

本章提出了一个应用于无线传感器网络的数据收集机制。Sencar 周期性地从静态数据处理点开始收集数据，遍历整个网络并在移动过程中收集传感器的数据，然后再返回开始点，最终把数据上传到数据汇聚节点。本章表明 Sencar 的移动路径可以明显地影响网络寿命。本章提出了一个启发式算法来规划 Sencar 的移动路径及平衡网络负载，并使用一个负载平衡算法来周期性地寻找 Sencar 的拐点及分簇，从而明显地延长了网络寿命。移动路径规划算法可以同时应用在连通的网络和非连通的网络之中。另外，Sencar 可以在移动的过程中对障碍物进行规避。仿真结果证明，与只有一个静态数据收集者的策略相比，本章提出的移动数据收集机制可以将网络寿命提高 30 倍；而与具有一个只能沿直线移动的数据收集者的策略相比，该机制可以将网络寿命提升 4 倍。

参 考 文 献

[1] Chessa S, Santi P. Crash faults identification in wireless sensor networks. Comput. Commun, 2002, 25(14): 1273-1282.

[2] Schwiebert L, Gupta S K S, Weinmann J. Research challenges in wireless networks of biomedical sensors. Proc. ACM MobiCom, 2001: 151-165.

[3] Juang P, Oki H, Wang Y, et al. Energy-efficient computing for wildlife tracking: Design tradeoffs and early experiences with zebranet. Proc. ASPLOS, 2002, 30(5): 96-107.

[4] Small T, Haas Z. The shared wireless infostation model——A new ad hoc networking paradigm (or where there is a whale, there is a way). Proc. ACM MobiHoc, 2003: 233-244.

[5] Vasilescu I, Kotay K, Rus D, et al. Data collection, storage and retrieval with an underwater sensor network. Proc. ACM SenSys, 2005: 154-165.

[6] Heinzelman W R, Chandrakasan A, Balakrishnan H. Energy-efficient communication protocols for wireless microsensor networks. Proc. HICSS, Jan. 2000: 2041-2049.

[7] Younis O, Fahmy S. Distributed clustering in ad hoc sensor networks: A hybrid, energy-efficient approach. Proc. IEEE INFOCOM, 2004: 640-652.

[8] Kaplan E D. Understanding GPS: Principles and Applications. Norwood: Artech House, 1996.

[9] Capkun S, Hamdi M, Hubaux J P. GPS-free positioning in mobile ad-hoc Networks. Proc. HICSS, 2002: 157-167.

[10] Ma M, Zhang Z, Yang Y. Multi-channel polling in multihop clusters of hybrid sensor networks. Proc. IEEE Globecom, 2005: 263-268.

[11] Zhang Z, Ma M, Yang Y. Energy efficient multi-hop polling in clusters of two-layered heterogeneous sensor networks. Proc. IEEE IPDPS, 2005: 81-91.

[12] Chakrabarty A, Sabharwal A, Aazhang B. Using predictable observer mobility for power-efficient design of a sensor network. Proc. IPSN, 2003: 129-145.

[13] Pentland A, Fletcher R, Hasson A. Daknet: Rethinking connectivity in developing nations. Comput., 2004, 37(1):78-83.

[14] Somasundara A A, Ramamoorthy A, Srivastava M B. Mobile element scheduling for efficient data collection in wireless sensor networks with dynamic deadlines. Proc. IEEE RTSS, 2004: 296-305.

[15] Jea D, Somasundara A A, Srivastava M B. Multiple controlled mobile elements (data mules) for data collection in sensor networks. Proc. IEEE/ACM Dcoss, 2005: 244-257.

[16] Zhao W, Ammar M, Zegura E. A message ferrying approach for data delivery in sparse mobile ad hoc networks. Proc. ACM MobiHoc, 2004: 187-198.

[17] Luo J, Hubaux J P. Joint mobility and routing for lifetime elongation in wireless sensor networks. Proc. IEEE INFOCOM, 2005: 1735-1746.

[18] Shah R C, Roy S, Jain S, et al. Data mules: Modeling a three-tier architecture for sparse sensor networks. Proc. IEEE SNPA, 2003: 30-41.

[19] Kansal A, Somasundara A, Jea D, et al. Intelligent fluid infrastructure for embedded networks//Proc. ACM MobiSys, 2004: 111-124.

[20] Jain S, Shah R C, Brunette W, et al. Exploiting mobility for energy-efficient data collection in wireless sensor networks. ACM/Kluwer Mobile Networks and Applications (MONET), 2006, 11(3): 327-339.

[21] Guo C, Zhong L C, Rabaey J M. Low-power distributed MAC for ad hoc sensor radio networks. Proc. IEEE Globecom, 2001, 5: 2944-2948.

[22] Chang J H, Tassiulas L. Energy conserving routing in wireless ad hoc networks. Proc. IEEE Infocom, 2000: 22-31.

[23] Bogdanov A, Maneva E, Riesenfeld S. Power-aware base station positioning for sensor networks. Proc. IEEE INFOCOM, 2004: 575-585.

[24] Ahuja R K, Magnanti T L, Orlin J B. Network Flows: Theory, Algorithms and Applications. New Jersey: Prentice Hall, 1993.

[25] Skiena S S. The Algorithm Design Manual. New York: Springer-Verlag, 1997: 319-322.

[26] Concorde TSP Solver. http://www.tsp.gatech.edu/concorde. html. 2006[2020-01-12].

第3章　WSN中移动数据收集的路径规划

一个移动数据收集器可以是装备了强大收发装置和电池的移动机器人或传感器，其工作方式类似于移动基站，能在网络区域移动时收集数据。移动收集器周期性地从静态的数据汇集点开始，遍历每个传感器并收集数据，然后返回开始的数据汇集点，最终把数据上传到数据汇集点。由于数据包没有经过中继和碰撞而直接被收集，因此传感器节点的寿命被延长。本章主要讨论在单跳情况下的最小数据路径收集长度。首先，把单跳数据收集问题定义为一个混合整数规划问题，并提出了在单个移动收集器情况下的启发式路径规划算法。在有严格的距离或时间限制的应用中，我们考虑使用多个移动收集器同时遍历几条较短子路径从而满足时间约束。本章的单跳数据收集机制可以提高延展性并平衡传感器网络中的能量消耗，这个机制可以用在连通网络和非连通网络中。仿真证明本章提出的数据收集机制与覆盖线算法相比，可以最大限度地缩短移动收集器的移动距离，近似于小规模网络的优化算法。另外，本章提出的数据收集机制与静态的传感器网络或移动收集器只是与沿着直线移动的网络相比能明显地延长网络寿命。

3.1　引　　言

近些年，无线传感器网络作为一个新的信息收集范例已经被广泛应用在医疗、外太空探索、战场监控、应急响应等方面。传感器节点经常部署到一个未被事先探知的、大规模的感知区域中。在检测这个环境之前，传感器节点一定要具有检测周围节点及自组织网络的能力。绝大多数传感器节点的能量主要消耗在两个方面：第一，感知区域情况；第二，将数据上传到数据汇集点。传感器在感知方面的能量相对稳定，因为它仅依靠采样率，而与网络的拓扑及传感器节点的位置并不相关。另外，数据收集机制是决定网络寿命的一个重要因素。虽然传感器网络的应用差异极大，但大部分都拥有一个共同的特征，它们的数据包都需要被数据汇集点接收。在一个由传感器节点组织成平面拓扑的一致性网络中，靠近移动收集器的传感器节点比网络边缘的传感器节点消耗的能量更多。所以，当这些邻近节点死亡时，边缘节点便不能上传数据到移动收集器，此时网络将变得不连通。因此，对于大规模的以数据为中心的传感器网络，仅使用一个静态的数据点来收集传感器网络的数据是无效的。在一些应用中， 传感器会布置在独立监测的区域中，在每个区域中，传感器节点密集分布且具有连通性，然而不同区域之间的节点可能是不连通的。与全连通网络不同的是，有些传感器不能直接通过无线连接的方式将数据传送到数据汇集点，但一个移动数据收集器可以完美地解决这些问题，这个移动收集器可以被当作遍历每个区域和所有独立子网的移动数据传递者，其移动路径可以当作独立子网络间的虚拟链接。

本章考虑这类应用，即以较低频率收集感知的数据但对延迟不敏感，因此可以收集固定长度的数据包并间隔一段时间上传。为了提出一个应用于大规模无线传感器网络的数据收集机制，我们用移动数据收集器从传感器节点收集数据。由于移动数据收集器是移动的，它可以接近传感器节点，所以如果规划好移动路径，可以极大程度地延长网络寿命。在这里，网络寿命被定义为从传感器节点开始发送数据到一定数量的传感器节点所耗尽能量的时间或数据包不能再到达数据汇集点的时间。为了简单起见，我们用移动收集器表示移动数据收集器。

一些文献也介绍了移动数据收集器的相关内容。文献[1]～文献[6]提出了层次网络，以解决数据在传送过程中需要花费很多能量的问题。在这个网络中传感器网络被分割成簇，构成网络的下层。在上层网络中簇头收集数据并把传感器节点的数据传给移动数据收集器。一般来说，这种两层的混合网络与一致性网络相比具有更好的有效性。簇头不仅可以当作一个数据融合点，还可以成为一个路由和调度的控制者。在一致性网络中，所有的传感器节点在初始条件下都具有相同的功率和能量，所以可以从中随机选择部分节点作为簇头，但与其他节点相比，簇头不可避免地会消耗更多的能量。因此，为了避免簇头更快地消耗能量，Heinzelman 等[1]提出了簇头的轮询算法。在这种情况中，每个节点都有成为簇头的可能，但这种情况会增加整个网络的负荷，即动态的簇头选择过程会增加传感器节点间通信的能量消耗。为从本质上解决这个问题，可以加入一些能量充足的节点。与异质性网络不同的是，它包含一些能量充足的节点和大量能量受限的基本节点。在文献[5]和文献[6]中，基本的传感器节点都具有有限的通信能力并且其主要任务为感知环境，而那些能量充足的节点被选为簇头来收集数据。但是在不知道网络拓扑的情况下，很难合适地布置簇头节点。

另外，也有一些文献研究无线传感器网络的移动性，如文献[7]～文献[27]。在文献[7]和文献[8]中，被标记的斑马和鲸鱼被用作移动观测者来收集野外环境中的数据。这些基于动物的移动节点随机地移动，只有当其靠近传感器节点时才交换数据。由于在这样的网络中并不需要一直保持连通，此外这种随机移动的观测者很难被预测和控制，因此最大的数据包延迟很难被保证。对于分布在市区的传感器网络节点，一些公共运输设施沿着固定的路线移动，如公交车、火车等，而可以在这些设施安装收发装置来当作基站[10,12]。与随机移动的动物相比，这种方式的路径和时限是可以预测的，但是这种方式的数据交换仍然具有很强的限制性。

文献[16]提出用运动控制的方式来提高数据传输的性能，一些移动观测者即消息轮渡被用来从传感器节点中收集数据。在文献[14]和文献[15]中，一些被称为数据骡子的移动观测者被用于收集数据。当传感器节点与观测者有一定距离时，观测者直接接收数据并传递给有线接入点。数据骡子的移动可以看成是在一个 2D 空间里的随机移动。在文献[13]中，移动观测者收集来自传感器的数据并以一种平行直线的方式遍历整个传感器网络区域。为减少时延，允许传感器所上传的数据包以其他传感器节点为中继而到达移动观测者。这种方式在大规模均匀分布的网络中取得了很好的效果。但是在现实中，数据骡子很难一直沿着直线移动，例如，障碍物或边界也许会阻碍数据骡子的移动路径。进一步地说，数据骡子的表现及时间花费依赖于其数量及传感器的分布情况。当只有少量的数据骡子或并不是所有的传感器节点都连接的情况下，数据骡子沿直线前进有可能并不能收集到所有传感器节点的数据。Luo[17]提出了一个基于同时考虑移动规划问题及路由选择问题来减小最大平均负载的策略。假设传感器节点的位置分布服从泊松分布，一个传感器网络的平均负载可以通过一个节点的密度函数进行估计，但是这种估计方式在节点分布并不密集的情况下有可能不准确。文献[23]提出了一种基于无线传感器网络的随机数据压缩收集机制，即 SMITE。SMITE 包含三个部分：第一，随机数据移动收集器的选择；第二，当一个普通节点在多个数据者的通信范围内时，节点可以随机选择移动数据收集器发送数据；第三，当移动收集器收集到一定的数据时会用一种既定的方法发送给移动汇聚节点。文献[24]提出一个基于多跳方式来最小化网络能量开销的方法。传感器节点被分为簇，簇头具有数据过滤的功能。在文献[25]中，我们通过中继跳数的选择及路径规划来实现移动数据收集中能量消耗和数据收集时延平衡。文献[27]提出了一个基于生态学的移动工具，并基于这个工具提出了一种数据收集机制。通过应用边缘值数据理论，整个传感器网络可以划分为很多小的子区域，同时从每个子区域中获取相应的数据。移动代理节点利用数据的空间相关性来优化数据的准确性和资源的消耗。文献[28]考虑了一个基于能量受限的大规模无线传感器网络的多个数据收集节点的部署问题，并提出了一个简单有效的解决方案，即通过减小从传感器节点到收集节点的数据传输能量消耗来最大化网络寿命，用平衡图分割技术把整个传感器网络分割成多个相连的子网。

本章内容主要包括以下方面。

(1) 在大规模传感器网络中，提出了使用一个或多个移动收集器时的新数据收集机制。

(2) 考虑最短路径数据收集的问题，并将其构造为一个混合整数规划问题(mixed integer programming problem，MIPP)。

(3) 对于使用单个移动收集器的情况，提出了生成树覆盖算法。

(4)对于具有多个移动收集器的情况，提出一个满足时间和距离限制的多子网遍历算法。

(5)进行广泛的仿真实验，通过与其他数据收集算法相比来验证本章所提算法的有效性。

3.2 预备知识

本章考虑一个数据收集问题，其中 M 个移动数据收集器可以到达每个传感器的传输范围，从而传感器的数据可以被直接传递给移动数据收集器。在具体介绍这个问题之前，首先定义本章将要用到的相关术语。

当一个移动收集器移动时，它可以逐个地轮询附近的传感器来收集数据。在接收到轮询消息时，传感器直接简单地上传数据到移动收集器，不会有延迟。我们把移动收集器轮询传感器的位置定义为轮询点。当移动收集器移动到轮询点时，它以相同的功率轮询附近的传感器，传感器接收到轮询消息后以单跳方式将数据包上传到移动收集器。收集完某一轮询点周围的传感器数据后，移动收集器将直接移动到下一个轮询点。因此，移动收集器的数据收集路径由多个轮询点及连接它们的直线段组成。例如，以 $P=\{p_1,p_2,\cdots,p_t\}$ 表示一组轮询点，DS 为数据接收器，那么移动收集器的移动路径可以表示为 $\mathrm{DS}\to p_1\to p_2\to\cdots\to p_t\to\mathrm{DS}$ 。因此，认为寻找最佳路径是确定轮询点的位置及访问它们顺序的问题。在移动收集器开始收集数据前，需要确定所有轮询点的位置和在每一个轮询点可以轮询的传感器。我们定义平面上一个点的邻居集为一个传感器集合，其中的传感器可以通过单跳方式直接上传数据到移动收集器。由于移动收集器只能在轮询点收集数据，因此每个传感器必须至少属于一个轮询点的邻居集，从而可以没有延迟地上传数据。换句话说，所有轮询点邻居集的并集必须覆盖所有传感器。

在现有的一些工作中，通常假设一个全向天线的传输范围是围绕收发器的一个盘状区域。基于这样的假设，给定平面上一个点，这一点的邻居集由围绕这一点盘状区域内的所有传感器组成。然而，由于无线环境的不确定性，如信号衰减、由墙壁和障碍物引起的反射和干扰，所以在没有真正测量的情况下很难估计传输范围的边界[29,30]。在实践中，获得未知点的邻居集几乎是不可能的，除非移动收集器移到这个点并且测试该点和其一跳邻居的无线连接，或者一个传感器被放置在这一点上并且在邻居发现阶段得知其所有一跳邻居具体包含哪些传感器节点。因此，在这一阶段，只能测试平面上有限数目的点与其相应的邻居集，而且必须从这些有限的点中选择轮询点，我们称这些点组成的集合为候选轮询点集。如果可以获得传感器的连接模式，或者换句话说，如果知道每个传感器的一跳邻居，那么每个传感器的位置就可以被看作一个候选轮询点，因为这一点的邻居集是已知的。但是，在移动数据收集器收集数据之前，难以获得网络的连接模式。除非网络是完全连通的，在这种连接模式下才能通过无线传输传送至数据接收器。如果在没有连接模式信息的情况下获得候选轮询点，那么在部署传感器后，一个或多个移动收集器需要探索整个传感区域，而探索时，每个移动收集器可以用相同的传输功率向传感器周期性地广播“Hello”消息。每个正确解码“Hello”消息的传感器可以通过回答一个“ACK”消息告知移动收集器的所在位置。一旦接收到传感器的“ACK”消息，移动收集器便标记它的当前位置为一个候选轮询点，然后将传感器的 ID 添加到这个候选轮询点的邻居集中。因此，传感器和轮询点处的移动数据收集器间的无线连接是双向测试的。此外，每个传感器在邻居发现阶段还可以通过广播“Hello”消息发现其一跳邻居。在传感器通过“ACK”把其一跳邻居的 ID 报告给移动收集器后，传感器的位置也可以成为一个候选轮询点。在图 3.1 中，我们通过一个例子阐明了轮询点的定义、邻居集及候选轮询点集。图 3.1 中有四个传感器 s_1、s_2、s_3 和 s_4，它们分别部署在 l_1、l_2、l_3 和 l_4 位置。在探索阶段，通过在这些点广播“Hello”消息，移动收集器发现了 l_5 和 l_6 的邻居集。这时，l_5 和 l_6 可以被添加到候选轮询点集。因为传感器 s_1、s_2、s_3 和 s_4 也可以通过发送“ACK”将其一跳邻居的信息报告给移动收集器，所以 l_1、l_2、l_3 和 l_4 也可以成为候选轮询点。在图 3.1 中，如果传感器 s_i 和位置 l_j 之间存在无线连接，那么就说 s_i 属于 l_j 的邻居集，其中 $s_i \in \{s_1, s_2, s_3, s_4\}$ 和 $l_j \in \{l_1, l_2, \cdots, l_6\}$。因此，候选轮询点集为 $L = \{l_1, l_2, \cdots, l_6\}$；$l_1$、$l_2$ 和 l_5 的邻居集为 $\{s_1, s_2\}$，l_3、l_4 和 l_6 的邻居集为 $\{s_3, s_4\}$。总之，一个候选轮询点集可以包含平面上两种类型的点：一类是传感器部署的位置点；另一类是与其一跳邻居之间存在无线连接的点(通过移动收集器测试得知)。在发现阶段后，假设每个传感器均知道其所有一跳邻居的信息，同时移动收集器获得了每个轮询点邻居集的信息。

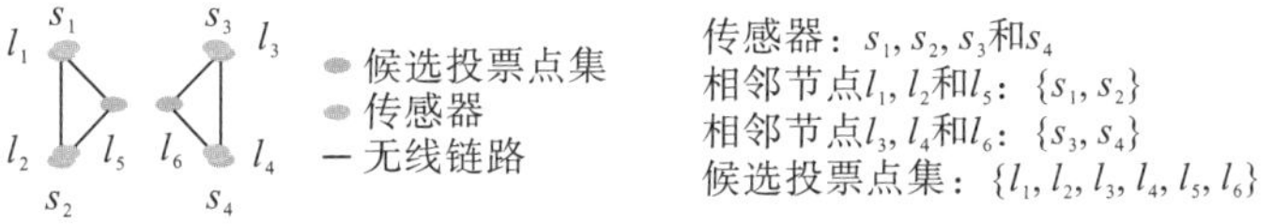

图 3.1　轮询点、邻居集、候选轮询点集

(图片来源：Ma M, Yang Y, Zhao M. Tour planning for mobile data-gathering mechanisms in wireless sensor networks. IEEE Transactions on Vehicular Technology, 2013, 62(4): 1472-1483.)

与多跳均质网络不同，在我们的方案中，移动收集器和传感器工作在服务器-客户机模式，传感器不需要一直监听通道来为它们的邻居传递数据包。一旦移动收集器移动到一个轮询点，它就可以发出哔哔声以激发附近传感器的收发器，从而收集传感器的数据，之后传感器再次睡眠。我们假设每个传感器配备一个被动射频识别(radio frequency identification，RFID)设备[31]，一旦接收到来自移动收集器的 RFID 呼叫，它就可以通过发送一个中断信号给单片机以激活传感器的收发器。被动 RFID 设备的优势是不需要传感器电池供电，它可以从外部射频信号中获取能量。

3.3 单跳数据收集

本节考虑移动收集器遍历每个传感器通信范围的最短移动路径问题。如图 3.2 所示，传感器分布在轮询点或轮询点的一跳传输范围之内。为了简化问题，假设移动收集器以一个固定的速度移动，同时忽略数据传输和转弯所需的时间，这样就可以根据移动路径的距离来估计数据收集的时间。通过最小化移动路径距离，数据可以在最短的时间被收集，从而用户将拥有最新的数据。我们将这种情况定义为单跳数据收集问题(single hop data gathering problem，SHDGP)。

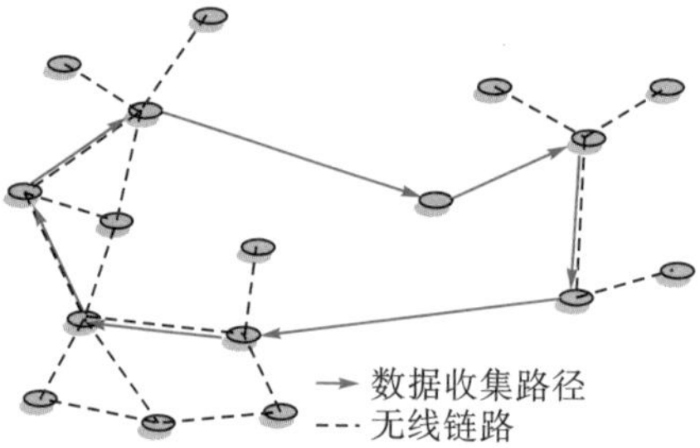

图 3.2 SHDGP

(图片来源：Ma M, Yang Y, Zhao M. Tour planning for mobile data-gathering mechanisms in wireless sensor networks. IEEE Transactions on Vehicular Technology, 2013, 62(4): 1472-1483.)

在给出 SHDGP 的具体表达式之前，首先给出一些关于这个问题的定义和假设。令 R 为感知半径，其规定了数据收集的半径，r 为传感器的数据传输半径，当且仅当移动收集器能到达传感器的传输范围时，其才能收集来自传感器节点的数据，此时必须满足 $0<(r/R)<1$。当 $(r/R)\to 0$ 时，著名的 TSP 可以简化为 SHDGP。在这种情况中，移动数据收集器必须一个接一个地访问传感器节点，从而来收集数据。由于在上传数据时，传感器离移动数据收集器足够近，故传输数据所消耗的能量减少了，从而使整个网络的寿命被延长了。我们知道 TSP 已经被证明是一个 NP 难问题。当 $(r/R)\geqslant 1$ 时，整个网络变成一个单跳网络，移动收集器就像无线局域网中的基站一样，可以在不移动的情况下直接收集任何传感器的数据。考虑到一些应用，如环境监测、战场监控，其中的传感器具有固定的传输

功率并分布于很广泛的区域中，而我们感兴趣的是这种更实际的情况，因此设定 $0<(r/R)<1$。

如上所述，TSP 可以在一定条件下简化为 SHDGP 的一个特例。因此，SHDGP 也是一个 NP 难问题。

当得到所有轮询点集后，就可以用如下方式建模 SHDGP。给定一个传感器节点集合 $S=\{s_1,s_2,\cdots,s_{n_n}\}$，一个轮询点集合 $L=\{l_0,l_1,l_2,\cdots,l_{n_1}\}$，其中 l_0 代表着开始节点和终止节点，并且备选轮询点 l_i 的邻居聚合 $\mathrm{nb}(l_i)$。此外，决定每个轮询点的访问次序，使得 S 中的每个传感器节点至少属于一个轮询点的邻居节点，同时最小化连接所有轮询点的线段长度之和。定义一个完全有向图 $G=(L,A)$，同时为每条边 $a_{ij}\in A$ 定义一个非负代价 c_{ij}，其中 c_{ij} 为从轮询点 l_i 到轮询点 l_j 所需的代价。这样，SHDGP 可以表达为如下的混合整数规划问题(MIPP)：

$$\text{Min}\sum_{i,j\in L,i\neq j} c_{ij}x_{ij} \tag{3.1}$$

使

$$\sum_{i\in L,i\neq j} x_{ij}=I_j,\quad \forall j\in L \tag{3.2}$$

$$\sum_{j\in L,j\neq i} x_{ij}=I_i,\quad \forall i\in L \tag{3.3}$$

$$\sum_{j\in \mathrm{nb}(l_i)} I_i\geqslant 1,\quad \forall j\in S \tag{3.4}$$

$$y_{ij}\leqslant |L|\,x_{ij},\quad \forall i,j\in L \tag{3.5}$$

$$\sum_{j\in L\setminus\{l_0\}} y_{jl_0}=\sum_{j\in L\setminus\{l_0\}} I_j \tag{3.6}$$

$$\sum_i y_{ji}-\sum_k y_{ij}=I_j,\quad \forall j\in L\setminus\{l_0\} \tag{3.7}$$

其中，

$$x_{ij}=\begin{cases}1, & \text{数据收集路径包含弧}a_{ij}\\ 0, & \text{其他}\end{cases}$$

$$I_i=\begin{cases}1, & \text{数据收集路径包含候选轮询点}l_i\\ 0, & \text{其他}\end{cases}$$

y_{ij}：关于弧 a_{ij} 从 l_i 到 l_j 的流值

在上述公式中，式(3.1)的目的在于最小化数据收集的代价或移动距离。x_{ij} 为一个指示变量，定义了从 l_i 到 l_j 的弧 a_{ij} 是否属于最优路径。二元变量 I_i 指示轮询点 l_i 是否属于最优路径。对于数据收集路径上的每个节点来说，条件式(3.2)与条件式(3.3)保证了总有一条弧指向该节点，同时有一条弧由该节点指向其他节点。条件式(3.4)保证了每个传感器节点至少属于一个轮询点的邻居节点，从而保证每个传感器节点可以与移动收集器进行直接通信。类似于文献[32]中 Gavish 提出的最小有向树问题，条件式(3.5)～式(3.7)排除了子路径的问题。具体来说，条件式(3.5)限制了在数据收集过程中，每条弧的数据流只能发送一次。条件式(3.6)表明，流入 l_0 的流的单位数量等于数据收集过程中的轮询点数。最后，条件式(3.7)表明数据需要经过收集路径上的每一个轮询点。与文献[32]中类似，在满足条件式(3.5)～式(3.7)的情况下，可以确保数据收集的路径包含开始节点和终止节点 l_0。

3.4 单跳数据收集问题的启发式算法

由于 SHDGP 是一个 NP 难问题，因此本节提出一个启发式算法来近似解决这个问题。首先，将 SHDGP 与一个相似问题，即覆盖售货商问题(covering salesman problem，CSP)相比。在文献[33]中，Current 和 Schilling 提出了 CSP 并证明其为一个 NP 难问题。他们考虑的问题是如何获取遍历部分城市的一个最短路径，使得对于这个路径上的每一个城市来说，其均在不属于这个路径的某一城市的一定范围之内。如果将每个传感器节点的传输范围看作圆形区域，那么就可以把 SHDGP 简化为 CSP。文献[33]提出了一个启发式算法，从而把这个问题变为两个 NP 难的子问题。首先，寻找一个最小顶点覆盖。然后，寻找一条能够遍历这个顶点覆盖范围内所有顶点的最短路径。启发式算法的第一步是最小化停靠点(类似于轮询点)的数目，此时并不考虑连接这些停靠点的边的距离。

在文献[34]中，对于 CSP，Arkin 和 Hassin 从几何角度设计了一个 $[(\sqrt{7^2+3^2}+1)r_{tsp}](\approx 12.9)$ 的近似算法。这里，售货员必须到城市的单位圆区域，其中 r_{tsp} 为 TSP 中的一个常量，利用它就可以由平面上的一系列点近似一条最优的 TSP 路径，通常设置 r_{tsp} 为 1.5。近似算法的基本思路如下。首先，用最少的垂直覆盖线来覆盖所有的单位环，然后，从每个单位圆节点中选择一个代表节点作为区域的直径和覆盖线的交点，最后，在这些代表点中找一个近似 TSP 路径。这个近似算法称为覆盖线算法。如果每个传感器的通信范围地可以看作是一个单位圆，那么 CSP 中的覆盖线算法可以用来求解 SHDGP 中的一个近似最优解。但是，就像之前讨论的那样，在实际中，传感器的通信范围远大于单位圆，并且很难估计。进一步说，虽然覆盖线算法给出了收集路径长度的一个上限，但其近似率的确相当高($\approx$ 12.9)。在下面的介绍中，我们将在不同场景中比较所提出的贪婪算法与覆盖线算法，另外，也可以在一些小的网络中比较所提贪婪算法与最优算法的性能。仿真结果表明在不同的场景之中，本章所提贪婪算法比最小覆盖线算法的表现要好得多，更接近小规模网络的最优算法。

本章所提贪婪算法的基本观点是从候选轮询点中选择一个子集，其中每一个点对应传感器组成的一个邻居集。在算法的每一阶段，当候选轮询点成为轮

询点时，其对应的邻居集合将被覆盖。当所有传感器被覆盖时，算法终止。算法试图在每个阶段用最小的平均代价去覆盖所有未覆盖的邻居集，其中的代价将在后面正式定义。算法可描述如下：令 P_{curr} 包含所有轮询点，L 表示候选轮询点的集合，U_{curr} 表示尚未覆盖的节点集合。首先，从一个空集合 P_{curr} 开始。对于集合 L 中的每个候选轮询点 l，我们用 $\text{nb}(l)$ 来表示 l 的邻居集。回想到每个邻居集对应一个候选轮询点，同时其包含在此候选轮询点处可被移动收集器轮询的所有传感器。定义两个邻居集间的距离为相对应的两个候选轮询点间的距离。用 $\{\text{nb}(l)\}$ 表示未覆盖邻居集 $\text{nb}(l)$ 的代价，它等于 $\text{nb}(l)$ 到所有已覆盖邻居集的最短距离。用 $\alpha=\text{cost}\{\text{nb}(l)\}/|\text{nb}(l)\cap U_{\text{curr}}|$ 表示覆盖 $\text{nb}(l)$ 中所有未覆盖传感器所需的平均代价。当 U_{curr} 中存在未被覆盖的元素时，选择具有最小 α 值的未覆盖邻居集 $\text{nb}(l)$，并将其相应的候选轮询点 l 增加到 P_{curr} 中，同时将相应的邻居集 $\text{nb}(l)$ 从 U_{curr} 中移除。当覆盖所有节点时，算法终止。最终，P_{curr} 包含数据收集过程中的所有轮询点。当获取所有轮询点后，就可以利用 TSP 的任意近似算法获得数据收集的移动路径。很有趣的是，对于 SHDGP 的一种特殊情况，即当每个邻居集仅包含一个传感器且没有两个邻居集包含相同的传感器时，我们所提出的贪婪算法就是求解最小生成树问题的 Prime 算法。因此，将所提出的贪婪算法命名为生成树覆盖算法。图 3.3 给出了一个实例。

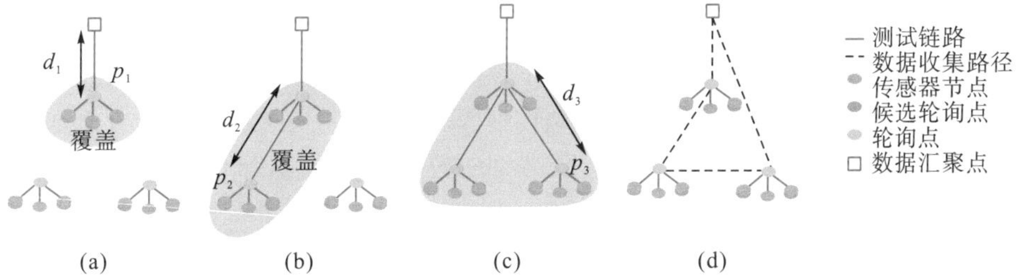

图 3.3　生成树覆盖算法：(a) p_1 的邻居结合平均花费为 $d_1/3$；(b) p_2 的邻居结合平均花费为 $d_2/3$；(c) p_3 的邻居结合平均花费为 $d_3/3$；(d) 由生成树覆盖算法得到的数据收集路径

（图片来源：Ma M , Yang Y , Zhao M . Tour planning for mobile data-gathering mechanisms in wireless sensor networks. IEEE Transactions on Vehicular Technology, 2013, 62(4): 1472-1483.）

由图 3.3 可知，移动收集器选择 p_1 作为第一个轮询点，因为与其他候选轮询点相比，p_1 的邻居集具有最小的平均代价 $d_1/3$。下一步，p_2 和 p_3 将会被选为第二个和第三个轮询点，其平均代价分别为 $d_2/3$ 和 $d_3/3$。之后，可以根据轮询点来估计最短路径。算法 3.1 给出了生成树覆盖算法的详细描述。

算法 3.1　生成树覆盖算法

```
创建一个空集 P_curr;
创建一个包含所有传感器节点的集合 U_curr;
创建一个包含所有候选轮询点的集合 L;
while U_curr ≠ Φ
    找出一个轮询点 l∈L，使得 α = cost{nb(l)} / |nb(l)∩U_curr| 最小;
    将传感器节点加入集合 nb(l);
    将与 nb(l)相对应的轮询点加入集合 P_curr;
    从 L 中移除与 nb(l)相应的轮询点;
    从 U_curr 中移除 nb(l)中的传感器节点;
end while
基于 P_curr 中的轮询点，找出一个近似的最短移动路径
```

现在分析生成树覆盖算法的通信及计算复杂度。假设有 N 个传感器节点和 M 个候选轮询点。回想到一个轮询点可以是一个传感器的位置点，也可以是与其一跳传感器间存在无线连接的点(移动收集器探测)。在一个全连通的网络中，即所有传感器的连接模式可以通过无线传输直接发送给数据汇集点的网络，移动收集器并不需要事先搜索这个网络，每个传感器节点会直接变成候选轮询点。在这种情况下，候选轮询点的数目等于传感器节点的数目。如果不是全连通的网络，那么无论使用哪种数据收集机制，移动收集器都必须事先探知这个网络以确定所有传感器的位置。对于绝大多数的应用，感知的数据只有与位置结合起来才显得有意义。因此，获取候选轮询点的过程并没有造成额外的通信花销。在这种情况下，候选轮询点的个数 M 不小于传感器节点的个数 N，并且其与很多因素有关，如感知区域的大小 A、传感器的通信半径 r 和探测机制。在一个理想的探测机制中，例如，移动收集器沿着几条平行线移动，M 的大小为 A/r^2。在网络拓扑不变的情况下，只需要对传感器区域进行一次探测，这个过程需要花费 $O(NM)$ 时间去寻找一个覆盖所有传感器邻居集的子簇。寻找近似最短移动路径的工作可以在 $O(M^2)$ 时间内完成。这样，生成树覆盖算法的计算复杂度就是 $O(M^2+NM)$。

3.5　带多个移动收集器的数据收集

前面已经考虑了基于一个移动收集器的数据收集机制。但是对于一些较大规模的应用，每次数据收集的过程有可能需要很长的时间，以至于在一个移动收集器缓存溢出之前仍然不能有效地访问每个传感器节点。文献[35]提出了一个可能

的解决方法，即采取多跳的方式传递数据。这样，移动收集器就不需要访问每个传感器节点，从而缩短了数据收集路径的长度。但是，中继节点将消耗更多的能量，从而导致中继节点更快地死亡。为了避免这种不平衡的网络寿命，本节采用多个移动收集器并以单跳的方式来收集数据。

我们可以借用传统的送货车辆路由的解决方法来解决多个移动收集器的数据收集问题。在送货车辆路由问题中，从工厂开出的每辆卡车沿子线路逐户发送数据，在工厂关闭之前回到工厂。文献[36]把寻找最少送货车辆的问题称为多旅行商问题(multiple traveling salesman problem，MTSP)，并证明这是一个 NP 难问题。与送货车辆不同，移动收集器可以通过无线的方式来访问每个传感器节点。由于每个子路线受到时间和距离的限制，所以我们需要寻找一个数据收集子路线的集合以最小化移动收集器的个数。类似于送货卡车，如果强制要求移动收集器至少访问一次数据汇集点，那么通过把每个传感器的通信半径缩小为 0，此时这个问题就简化为 MTSP。进一步讲，在一些较大规模的网络中，每次数据收集过程有可能需要很长时间，以至于一个移动收集器在缓存溢出之前仍然不能有效地访问每个传感器节点。因此，如果所有的移动收集器都需要访问数据汇集点，那么即使有足够的移动数据收集器，也可能找不到一系列可行的子移动数据收集路径。幸运的是，与送货车辆不同，两个移动收集器可以利用无线的方式交换数据，这就使得与数据汇集点相距较远的移动收集器可以通过其他移动数据收集器的中继把数据上传到数据汇集点，而不是直接访问数据汇聚点。

在多移动收集器的数据机制中，只需要一个移动收集器能够访问到数据汇集点的通信范围即可。如图 3.4(b)～图 3.4(d)所示，整个网络被分成多个子网。在每个子网中，一个移动收集器负责收集该子网内传感器的数据。当两个移动收集器足够接近时，

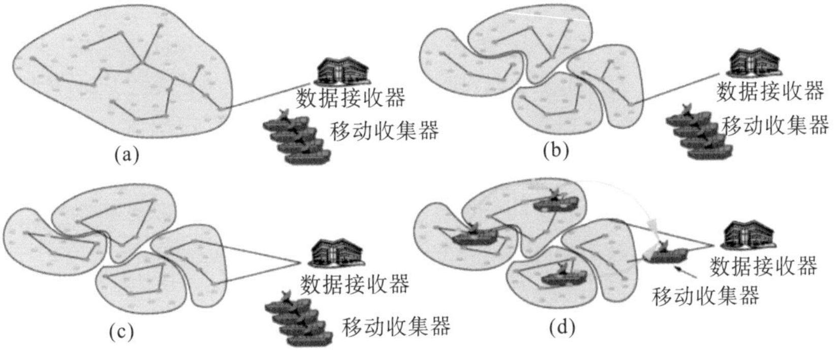

图 3.4 多个移动收集器的数据收集：(a)建立生成覆盖树；(b)把生成覆盖树分解为子树的集合；(c)在每个子树点上找到近似最短路径；(d)将由传感器中收集的数据转发到离数据汇集点最近的移动数据收集器

(图片来源：Ma M, Yang Y, Zhao M. Tour planning for mobile data-gathering mechanisms in wireless sensor networks. IEEE Transactions on Vehicular Technology, 2013, 62(4): 1472-1483.)

一个移动收集器可以将收集到的数据转发给另一个移动收集器。通过多移动数据收集器的转发，数据可以被转发到访问数据汇集点的数据收集器，并最终上传到数据汇集点。在这里有很多有趣的问题，例如，如何以能量有效的方式将数据传送到数据汇集点，如何通过规定移动收集器的移动来降低数据包的延迟等。本节将主要考虑如何规划多个移动收集器的移动子路径，从而最小化移动收集器的个数。

多移动收集器的数据收集机制可以描述如下。首先，利用算法 3.1 的生成树覆盖算法来寻找候选轮询点集 P，再基于这些轮询点寻找最小生成树 $T(V, E)$。这里，将此时得到的最小生成树称为生成覆盖树。

设 $L_{\max}$ 是任何子路径长度的上界，其保证在传感器用完存储空间之前数据被收集。注意，$L_{\max}$ 可能依赖于许多因素，如缓存大小、传感器的数据采集速率和移动收集器的移动速度等。设 $t(v)$ 为 T 的子树，且以顶点 v 为根，并且由 T 中 v 的所有子顶点和连接它们的边组成。设 Parent$\{v\}$是 T 中 v 的父顶点。设 Weight$\{v\}$为在以 v 为根的子树 $t(v)$ 中所有链路的代价之和。然后，计算 T 中所有顶点的权重和。重复地从 T 中删除子树直到 T 中没有顶点。为了在每次循环中建立一个子树 t，从剩余树 T 中最深的叶子节点开始，令它为子树 t 的根 Root(t)。检查 Parent(Root(t))的权重，如果 Weight(Parent(Root(t)))$\leqslant L_{\max}/2$，令 Root(t)=Parent(Root(t))，否则，把 T 中 Root(t)的所有子顶点和连接它们的边添加到 t 中并从 T 去除 t。这里，Weight(Parent(Root(t)))也表示子树 t 的总边长度。在去除子树后，更新剩余树 T 中的每个顶点的权值。当 T 为空时，算法结束。这样 T 被分解为多个子树。任意子树 t 的总长度用 L_t 表示，该值不大于 $L_{\max}/2$。最后，通过运行 TSP 的近似算法可以由每个子树的轮询点确定该子树的子路径。设 L_{apx}^t 为子树 t 的子路径的近似长度。在 TSP 的两次近似算法中，通过复制最小生成树的所有边来获得近似路径，然后在其中找到欧拉环。因此，L_{apx}^t 不大于两倍 t 的最小生成子树的长度 L_t，也就是说，$L_{\alpha x}^t \leqslant 2L_t$。如上所述，$L_t$ 以 $L_{\max}/2$ 为界。另外，有 $L_{apx}^t \leqslant 2L_t \leqslant L_{\max}$，这意味着任何通过数据收集算法得到的子路径的长度不大于子路径长度的上界 $L_{\max}$。具体算法如算法 3.2 所示。图 3.4(a)～图 3.4(d)给出了具有多个移动收集器的数据收集算法的四个主要步骤：①建立生成覆盖树；②把生成覆盖树分解为子树的集合；③在每个子树点上找到近似最短路径；④将由传感器收集的感知数据转发到离数据汇集点最近的移动收集器。现在讨论有多个移动收集器的数据收集算法的复杂度。

算法 3.2 有多个移动收集器的数据收集算法

```
找出轮询点集合 P;
基于 P 的轮询点，建立 P 的生成覆盖树;
对于 T 中每个顶点 v，计算权值 Weigth{v};
while T≠Φ
  找出 T 中最深叶子节点 u;
```

```
  令子树 t 的根 Root(t)=u;
  while Weight(Parent(Root(t))) ≤ L_max/2
  Root(t)=Parent(Root(t));
  end while
将 Root(t)中所有孩子顶点，以及与之相连的边存入 t，同时从 T 中删除 t;
更新 T 中剩余节点的权重;
end while
```

相比算法 3.1 中的生成树覆盖算法，算法 3.2 无需额外通信。在算法 3.2 中，外部和内部的循环需要执行最多 $O(M)$ 次，其中 M 为候选轮询点的数目。循环花费时间为 $O(M^2)$，且循环之前的操作花费的时间为 $O(MN+M^2)$。因此，总计算复杂度为 $O(MN+M^2)$。

3.6 性能评价

本节进行了大量的仿真并以此来证明所提方案的有效性。在仿真中，假设传感器在感知区域内均匀分布。对单跳数据收集，我们评估单个移动收集器在小规模网络和大规模网络中的路径长度，同时，将所提生成树覆盖算法与其他两个数据收集方案对比，以比较它们对网络寿命的影响。此外，在一个随机产生的网络中，展示本章提出的具有多移动收集器的数据收集算法的性能。

3.6.1 单个数据收集器的路径长度

因为 SHDGP 是一个 NP 难问题，所以在大型网络中应用穷举搜索方法来寻找最优解的方法不可行。然而，对于几个小规模网络，本章已成功地运行了最优化算法并将其与所提出的生成树覆盖算法相比较。首先，我们比较单移动收集器的路径长度，该路径长度通过在小网络中运行生成树覆盖算法而获得，同时，利用 GNU 线性规划求解器[37]，可得到 3.4 节中所提混合整数规划问题 SHDGP 的最优解。传感器网络的连通性依赖于两个主要因素：传感器节点的分布密集度及其传输范围。在这个场景中，假设传输范围分别为 40m、60m、80m，传感器节点的数目分别为 20、30、40。传感器节点随机地分布在一个 500m×500m 的区域中。一个移动收集器每次从点(0m，250m)开始收集数据，最后再回到这个点，从而结束数据收集。对于一个稀疏网络，传感器节点间的平均距离远大于通信半径，故这个网络很有可能是完全不连通的。在这种情况下，不管采用哪个算法，移动收集器可能都需要逐个访问每个传感器节点。在图 3.5(a)中可以看到，当 20 个传感器节点有相对短的传输半径 40m 时，生成树算法和覆盖线算法的结果都非常接近最优解。但是，当通信范围增加时，在图 3.5(b)和图 3.5(c)中生成树算法的表现要好得多，更接近最优解。

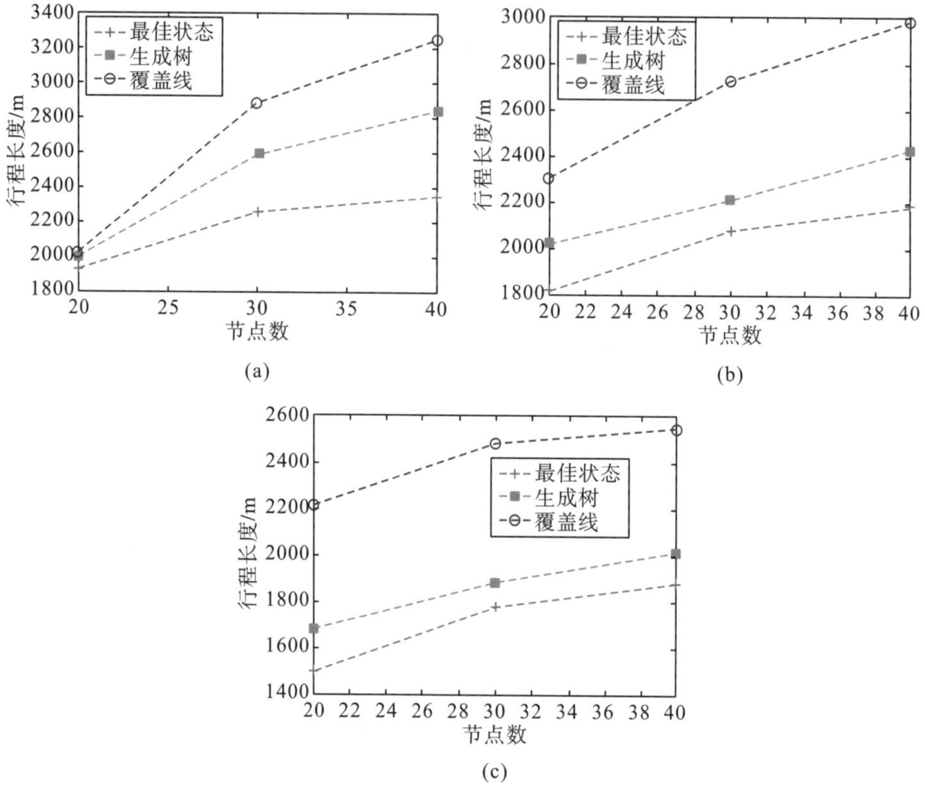

图 3.5 一个移动收集器的单跳数据收集，在较小网络中与最优解进行比较：(a)传感器节点的传输半径为 40m；(b)传感器节点的传输半径为 60m；(c)传感器节点的传输半径为 80m

(图片来源：Ma M, Yang Y, Zhao M. Tour planning for mobile data-gathering mechanisms in wireless sensor networks. IEEE Transactions on Vehicular Technology, 2013, 62(4): 1472-1483.)

下面比较生成树算法和覆盖线算法在大规模网络中移动路径的长度。假定通信半径分别为 40m、60m、80m。相应地，传感器节点的数目从 100 增加到 1000。传感器节点随机分布在 1000m×1000m 的区域中。移动收集器在每次数据收集过程中均需要访问位于(0m，500m)的数据汇集点。在图中可以看到，对于任意的通信半径，随着网络的增大，其相对路径长度在不断地减小。对于一个具有 1000 个节点且通信半径为 80m 的大网络，与覆盖线算法相比，生成树算法可以减少 40%的移动距离。

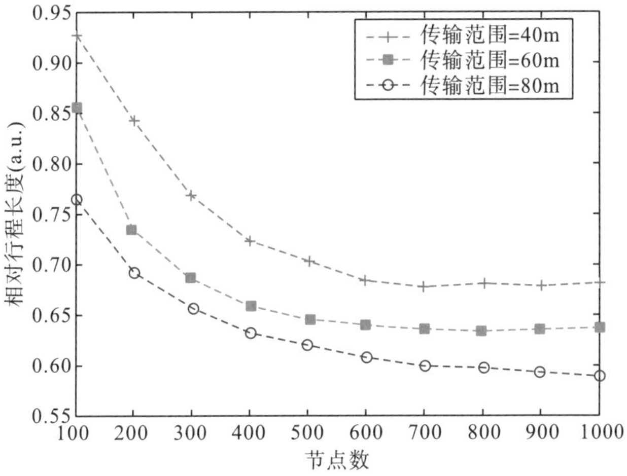

图 3.6　一个数据收集器的单跳数据收集与覆盖线算法性能的比较(在大规模网络中当节点数量从 100 增加到 1000 时)

(图片来源：Ma M, Yang Y, Zhao M. Tour planning for mobile data-gathering mechanisms in wireless sensor networks. IEEE Transactions on Vehicular Technology, 2013, 62(4): 1472-1483.)

图 3.7 给出了当传感器节点数目分别为 200、600、1000 时，区域从 300m×300m 增加到 1000m×1000m 时生成树覆盖算法的结果，其中传感器的通信范围保持在 60m 不变。由图 3.7(a)可知，无论传感器节点的个数有多少，移动路径都会随着感知区域的增大而变长。原因很明显，感知区域越大，传感器分布得就越稀疏，同时可以得到当感知区域很小时，各种情况的移动路径长度都差不多。然而，当感知区域增大时，具有更多传感器节点的场景将会有更长的移动路径。举例来说，当区域为 800m×800m 时，具有 1000 个节点场景的移动路径比具有 200 个节点

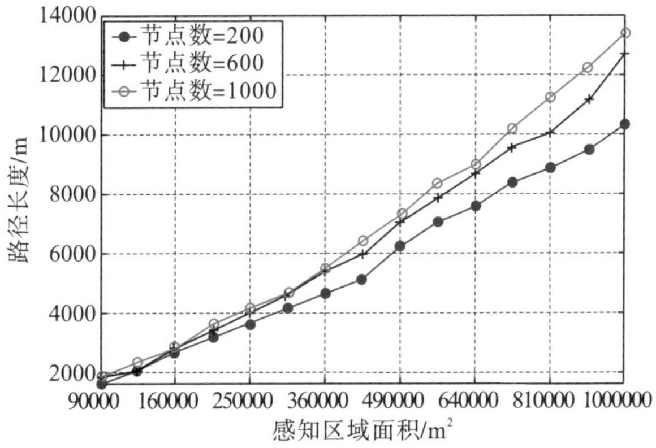

(a)

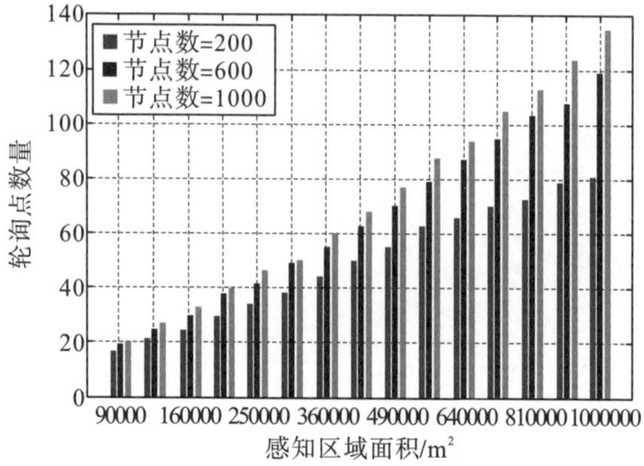

(b)

图 3.7　一个数据收集器的单跳数据收集：在节点数量不同的情况下，路径长度和轮询点数量是感知区域面积的函数

（图片来源：Ma M, Yang Y, Zhao M. Tour planning for mobile data-gathering mechanisms in wireless sensor networks. IEEE Transactions on Vehicular Technology, 2013, 62(4): 1472-1483.）

场景的移动路径长 18.5%。这很合理，因为当传感器节点数增加时，移动收集器需要访问更多的轮询点去覆盖所有的传感器，特别是在稀疏分布的情况下。图 3.7(b)给出了数据收集过程中轮询点的个数随着感知区域变化的情况。结果表明当区域变大和传感器节点数增加时，我们需要从候选轮询点中选择出更多的轮询点以保证移动收集器可以单跳地收集传感器节点的数据。

3.6.2　网络寿命

现在比较三种数据收集机制的网络寿命：①一个静态的移动收集器位于整个网络的中心位置(355m，355m)；②一个仅可以从点(0m，335m)到点(670m，335m)前后移动的移动数据收集器；③一个沿着严格规划路径收集数据的移动收集器，其路径出发点和结束点都是(0m，335m)。在这些场景中，用 x %网络寿命表示网络的寿命，此时(100−x)%的传感器电池耗尽或者由于中继失败而无法发送数据到数据汇集点。在机制 1 和机制 2 中，传感器节点允许中转数据包。这里用负载平衡算法来估计网络寿命。在机制 1 中，由于每个传感器节点必须与静态的数据汇集点相连，故传感器节点必须密集分布以保证网络的连通性。我们测量当分别有 600、800、1000 个传感器节点随机分布在 670m×670m 的感知区域时，三种机制的 100%、90%、50%网络寿命，即此时 0%、10%、50%的传感器由于电池耗尽或中继失败而无法发送数据到数据汇集点。由图 3.8 可以得到，一个严格规划好移动路径的移动收集机制，即机制 3，可以明显提高网络寿命。在机制 3 中，由于移动收集器可以通过单跳的方式到达任意的传感器节点，所以并不需要中继。因此，无论传感器节点分布得多么密集，其网络寿命保持不变。在机制 1 和机制 2 中，随着传感器节点数目的增加，我们需要更精心地规划数据的上传路径，从而使得需要上传的数据流可以在中继节点间均匀分布。这样就没有传感器节点需要明显地比其他节点多传送数据。这就解释了为什么当传感器网络中的传感器数目增加时，机制 2 和机制 3 的网络寿命实际上增加了。

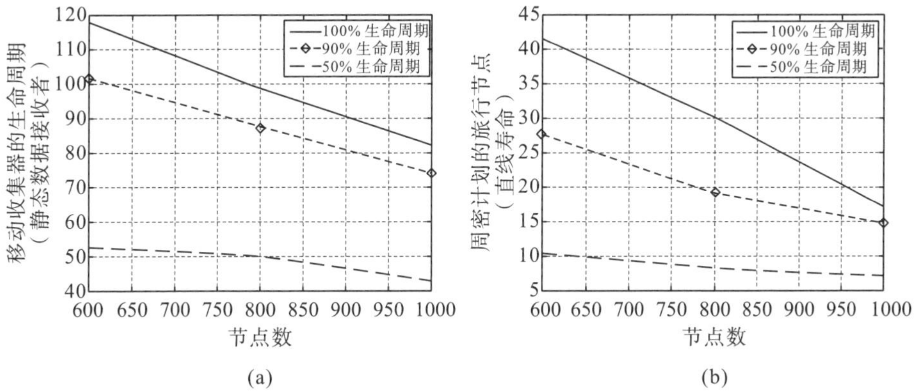

图 3.8　一个数据收集器的单跳数据收集（相对 x %网络寿命）：(a) 移动收集器与静态数据收集器的比较；(b) 移动收集器严格规划路径与直线路径的比较

（图片来源：Ma M, Yang Y, Zhao M. Tour planning for mobile data-gathering mechanisms in wireless sensor networks. IEEE Transactions on Vehicular Technology, 2013, 62(4): 1472-1483.）

3.6.3　多个移动收集器的数据收集

这里，首先用一个例子来解释多个移动收集器的数据收集算法。在这个例子中，有 600 个传感器节点分布在 1000m×1000m 的区域内，通信半径为 40m。假设移动收集器以一个固定的移动速度 1m/s 移动。每个传感器节点的数据存储能力为 512kB，其中传感器节点每秒从环境中获取 512B 的数据。因此，每个移动收集器的移动距离不能超过 1000m，即 L_{max}=1000m，以防止传感器缓存区的溢出。图 3.9(a)～图 3.9(c) 给出了寻找网络生成覆盖树的仿真结果，并将其分解成很多子树，近似估计每个子树的最短移动距离。从图中可以看到，在这个网络中有 19 个子区域，这就需要 19 个移动收集器从而保证最长移动距离不超过 1000m。

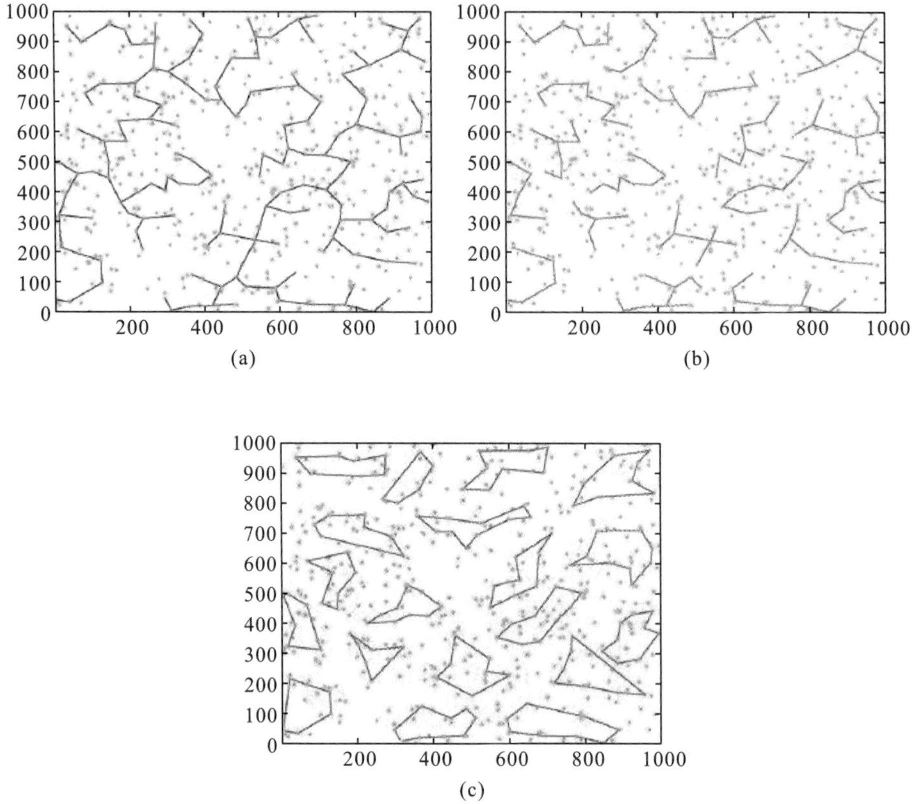

图 3.9 带有多个移动收集器的单跳数据收集：(a)生成覆盖树；(b)生成覆盖树分解成的子树；(c)每个子树的近似最短子路径

图片来源：Ma M, Yang Y, Zhao M. Tour planning for mobile data-gathering mechanisms in wireless sensor networks. IEEE Transactions on Vehicular Technology, 2013, 62(4): 1472-1483

最后，我们给出了一系列仿真来考查移动收集器的数量随参数 L_{max} 的变化。图 3.10 给出了实验结果，其中 L_{max} 为 500～1500m，它代表不同子路径的长度。此外，仍然有 600 个传感器节点随机分布在 1000m×1000m 的区域内，将通信传输范围分别设为 40m、60m、80m。从图中可以看出，当 L_{max} 增加时，移动收集器的数量减少。这是因为当 L_{max} 增大时，每个子路径能覆盖更多的传感器节点。另外，给定一特别的 L_{max}，当通信范围变大时，需要的移动数据收集器数量却变少。这是因为当通信范围变大时，每一个子路径都可以连接更多远距离的传感器节点，从而需要更少的移动收集器去覆盖整个网络。

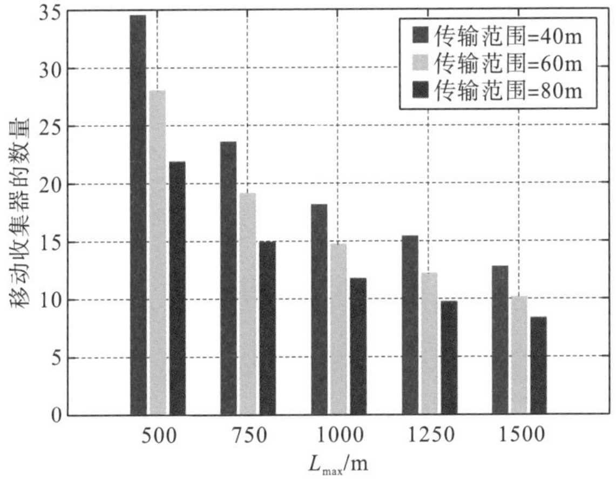

图 3.10　移动收集器的数量关于 L_{max} 的函数

（图片来源：Ma M, Yang Y, Zhao M. Tour planning for mobile data-gathering mechanisms in wireless sensor networks. IEEE Transactions on Vehicular Technology, 2013, 62(4): 1472-1483.）

3.7　本 章 小 结

本章提出了一种基于大规模传感器网络的移动数据收集机制，引入了一个移动数据收集器，其类似于网络中的移动基站。移动收集器周期性地从静态的数据汇集点开始收集数据，它穿过整个网络并在移动过程中收集传感器的数据，然后返回开始点，最终把数据上传到数据汇集点。本章提出的移动数据收集机制提高了网络的延展性，并解决了大规模均质网络的内在问题。通过引入移动收集器，本章提出的数据收集机制具有更好的适应性，其可以根据网络的拓扑变化而改变。另外，该数据收集机制对于并非完全连通的网络有着更好的适应性。对于一些具有严格的时间和距离约束的数据收集，本章提出了多个移动收集器的数据收集机制，其中每个移动收集器通过不同的子路径来收集数据。仿真结果证明该数据收集机制与覆盖线算法相比可以极大地减小移动距离，更接近于小规模网络的最优算法。与静态移动收集器和仅沿直线移动的移动收集器的数据收集机制相比，本章所提出的数据收集机制明显地延长了网络寿命。

参 考 文 献

[1] Heinzelman W R, Chandrakasan A, Balakrishnan H. Energy efficient communication protocols for wireless microsensor networks. Hawaii International Conference On System Sciences(HICSS), 2000: 493-503.

[2] Younis O, Fahmy S. Distributed clustering in ad-hoc sensor networks: A hybrid, energy-efficient approach. IEEE Infocom, 2004: 629-640.

[3] Amis A D, Prakash R, Vuong T H P, et al. Max-min dcluster formation in wireless ad hoc networks. Proc. IEEE Infocom, 2000: 32-41.

[4] Liu X , Cao J , Lai S , et al. Energy efficient clustering for WSN-based structural health monitoring. IEEE Infocom, 2011: 2768-2776.

[5] Zhang Z, Ma M, Yang Y. Energy-efficient multihop polling in clusters of two-layered heterogeneous sensor networks. IEEE Transactions on Computers, 2008, 57(2): 231-245.

[6] Arora A, Ramnath R, Ertin E, et al. ExScal: Elements of an extreme scale wireless sensor network. embedded and real-time computing systems and applications. Proceedings 11th IEEE International Conference on IEEE, 2005: 102-108.

[7] Juang P, Oki H, Wang Y, et al. Energy-efficient computing for wildlife tracking: Design tradeoffs and early experiences with ZebraNet. International Conference on Architectural Support for Programming Languages & Operating Systems, 2002, 37(10): 96-107.

[8] Small T, Haas Z J. The shared wireless infostation model——a new ad hoc networking paradigm (or Where there is a Whale, there is a Way). Proc. Acm Mobihoc Conference, 2003: 233-244.

[9] Vasilescu I, Kotay K, Rus D, et al. Data collection, storage and retrieval with an underwater sensor network. International Conference on Embedded Networked Sensor Systems. ACM, 2005: 154-165.

[10] Chakrabarti A, Sabharwal A, Aazhang B. Using predictable observer mobility for power efficient design of sensor networks. Information Processing in Sensor Networks Heidelberg, Springer , 2003: 129-145.

[11] Hull B, Bychkovsky V, Zhang Y, et al. CarTel: A distributed mobile sensor computing system. International Conference on Embedded Networked Sensor Systems, 2006: 125-138.

[12] Pentland A, Fletcher R, Hasson A. DakNet: Rethinking connectivity in developing nations. Computer, 2004, 37(1):78-83.

[13] Jea D, Somasundara A, Srivastava M. Multiple controlled mobile elements (data mules) for data collection in sensor networks. IEEE/ACM Dcoss, 2005: 244-257.

[14] Shah R C. Data mules : Modeling a three-tier architecture for sparse sensor networks. First IEEE International Workshop on Sensor Network Protocols and Applications, 2003: 30-41.

[15] Jain S, Shah R C, Brunette W, et al. Exploiting mobility for energy efficient data collection in wireless sensor networks. Mobile Networks and Applications, 2006, 11(3): 327-339.

[16] Zhao W, Ammar M H, Zegura E W. A message ferrying approach for data delivery in sparse mobile ad hoc networks. Proc. Acm Intl Symposium on Mobile Ad Hoc Networking & Computing, 2004: 187-198.

[17] Luo J H. Joint mobility and routing for lifetime elongation in wireless sensor networks. Infocom Joint Conference of the IEEE Computer & Communications Societies IEEE, 2005:1735-1746.

[18] Kansal A, Somasundara A, Jea D, et al. Intelligent fluid infrastructure for embedded networks. International Conference on Mobile Systems, Applications and Services, ACM, 2004: 111-124.

[19] Somasundara A A, Ramamoorthy A S M B. Mobile element scheduling for efficient data collection in wireless sensor networks with dynamic deadlines. IEEE International Real-time Systems Symposium, 2004: 296-305.

[20] Ekici E, Gu Y, Bozdag D. Mobility-based communication in wireless sensor networks. IEEE Communications Magazine, 2006, 44(7): 56-62.

[21] Xu X, Luo J, Zhang Q. Delay tolerant event collection in sensor networks with mobile sink. IEEE Infocom, 2010: 1-9.

[22] Xing G, Wang T, Jia W, et al. Rendezvous design algorithms for wireless sensor networks with a mobile base station. Proceedings of the 9th ACM Interational Symposium on Mobile Ad Hoc Networking and Computing, MobiHoc, 2008: 231-240.

[23] Guo L, Beyah R, Li Y. Smite: A stochastic compressive data collection protocol for mobile wireless sensor networks. IEEE Infocom, 2011: 1611-1619.

[24] Konstantopoulos C, Pantziou G, Gavalas D, et al. A rendezvous-based approach enabling energy-efficient sensory data collection with mobile sinks. IEEE Transactions on Parallel and Distributed Systems, 2012, 23(99): 1.

[25] Zhao M, Yang Y. Bounded relay hop mobile data gathering in wireless sensor networks. IEEE Transactions on Computers, 2012, 61(2): 265-277.

[26] Liang W,Schweitzer P, Xu Z. Approximation algorithms for capacitated minimum forest problems. wireless sensor networks with a mobile sink. IEEE Transactions on Computers, 2013, 62(10): 1932-1944.

[27] Bai F, Munasinghe K S, Jamalipour A. A novel information acquisition technique for mobile-assisted wireless sensor networks. IEEE Transactions on Vehicular Technology, 2012, 61(4): 123-133.

[28] Slama I, Jouaber B, Zeghlache D. Multiple mobile sinks deployment for energy efficiency in large scale wireless sensor networks. E-Bus. Telecommun., Commun. Comput. Inf. Sci., 2009,42(5): 122-132.

[29] Zhou G . RID : Radio interference detection in wireless sensor networks. Proc. IEEE INFOCOM, 2005: 891-901.

[30] Zhou G . Impact of radio irregularity on wireless sensor networks. Proc. ACM MobiSys , 2004: 125-138.

[31] Skraba P, Aghajan H, Bahai A. RFID wakeup in event driven sensor networks. InSigComm Poster Session, Portland, OR, Aug. 2004.[Online].Available:http://conferences.sigcomm.org/sigcomm/2004/posters/skraba.pdf[2020-12-12].

[32] Gavish B. Formulations and algorithms for the capacitated minimal directed tree problem. Journal of the ACM, 1983, 30(1): 118-132.

[33] Current J T, Schilling D A . The covering salesman problem. Transportation Science, 1989, 23(3): 208-213.

[34] Arkin E M, Hassin R. Approximation algorithms for the geometric covering salesman problem. Discrete Applied Mathematics, 1994, 55(3): 197-218.

[35] Ma M, Yang Y. SenCar: An energy-efficient data gathering mechanism for large-scale multihop sensor networks. IEEE Transactions on Parallel and Distributed Systems, 2007, 18(10): 1476-1488.

[36] Frederickson G N, Hecht M S, Kim C E. Approximation algorithms for some routing problems. 17th Annual Symposium on Foundations of Computer Science, 1976: 216-227.

[37] Rusconi F. GNU polyxmass: A software framework for mass spectrometric simulations of linear (bio-)polymeric analytes. Bmc Bioinformatics, 2006, 7(1): 226-235.

第 4 章　基于有界中继跳数的移动数据收集

最近研究表明，在无线传感器网络中利用移动收集器进行短距离通信对数据收集有很大好处。每个节点都想最大化地节约能量，很显然，移动收集器应该遍历每个传感器节点的通信区域，这样每个数据包就会被直接传送给移动收集器而不需要其他节点中继。然而，这种方法中移动收集器的移动速度太慢，这可能会导致数据收集延时的急剧增加。幸运的是，我们观察到通过多跳传输的方式进行局部数据融合可以减少数据收集延迟，然后再将融合数据上传给移动收集器。在这种方案中，本地传输跳数不应该任意大，因为它可能增加数据包转发的能量消耗，从而对移动数据收集的整体效率产生不利影响。基于这些结论，我们通过平衡本地数据融合的中继跳数和移动收集器的路径长度来权衡节能和数据收集延迟。首先，本章提出了一种基于轮询的移动收集方法，并且用一个名为有界中继跳数的移动数据收集(movement data gathering with bounded rebroadcast hops，BRH-MDG)优化问题进行建模。特别地，一个传感器节点子集将会被选择为轮询点来存储本地融合数据，当移动收集器靠近时，上传融合数据给移动收集器。同时，当传感器节点属于轮询点时，它保证了这些数据包在给定跳数的界限内传播。本章提出了两种有效的算法并将其应用于传感器轮询点的选择，同时通过大量的仿真验证了本章所提出方法的有效性。

4.1　引　　言

近年来，无线传感器网络已成为一种新的信息收集的范例，它有大量的传感器分散在监控区域，通过观察自然环境中的真实物理现象来提取感兴趣的数据。由于传感器在初始部署时，通常是由电池供电且此后无人看守，一旦能量耗尽通常不能进行能量补充。因此，能量消耗是无线传感器网络中一个备受关注的问题，其对网络的功能和运行起决定性作用。

除了定期采集环境监测数据的能量消耗，无线传感器网络主要的能量消耗来源于数据融合。由于无线传感器网络中存在严格的能量约束，因此最近的研究已经致力于解决数据融合的节能问题。目前有一种研究趋势，如文献[1]～文献[6]，主要关注传感器节点自身。在一些模式中，传感器节点通过多跳方式把数据包上传到数据汇集点。与此同时，调度模式[1]、负载平衡[2]及数据冗余[3-6]等问题也均与路由选择问题一同考虑以进一步提高能量效率，但是由于多条路由的固有性质，数据包必须通过多跳中继才能到达数据汇集点。此外，传输能量消耗最小化并不能延长网络寿命，因为在路径上一些常用的传感器可能会更早地耗尽能量，而这可能使整个网络产生不均衡的能量消耗。

最近，另一个研究趋势已将焦点转移到移动数据收集上，即采用一个或多个配备了收发器和电池的机器人或车辆来进行移动数据收集[7-25]。一种典型的情况是，一个移动收集器漫步在传感器区域，它在移动的同时收集数据，或在移动路径上的一些锚点停留，并通过短距离通信来收集数据。通过这种方式，传感器节点的能量消耗可以大为减少，移动收集器的移动性有效地减少了数据包中继的跳数。直观地，为了能量节约最大化，移动收集器应该遍历每个传感器的通信范围，使每个数据包都可以通过单跳传输将数据上传给移动收集器。然而，移动收集器的移动速度较慢，这可能会导致数据收集的长时间延迟，从而无法满足某些对时间敏感的应用。

实证研究[25,26]表明，无线传感器网络中数据包的传递速度大约是每秒几百米，这远高于移动收集器的移动速度。因此，一般情况下，多跳中继路由及其变体的延迟时间比移动数据收集要短很多，我们仍希望通过简单地减少中继跳数来节约移动数据收集器的能量。由此可以明显看出，节能和数据收集延迟之间有一个固定的平衡。为了更好地理解这个平衡，如图 4.1 所示，一个网络有 300 个传感器，数据汇集点位于 300m×300m 的区域中心。当采用多跳路由，并且每个数据包沿具有最少跳数的最短路径到达数据汇集点时，结果如图 4.1(b)所示，其中每个包平均需要 5.3 跳到达数据汇集点。另外，当部署移动收集器后，一种极端的情况是，为了节能，移动收集器将通过遍历每个传感器来收集信息，以保证每个传感器直接上传数据给移动收集器而不需要中继转发。通过这种方式，如图 4.1(c)所示，其传输的数据量可大为减少，但移动收集器遍历完所有传感器必须移动 4012m。由于实际移动系统的典型速度为 0.1～2.0m/s[13]，因此当移动收集器移动的平均速度为 1m/s 时，它遍历完所有传感器需要花费 66.9min。

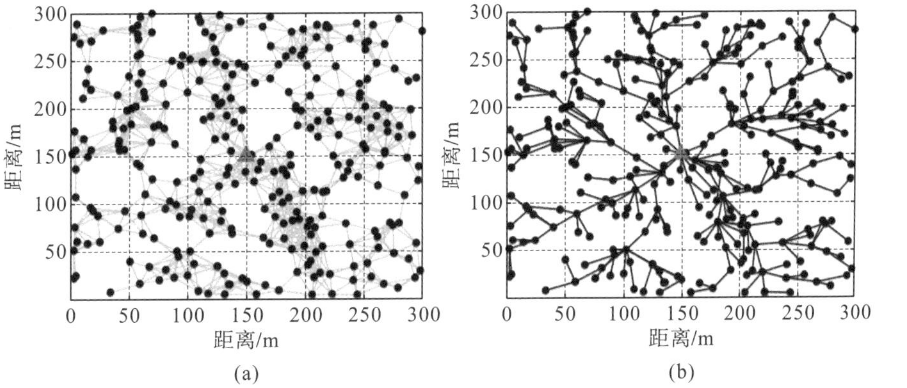

(a)　　(b)

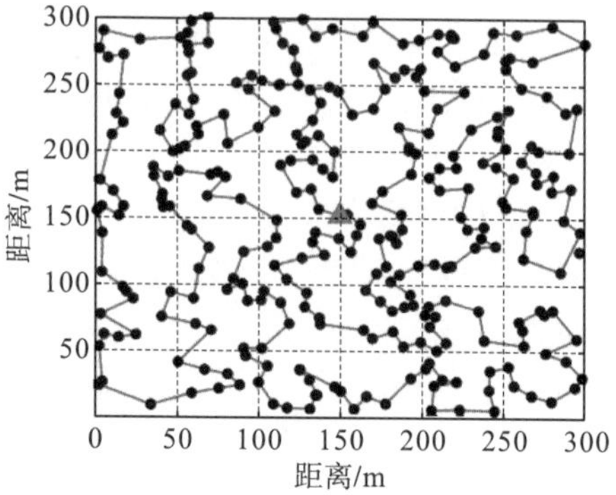

(c)

图 4.1 权衡传感器网络节能与数据收集的实例：(a) 300 个传感器部署在 300m×300m 的范围内；(b) 具有最小跳数和最短路径的中继路径；(c) 遍历每个传感器和数据汇集点的移动数据收集

(图片来源：Zhao M , Yang Y. Bounded relay hop mobile data gathering in wireless sensor networks. IEEE Transactions on Computers, 2012, 61 (2) : 265-277.)

为了降低数据收集的延迟程度，需要在数据收集时混合多跳中继并把中继次数约束到一定数值以内来限制传感器的能量消耗。为此，本章提出了一种基于轮询的方式来权衡节能和数据收集延迟，同时也实现了本地数据融合的中继跳数和与移动收集器移动长度的平衡。具体来说，如果一个传感器节点子集被选为轮询点(polling points，PPs)，那么每个轮询点将融合附属一定跳数内的传感器节点数据。当移动收集器靠近时，这些轮询点将上传暂时缓存的数据。

本章主要内容概述如下。

(1) 将轮询移动数据收集建模为一个优化问题，并命名为有界中继跳数的移动数据收集，简称 BRH-MDG。这个问题是一个整数线性规划(integer linear programming，ILP)问题，并且其为一个 NP 难问题。

(2) 提出了两种有效的算法来寻找传感器的轮询点。第一种算法是集中式算法，它在最短路径树中放置轮询点，而这些最短路径树的根节点最靠近数据汇集点，同时，该算法考虑了本地融合的中继跳数和移动收集器的移动距离。第二种算法是分布式算法，传感器节点以一种分布式的方式按照优先度竞争成为轮询点。

(3) 通过将相干相线增强器(coherant phase line enhancer，CPLE)所得的最优解与另外两种移动数据收集方案相比较，以评估本章所提算法的性能。仿真结果表明，本章所提算法具有更好的性能。

下面简要回顾近期有关无线传感器网络移动数据收集的工作。基于移动的模式可以把移动数据收集模式分为两类。

(1) 不可控的移动，移动收集器随机移动或沿固定轨迹移动，如文献[7]～文献[13]。文献[7]提出将一种特殊形式的移动节点作为转发代理，以促进静态传感器节点的连接，并以随机移动的方式传输数据。文献[8]在文献[7]的基础上提出一个分析模型来评估移动数据收集的主要性能指标，如数据传递、到达目的地的延迟及能量消耗。文献[9]限制移动收集器沿直线运动并收集该直线附近区域的数据。文献[10]和文献[11]中，带有放射性标记的斑马和鳄鱼在野外被当作移动节点。最后，文献[12]和文献[13]定义了网络信息机械系统(networked infomechanical systems，NIMs)，其中移动收集器只能沿树之间的固定电缆运动，以保证其在运动过程中能随时充电。这些方法的共同点是它们具有很高的稳定性和可靠性，同时系统维护比较简单，但明显缺乏敏捷性，因此不能适应传感器分布和周围环境的动态变化。

(2) 可控制的移动，移动收集器可以随意移动到感知区域的任何位置，它的轨道可以根据特殊目的而制定，如文献[14]～文献[25]。这种分类方式的策略又可细分为三类。第一类，移动收集器被控制去遍历每个节点，通过单跳的方式收集感知数据，如文献[14]和文献[15]。文献[14]研究了移动物体的调度方案，以保证没有数据因缓存区溢出而丢失。为了实现能量消耗的完美统一，Ma 和 Yang[15]提出用路径规划算法来实现短路径的数据收集并保证所有数据通过单跳方式完成上传。虽然这些算法可通过避免多跳中继来最小化网络的能量代价并平衡不同传感器的能量消耗，但这样会造成较长的数据延时，特别是大规模的传感器网络。第二类，移动收集器在其移动轨道上通过多跳传输的方式收集其周围邻居传感器的信息。Ma 和 Yang 在文献[16]中给出了一个移动路径规划算法，找到了一些能适应传感器分布的拐点，从而能有效地避免路径上的障碍。在这个方案中，沿着移动路线，传感器以多跳传输的方式将数据包传递给移动收集器。通过引入移动图，文献[17]提出了一种算法以提高网络路由的可靠性，并对网络内可能的移动模式进行编码。移动图可以从训练数据中提取，并用于预测未来的中继节点，以使移动节点保持不间断的传输。Luo 和 Hubaux 在文献[18]中提出数据包应该通过多跳中继的方式被收集，同时移动收集器应沿感知区域的边界运动，这被认为是移动收集器的最优路径。Karenos 和 Kalogeraki 在文献[19]中探索了移动数据收集的拥塞和数据流分配问题。他们提出了一个新的路由选择方法，该方法能适应由数据汇聚节点的移动而引起的可靠性波动。通过利用数据汇聚节点的移动性和事件的时空相关性，文献[20]研究了事件收集问题，目的是在保证事件收集速率的前提下，使网络寿命最大化。他们对传感器选择问题进行了建模，并且分析了根据移动数据汇聚节点来设计移动路径的可行性，以减少实际系统的速度需求。为了提高数据收集的性能，Gatzianas 和 Georgiadis 在文献[21]中提出了一种分布式最大化网络寿命的路由算法，其中一个移动收集器按顺序访问一组锚点，同时每个传感器在一些锚点通过高能效的多跳传输方式将数据发送给移动收集器。通过利用数据汇集节点的移动性和延迟容限，Yun 和 Xia 在文献[22]提出了一个提高网络寿命的新框架。他们提出了几个数学优化模型，这些方法可以在一定程度有效地缩短或限制移动收集器的移动路径，然而这些方法并没有对中继跳数做任何约束。由此网络寿命(或一定水平的能量效率)不能得到保证。第三类，包括同时考虑数据传输模式和移动路径的方法。例如，Bote 等在文献[23]中考虑利用超宽带(ultra wide band，UWB)通信进行无线传感器网络数据收集的方法。采用 Voronoi 图的办法，他们提出了一种算法来确定一个最小的数据采集点集合和移动节点的路由选择。Zhao 等在文献[24]中提出了一个充分考虑同步数据上传和移动路径长度最小化的数据采集方案。在该方案中，多个传感器可以同时将数据包通过单跳方式上传到移动收集器，这样就有效地缩短了数据上传的时间。Xing 等在文献[25]中提出了一种汇合点设计，从而在移动收集器移动路径长度不超过某一阈值的情况下，最小化本地数据融合的多跳路由的路径长度。本章的工作就属于这一类，其目的是尽量缩短移动收集路径的长度，同时保证本地数据汇集在有界的中继跳数范围内。

本章组织如下，4.2 节概述基于轮询的方法，并公式化 BRH-MDG 问题。4.3 节和 4.4 节提出两种算法来解决 BRH-MDG 问题。4.5 节通过大量的仿真验证了本章所提算法的有效性。4.6 节为本章的结论。

4.2 基于有界中继跳数的移动数据收集问题

本节首先概述所提出的基于轮询的移动数据采集方案，然后将其建模为一个最优化问题。

4.2.1 问题概述

由于移动收集器可以自由移动到感知区域的任何位置，因此这为规划它的最佳路径提供了一个机会。本章的基本思想是找到一组网络中被称为轮询点的特殊节点，然后通过移动收集器访问这些轮询点的顺序来确定其数据收集的移动路径。通过将传感器与轮询点建立适当的归属关系，可以将用于本地数据汇集的中继路由约束在 d 跳范围之内，其中 d 为一个约束中继跳数的系统参数。或者可以说，轮询点通过 d 跳覆盖其所有的附属传感器。d 的设定基于用户的应用需求，这反映了如何在节能和数据收集延迟之间寻找一个平衡。例如，当传感器的能量供应不充足或数据收集能够容忍一定的延迟时，通常将 d 设为较小的值。该轮询点可以是传感器网络中的一些传感器或一些其他的特殊设备，如具有较大存储空间和较多电池能量的存储设备。在后一种情况下，存储节点不一定放置在传感器的位置，这可能会对路径规划带来更多的灵活性。然而，这种特殊装置将导致大量的额外消耗。因此，本章重点选择一个传感器的子集作为轮询点。每个轮询点暂时缓存其附属传感器的数据。当移动收集器靠近时，它会轮询每个轮询点并收集数据。当接收到轮询消息时，轮询点通过单跳方式上传数据包至移动收集器。移动收集器从位于感知区域内部或外部的数据汇集点开始运动，在轮询点收集数据包，最后将数据返回到数据汇集点。因为数据汇集点是数据收集路径的开始点和结束点，所以认为它是一种特殊的轮询点。我们称这种方案是基于轮询的移动数据收集方案。为进一步阐述，我们给出如图 4.2 所示的例子，阴影区域内两跳以内的传感器(即 d=2)将数据上传至其所属的轮询点，不失一般性，不对传感器的分布或节点的功能做任何假设，如位置感知能力，只假定每个传感器只能与它的邻居节点进行通信。

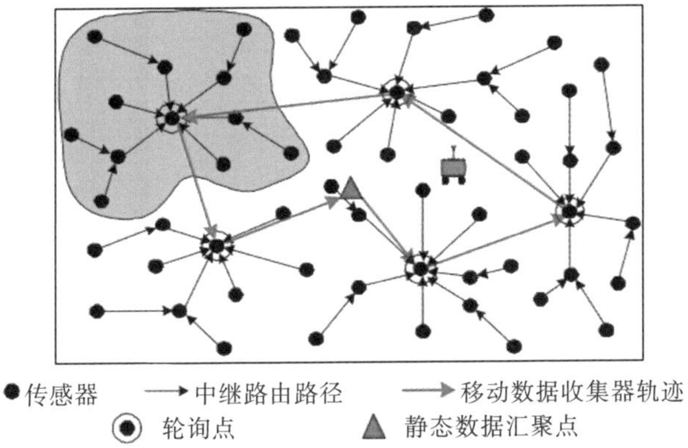

图 4.2　两跳范围内基于轮询的移动数据收集

(图片来源：Zhao M , Yang Y. Bounded relay hop mobile data gathering in wireless sensor networks. IEEE Transactions on Computers, 2012, 61(2): 265-277.)

在实际中，由于以下原因，中继跳数应有界。首先，传感器网络可以预期实现一定水平的能量有效性。举例来说，预期每次传输花费 1 单元的能量，且能源效率为 0.33 能量单元/数据包，那么每个数据包均应当从它的初始传感器经过平均跳数不超过三跳就到达数据汇集点，即每个数据包都应该在两跳之内被传递给它的轮询点。其次，传感器的缓冲区约束。因为轮询点需要在移动收集器到达之前缓存本地融合数据，所以不应使过多的传感器与轮询点相关联，否则，轮询点的缓冲器可能不能容纳所有的数据包。例如，考虑一个传感器网络，平均节点的度为 4。如果一个传感器被选作轮询点且约束本地中继跳数为两跳，那么将有高达 17 个传感器隶属于一个轮询点。因此，轮询点的缓冲能力和传感器的分布密度限制了其中继跳数。

4.2.2　问题刻画

在概述了基于轮询的移动数据采集方案后，本节将建模一个 BRH-MDG 的最优化问题。我们的目标是找到一个可用作轮询点的传感器子集及一系列路由路径，这些路由使每个传感器通过至多 d 跳连接到一个轮询点，从而最小化移动收集器的路径长度。这个问题可定义如下。

定义 4.1 有界中继跳数的移动数据收集问题

给定一组传感器 S 和中继跳数界限 d：①找到 S 的一个子集，即 $P(P \in S)$，其表示轮询点的集合；②找到一组以 P 内节点为根节点的几何树 $\{T_i(V_i, E_i)\}$，此时 $U_i V_i = S$，同时每棵几何树的深度最多为 d；③数据收集路径为 U，此路径遍历 P 内的每个轮询点及数据汇集点 π 恰好一次，同时此路径使得 $\sum_{(u,v \in u)} |uv|$ 最小，其中 $u,v \in P \bigcup \{\pi\}$，$(u,v)$ 为路径上的线段，uv 为它的欧氏距离。

显然，BRH-MDG 问题包含几个子问题。第一个是传感器的归属关系模式，它表示在中继跳数界限内，传感器应属于哪一个轮询点；第二个是如何在特定的轮询点构建一个以其为根节点的路由树，使其深度不超过 d 且连接轮询点的所有附属传感器；第三个是找到一个经过所有轮询点和数据汇集点的最短循环路径，这正是 TSP。该 BRH-MDG 问题的挑战在于，这三个子问题应共同予以考虑以便在传感器之间找到最佳的轮询点。基于这些子问题并使用表 4.1 中的符号，可以将 BRH-MDG 问题建模为如下的整数线性规划问题。

表 4.1 BRH-MDG 问题公式化的注释

相关公式	注释
$S = \{1, 2, \cdots, N\}$	传感器节点集合，也是候选轮询点集合
π	静态数据汇集点
$d > 0$	本地数据融合的中继跳数界限
$f_{ij} \in \{0,1\}, \ \forall i, j \in S$	如果传感器 i 为传感器 j 的一跳邻居，f_{ij}=1，否则 f_{ij}=0
$l_{ij} > 0$	$\forall i, j \in S$
$I_i = \{0,1\}, \ \forall i \in S \bigcup \{\pi\}$	如果节点 i 被选为轮询点，则 I_i=1，否则 I_i=0。静态数据汇集是特殊的轮询点，即 $I_\pi = 1$
$a_{iu} = \{0,1\}, \ \forall i, u \in S$	如果节点 i 在根节点为轮询点的路由树上，a_{iu}=1，否则 a_{iu}=0
$x_{iju}^h \in \{0,1\}, \ \forall i, j, u \in S$	如果从节点 i 到达轮询点的路径包括 h 条弧，一个节点 (i,u,h) 与传感器 i 相关
$h = 1, 2, \cdots, d$	如果弧 $\{(i,u,h-1),(j,u,h)\}$ 包含最优解，那么 $x_{iju}^h = 1$，否则 $x_{iju}^h = 0$。当 i=j 时，x_{iju}^h 为传感器 i 是否在根节点为轮询点(pp)的路由树的第 h 层
$e_{uv} = \{0,1\}, \ \forall u, v \in S \bigcup \{\pi\}$	如果移动路径包括 u 和 v 之间的线段，e_{uv}=1，否则 e_{uv}=0

$$\text{Minimize} \sum_{u,v \in S \bigcup \{\pi\}, u \neq v} l_{uv} e_{uv} \tag{4.1}$$

满足：

$$a_{iu} \leqslant I_u, \ \forall i, u \in S \tag{4.2}$$

$$\sum_{u\in S} a_{iu} = 1,\quad \forall i \in S \tag{4.3}$$

$$\sum_{i\in S} a_{iu} \geqslant I_u,\quad \forall_u \in S \tag{4.4}$$

$$a_{uu} = I_u,\quad \forall_u \in S \tag{4.5}$$

$$x_{iju}^h <= I_u,\quad \forall i,j,u \in S, h = 1,2,\cdots,d \tag{4.6}$$

$$x_{uuu}^h = 0,\quad \forall u \in S, h = 1,2,\cdots,d \tag{4.7}$$

$$x_{iju}^h \leqslant \frac{1}{2}(a_{iu} + a_{ju})\cdot f_{ij},\quad \forall i,j,u \in S, i < j, h = 1,2,\cdots,d \tag{4.8}$$

$$x_{iiu}^1 = x_{uiu}^1 = a_{iu}\cdot f_{iu},\quad \forall i,u \in S \tag{4.9}$$

$$\sum_{h=1}^{d}\sum_{u\in S} x_{iiu}^h = 1 - I_u,\quad \forall i \in S \tag{4.10}$$

$$x_{iiu}^h = \sum_{j\in S, i\neq j} x_{jiu}^h,\quad \forall i,u \in S, i \neq u, h = 1,2,\cdots,d \tag{4.11}$$

$$x_{iju}^h \leqslant 0.5\cdot(x_{iiu}^{h-1} + x_{jju}^h),\quad \forall i,j \in S, i \neq j, h = 2,\cdots,d \tag{4.12}$$

$$\sum_{h=1}^{d}\sum_{i,j\in S, i\neq j} x_{iju}^h = \sum_{i\in S, i\neq u} a_{iu},\quad \forall_u \in S \tag{4.13}$$

$$\sum_{v\in S\cup(\pi)} e_{uv} = I_u,\quad \forall u \in S\cup\{\pi\} \tag{4.14}$$

$$\sum_{u\in S\cup\{\pi\}} e_{uv} = I_v,\quad \forall v \in S\cup\{\pi\} \tag{4.15}$$

$$y_{uv} \leqslant (|S|+1)\cdot e_{uv},\quad \forall u,v \in S\cup\{\pi\}, u \neq v \tag{4.16}$$

$$\sum_{u\in S\cup\{\pi\}, u\neq\pi} y_{u\pi} = \sum_{u\in S\cup\{\pi\}} I_u \tag{4.17}$$

$$\sum_{v\in S\cup\{\pi\}, u\neq v} y_{uv} - \sum_{u\in S\cup\{\pi\}, \varpi=u} y_{\varpi u} = I_u,\quad \forall u \in S\cup\{\pi\} \tag{4.18}$$

在上述公式中，目标函数式(4.1)的目的在于最小化移动收集器的路径长度，这也意味着最短的数据收集时延。约束的解释如下。

子问题 1 的约束条件式(4.2)～式(4.5)：这些约束可确保每个传感器都附属于(或被覆盖)于一个且唯一一个轮询点，从而使得其感知数据可以通过该路径被收集。被选择为轮询点的传感器将与其自身相关联。

子问题 2 的约束条件式(4.6)～式(4.13)：由于中继跳数界限 d 限制了根节点轮询点与其附属传感器之间的跳数，因此每个几何树可以视为最多具有 d 层。传感器 i 和三元 (i,u,h) 相关联；变量 x_{iiu}^h 表明传感器 i 是否在根节点为传感器 u 的树的第 h 层。变量 $x_{iju}^h(i\neq j)$ 与 $|\{(i,u,h-1),(j,u,h)\}$ 相关，其表明弧 (i,j) 是否在根节点为传感器 u 的几何树中，其中传感器节点 i 与 j 分别位于 h-1 层和 h 层。约束条件式(4.6)和约束条件式(4.7)保证了每个传感器只能与一个轮询点相关联。约束条件

式(4.8)和约束条件式(4.9)表明只有当两个相邻的传感器，如 i 和 j，同时隶属于同一轮询点 u，弧 $\{(i,u,h-1),(j,u,h)\}$ 才有资格在最优解所对应的树上。对于特殊情况，传感器 i 与其所属的根节点 u 为邻居节点，传感器 i 会在根节点为 u 的第 1 层，弧 $\{(u,u,0),(i,u,1)\}$ 是树上连接 u 和 i 的连线。约束条件式(4.10)～式(4.12)确保每个传感器只能属于树的某一层，并且它仅与直接上层中的一个传感器连接，以确保树的结构。约束条件式(4.13)意味着树的边数等于所关联的传感器的数目，这其中并不包括轮询点本身。

子问题 3 的约束条件式(4.14)～式(4.18)：约束条件式(4.14)和约束条件式(4.15)保证移动收集器进入和离开每个轮询点及数据汇集点一次。约束条件式(4.16)限制了只有当弧在移动路径上时，才有数据流流经此弧。约束条件式(4.17)和约束条件式(4.18)强迫每个轮询点流出的位比流入的多一个单元。流入数据汇集点的流单元等于轮询点的数量[15]。文献[27]表明约束条件式(4.16)～式(4.18)可以有效地排除具有子路径的解。

关于 BRH-MDG 问题有下面的定理。

定理 4.1 BRH-MDG 问题是一个 NP 难问题。

证明 将 TSP 进行化简，可将其化为一个特殊情况下的 BRH-MDG 问题，从而证明 BRH-MDG 是一个 NP 难问题。给定一个完全图 $k \to a$ 作为 TSP 的一个实例。由图 $j \to g$ 建立 BRH-MDG 的一个实例，其中图 $j \to g$ 与 G 的拓扑相同。V' 为顶点集合，包括所有的传感器和数据汇集点，E 为任意两个顶点之间的边。假定传感器位于彼此无线传输达不到的位置，这可以通过缩小传输范围来实现。这种化简是直接的，当然可以在多项式时间内完成。目前，在这种情况下，传感器的数据包不能通过其他节点中继。移动收集器必须访问每个传感器来收集数据包，这意味着所有的传感器和数据汇集点都是轮询点。因此，图 G' 的数据收集路径长度对应于图 G 的 TSP 总成本。图 G 的 TSP 是具有最小成本(在距离上)的路径，当且仅当对于 BRH-MDG 问题此路径对应于 G' 中的最短路径。因此，BRH-MDG 问题是 NP 难问题。

4.3 BRH-MDG 问题的集中式算法

由于 BRH-MDG 问题是 NP 难的，本节给出解决 BRH-MDG 问题的一个集中式启发式算法。它将作为分布式算法的基础。值得指出的是，只有当网络拓扑升级或中继跳数限制改变时，才需要再次执行算法的探索程序，因此不需要经常重复。

正如前面所讨论的，为了找到最优传感器的轮询点位置，应该共同考虑中继路由路径和移动收集器的路径。一方面，当没有部署移动收集器时，对于每个传感器来说，在能量消耗与传输数量成正比的假设下，传递数据包到静态数据汇集点的最佳路径是沿着最短的路径即最小跳数和；另一方面，当一个移动收集器为可用时，数据收集路径可以在两个方面得到有效缩短：第一，传感器被选为轮询点节点后应紧密分布并靠近数据汇聚节点；第二，轮询点的数量在中继跳数范围内的约束条件下最小。基于这些发现，本章提出一个基于数据收集的最短路径树算法(shortest path tree algorithm based on data gathering，SPT-DGA)，算法的代码在算法 4.1 中列出，其基本思想是通过迭代在最短路径树(shortest path tree，SPT)中找到一个轮询点，使它离根节点最近且能连接这棵树上的偏远节点。为了最小化轮询点的数量，每个轮询点在中继跳数范围内应尽可能多地连接传感器。

算法 4.1　集中式算法：SPT-DGA

输入：一个传感器网络 $G(V,E)$ 中继跳数界限 d，静态数据汇集点

输出：一个轮询点的集合 P，一组几何树 $\{t_u | u \in p\}$，一条遍历所有轮询点(PPs)和数据汇集点的路径 U

```
对覆盖 V 中所有顶点的图 G 建立 SPT
for 每个 SPT T′(V′, E′) do
        while T′不为空 do
            找到 T′最远的叶子顶点 v;
            If  v 不是 PP  then
                在树 T′上找到 v 的 d 跳父节点 u;
                For  i=0 到 d  do
                    u ←parent(v); v←u;
                    if  u 是 T′的根节点  then  Break
                将 u 当作一个 PP 节点，并添加相应的传感器进 P;
                If  u 不是 T′的根节点 then
                    移除 u 的所有孩子节点和相关连线.
                    这些移除节点相应的非附属传感器都附属于几何树 tu 中的节点 u。
        Else
                T′所有的传感器都附属于 tu;
                T′被设置为空
    Else
        If d=1  then
                从当前 T′中移除 v，它属于 tu
            Else
            在树 T′上找到 v 的 ⌊d/2⌋ 跳父节点 w
```

```
        For i=1 到 ⌊d/2⌋ do
            w←parent(v); v←w;
      If w 是 T'的根节点 then Break;
      If w 不是 T'的根节点 then
        从 T'中移除根节点为 w 的子树;
        移除子树上的相关节点都附属于几何树 t_v 中的 v.
      Else
        T'中所有未被选为 PPs 的传感器都附属于几何树 t_v 中的 v.
        T'被设置为空;
   找到一条遍历 π 和所有 P 中 PPs 的近似最短路径 u。
```

SPT-DGA 的首要任务是构造覆盖网络中所有传感器的 SPT(见算法 4.1，第 1 行)，当网络不连通且传感器分布稀疏时有可能存在多个 SPT。考虑到这一点，当我们为将要建立的 SPT 选择一个根节点时，常选择不属于任何现有 SPT 且离数据汇集点最近的传感器，并称该传感器为重心。选择重心而不是一个随机的传感器作为根节点，这是因为我们想让轮询点收敛至数据汇集点。每棵 SPT 在满足连接限制的条件下可连接所有可能的传感器。因而，该方案不仅可以应用于连通网络，也可以用于非连通网络，这是移动数据收集区别于传统中继路由的主要优势之一。

SPT-DGA 的下一个任务是通过迭代在 SPT 上找到一个轮询点。我们将传感器网络看成一个图 $G=(V, E)$，其中 $V=S$ 为网络中的所有传感器，E 为两邻居节点间边的集合。在下面的讨论中，为了简单起见，只考虑单个 SPT 的情况。该算法可以描述如下：用 $T'(V', E')$ 表示 SPT，其中 $V' \subseteq V$ 且 $E' \subseteq E$。首先在 T' 每一步中找到最远的叶子节点 v。根据节点 v 是否已经是一个轮询点，有两种可能的情况。第一种情况是 v 没有被选为轮询点(见算法 4.1，第 5～15 行)，在这种情况下，T' 沿着从 v 到根节点的最短路径找到其 d 跳父亲顶点。令 u 为 v 的 d 跳父节点，因为 v 是最远的顶点，u 的其他孩子顶点可以在 d 跳内到达 u。因此，可以让相应的传感器 u 作为当前迭代中找到的轮询点，因为基于 SPT 结构，节点 u 可以连接网络外围传感器且距离根节点最近的节点。然后通过移除 u 的所有孩子节点和相关边界来更新 T'，这意味着相应的传感器将与 u 关联并进行局部数据融合。值得注意的是，为了保持其他邻近 u 的传感器在以后的迭代中保持与 u 的附属关系，仍然让 u 在更新后的 T' 上。另外一种罕见的情况是，在寻找 v 的 d 跳父节点的过程中，当前 T' 上的所有节点均能在 d 跳内到达根节点，此时算法终止。同时，根节点将被选定为轮询点。第二种情况是当前 T' 中最远的叶子顶点 v 已经被选定为轮询点(见算法 4.1，第 16～28 行)。在这种情况下，主要是让 v 关联更多传感器，以尽可能地减少轮询点的数量。具体而言，

为了在 v 附近找到更多的传感器，我们首先要找到 v 的 $\left\lceil \frac{d}{2} \right\rceil$ 跳父节点 w。由于 v 是当前 T' 中最远的叶子顶点，所以 w 的其他孩子节点都会在距 w 的 $\left\lceil \frac{d}{2} \right\rceil$ 跳以内，因而它们都能够沿 T' 的连线在 d 跳内到达 v。除了 v 现有的关联传感器，在以 w 为根节点的子树上的传感器依然可以与 v 关联。因此，一个轮询点所有的关联传感器都将在这两个步骤中被找到。在 T' 中传感器间的连线将决定它们到相应轮询点进行局部数据融合的中继路径。

为了更好地理解算法，图 4.3 中给出了一个例子，总共有 25 个传感器分布在整个区域中，静态数据汇集点位于该区域中心，d 设为 2，这意味着每个传感器必须在两跳内将数据转发到其关联的轮询点。已建好的 SPT 以传感器 1 为根节点，并表示为 T'，如图 4.3(a)所示。在第一次迭代中，传感器 8 距 T' 的根节点为五跳，是 T' 上最远的叶子节点，也就是 v=8。在当前 T' 中，它的两跳父节点 u 是传感器 3(即 u=3)，u 将被标记为轮询点。其所有孩子节点包括传感器 8、传感器 11 和传感器 23，以及与它们相关的连线都将从 T' 中删除，结果如图 4.3(a)所示，其中传感器 3 仍保留在更新的 SPT 中，阴影区域中移除的节点是其在当前迭代中找到的关联传感器。在第二次迭代中，更新后的 T' 的最远叶子顶点是距根节点四跳的传感器 5，同样，它的两跳父节点(即传感器 15)被选作另一个轮询点以覆盖在其他阴影区域中的传感器，如图 4.3(b)所示。在第三次迭代中，传感器 3 在当前 T' 中被选为最远的叶子节点，其恰好是已被标记的轮询点。在这种情况下，就会寻找更多合格的传感器来与它关联。我们发现传感器 25 是它的一跳父节点，即 w=25。传感器 25 和当前 T' 中所有的孩子顶点都可以沿 T' 中的连线在两跳内到达传感器 3。因此，以传感器 25 为根节点的子树将从 T' 中去除。所有子树中的传感器，包括传感器 25、传感器 12 和传感器 3，也将与传感器 3 相关联。图 4.3(c)表明在迭代 1 和迭代 3 中找到的总共 6 个传感器将被传感器 3 覆盖。因此，T' 将被分解成一组子树，并且每棵子树都包含一个选定的轮询点和与其关联的传感器。图 4.3(d)给出了最终结果，其中数据收集路径由连接轮询点和静态数据汇集点的线段给出。

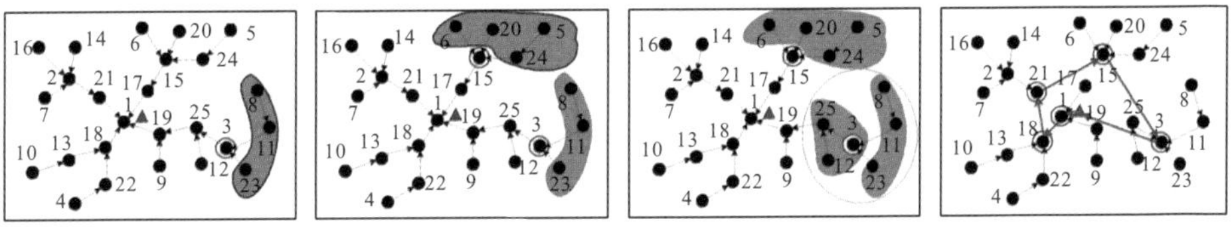

(a)　(b)　(c)　(d)

图 4.3　阐述 SPT-DGA 算法的实例(N=25，d=2)：(a)一次迭代；(b)二次迭代；(c)三次迭代；(d)最终结果

(图片来源：Zhao M, Yang Y. Bounded relay hop mobile data gathering in wireless sensor networks. IEEE Transactions on Computers, 2012, 61(2): 265-277.)

现在分析 SPT-DGA 的时间复杂度。假设 N 个传感器分布于 K 个分离的子网络($1\leq K\leq N$)，对于子网 $k(k=1,2,\cdots,K)$，需要花费 $O(N_k^2)$ 时间来寻找 SPT，其中 N_k 为第 k 个子网中的传感器数量。同时，对于第 k 个子网中的 SPT，需要花费 $O(N_k^2+N_kd)$ 时间来迭代地寻找一个轮询点和与其相关联的传感器。此外，在轮询点和数据汇集点中找到一个近似最短路径最多需要的时间为 $O(N^2)$。因此，SPT-DGA 的时间复杂度为 $\sum_{k=1}^{k}[O(N_k^2)+O(N_k^2+N_kd)]+O(N^2)$。在最坏的情况下，SPT- DGA 的时间复杂度为 $O(N^2+Nd)$。

4.4 BRH-MDG 问题的分布式算法

假设我们已经知道传感器分布的全部信息，通过集中式 SPT-DGA 算法可以找到一条好的数据收集路径。然而，在实际应用中，这样的全局信息是很难获得的。本节提出了一种分布式算法来寻找合适的传感器作为轮询点，以得到更好的可扩展性，它与集中式算法的基本思想相同。

正如 4.3 节所说，有两个因素极大地影响了一个传感器成为一个轮询点的合理性。一个是在它 d 跳范围内的传感器数量，另一个是它到数据汇集点的距离。一个可以在 d 跳内覆盖周围更多传感器，同时离数据汇集点较近的传感器将更适合成为轮询点，因为这样的轮询点总数更少且分布更密集。考虑到这些因素，我们提出了“基于优先权的 PP 选择算法”(PP selection algorithm based on priority, PB-PSA)。有两个参数被用于对网络中传感器的优先权进行排序，而这两个参数在分布式算法里比较容易获得。其一为传感器在 d 跳范围内的邻居节点数目，其二是到达数据汇集点的最小跳数。PB-PSA 的基本思想是，每个传感器使用第一个参数来选择一组初始传感器作为其优选的轮询点，然后使用二次参数来 “打破连结”。此处的连结是指传感器优选的轮询点具有相同的 d 跳邻居数目。

现在详细描述 PB-PSA。每个传感器的代码在算法 4.2 中给出。传感器在决定是否成为一个轮询点之前，为了确保每个传感器可以收集 d 跳邻居节点的信息，它们执行 d 轮局部信息交换。在每一轮中，每个传感器都根据信息交换局部地保持一个结构，取名为 TENTA_PP。在特定的一轮中，TENTA_PP 暂时被传感器选为优先轮询点。TENTA_PP 有三个子域：TENTA_PP.ID、TENTA_PP.d_Nbrs 和 TENTA_PP.Hop，它们分别代表节点的身份识别信息、d 跳邻居节点数量和暂定轮询点到数据汇集点的最小跳数。最初，每个传感器会将自身作为其 TENTA_PP 并将状态标定为“暂定的”。在每一轮中，每个传感器首先会广播其 TENTA_PP 信息给它的单跳邻居。当它接收到其所有邻居节点的信息后，传感器将根据以下规则更新其 TENTA_PP：在所有收到的 TENTA_PPs 和自己的 TENTA_PP 中，选择具有最大 TENTA_PP.d_Nbrs 的项并将其设置为新的 TENTA_PP。如果不止一个这样的 TENTA_PP，则选择具有最小 TENTA_PP.Hop 的项。以上方法表明一个有能力覆盖更多其他节点并且邻近数据汇集点的传感器更有可能成为轮询点。在 *d* 轮迭代完成后，每个传感器能够判断自身是否是 *d* 跳邻居中优先级最高的节点。

算法 4.2　分布式算法：PB-PSA

```
My.TENTA_PP←My; My.status←Tentative;
for i=1 到 d do
Send_Msg(My.TENTA_PP);
    if 收到所有一跳邻居发来的信息 then
        A←{接收到的或自身的 TENTA_PP，该 TENTA_PP 具有最大的 a.d_Nbrs};
        My.TENTA_PP←arg min_{a∈A} A.Hop;
if My.TENTA_pp.ID=My.NodeID then
    My.status=pp;
    Send_Declar_Msg(My.NodeID,My.status,0);
else
设定我的延时定时器 t=my.hop×Ts±rand(Δ);
while 我的定时器未超时 do
    记录收到的宣告信息的源节点的 IDs;
    如果收到的宣告信息的中继次数少于 d 跳，就继续中继该宣告信息；
if 曾经收到宣告信息 then
     My.PP←在所有接收到宣告信息的 PPs 中选取最近的 PP;
     My.status←non_pp;
     Send_join_Msg(NodeID,My.pp);
else
     My.status←PP;
     Send_Declar_Msg(My.NodeID,My.status,0);
```

如果传感器发现 *d* 轮信息交换后其 TENTA_PP 仍是其本身，它会立即发送声明消息宣布其成为轮询点，并改变相应的状态，此宣告消息将传播到 *d* 跳结束。对于其他仍处于“暂定”状态的传感器，它们将被延迟一段时间。传感器的延迟时间由一个正比于其数据汇集点跳数的主要部分加一个小的随机时间部分组成，用以区分相同跳数的传感器。在延迟期限内，传感器不断听取和接收其他节点的宣告信息。一旦延迟定时器超时，“暂定”状态的传感器将会检查是否已经接收到任何宣告消息，若是，传感器将与离自身最近的轮询点相关联，否则，传感器自身将宣布成为轮询点，因为在当前时刻它的 d 跳邻居不存在轮询点。这样一来，更接近数据汇集点“暂定”状态的传感器将在其他节点之前成为轮询点，从而有效地避免其他“暂定”状态的传感器宣告成为轮询点。

为了更好地理解 PB-PSA，举一个例子，如图 4.4 所示。假设该区域总共有 20 个传感器且数据汇集点位于该区域的中心，传感器和数据汇集点之间的连接如图 4.4(a)所示。将 d 设为 2，这意味着每个传感器需要做两轮局部数据交换，每个传感器都根据接收到的信息更新其 TENTA_PP，每轮的结果列在表 4.2 中。当迭代完成时，传感器 2、传感器 7 和传感器 17 发现它们自身是 TENTA_PPs，因此发出宣告消息宣布成为轮询点，在延迟期间，其他所有的传感器都可以接收一些宣告消息。

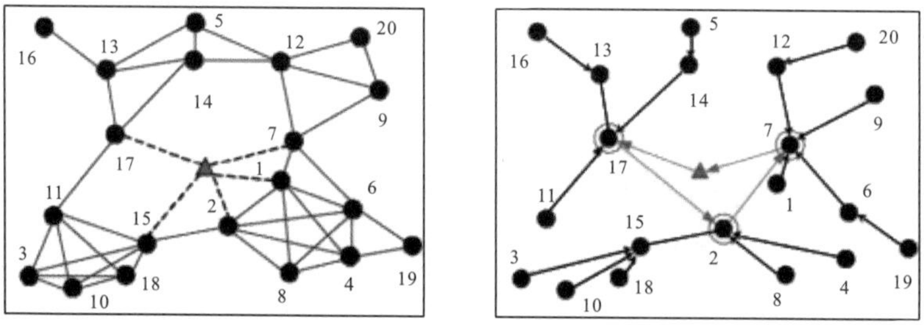

(a) (b)

图 4.4 阐述 PB-PSA 算法的实例：(a)网络配置；(b)路径上的轮询点

(图片来源：Zhao M , Yang Y. Bounded relay hop mobile data gathering in wireless sensor networks. IEEE Transactions on Computers, 2012, 61(2): 265-277.)

表 4.2 实例中每个传感器两轮更新的 TENTA_PP

		1	2	3	4	5	6	7	8	9	10	11	12	13	14	15	16	17	18	19	20
初始状态	TENTA_PP.ID	1	2	3	4	5	6	7	8	9	10	11	12	13	14	15	16	17	18	19	20
	TENTA_PP.d_Nbrs	10	12	7	8	9	10	12	8	8	7	9	10	7	10	11	5	11	7	7	6
	TENTA_PP.Hop	1	1	2	2	3	2	1	2	2	2	2	2	2	2	1	3	1	2	3	3
第一轮	TENTA_PP.ID	2	2	15	2	12	2	7	2	7	15	15	7	17	17	2	13	17	15	6	12
	TENTA_PP.d_Nbrs	12	12	11	12	10	12	12	12	12	11	11	12	11	11	12	7	11	11	10	10
	TENTA_PP.Hop	1	1	1	1	2	1	1	1	1	1	1	1	1	1	1	2	1	1	2	2
第二轮	TENTA_PP.ID	2	2	2	2	7	2	7	2	7	2	2	7	17	7	2	17	17	2	2	7
	TENTA_PP.d_Nbrs	12	12	12	12	12	12	12	12	12	12	12	12	11	12	12	11	11	12	12	12
	TENTA_PP.Hop	1	1	1	1	1	1	1	1	1	1	1	1	1	1	1	1	1	1	1	1

因此，不会存在其他的轮询点。下面的步骤中，每个“暂定”状态的传感器会在已经接收到的宣告消息中选择自身所属的轮询点，不一定受限于其当前的

TENTA_PP。最终的轮询点、传感器的关联模式和数据收集路径如图 4.4(b)所示。

最后，给出有关 PB-PSA 的复杂度的两个性质。

性质 4.1　PB-PSA 中的每个节点都具有最坏的时间复杂度 $O(Nd)$，其中 N 为传感器的数量。

证明　每个传感器首先经历 d 轮迭代。在每次迭代中，需要在时间 $O(N)$ 内收集到其一跳邻居的 TENTA_PPs 信息。一旦迭代完成，除了宣布自身成为轮询点的传感器，其他将会延迟一段时间。由于延迟时间正比于传感器到数据汇集点的最小跳数，在最坏的情况下，将花费 $O(N\times T_s)$ 时间让传感器最后决定其状态，其中 T_s 为预定义的时隙长度常量。因此，PB-PSA 总时间复杂度为 $O(Nd)$。

性质 4.2　在最坏情况下，PB-PSA 每个节点信息交换的时间复杂度为 $O(N+d)$。

证明　在 PB-PSA 的迭代执行期间，每个传感器产生 d 条信息来广播其当前的 TENTA_PPs。一旦传感器达到其最终状态，无论是轮询点还是常规传感器，都将生成一个宣告消息，宣布其成为轮询点或加入关联的消息。由于每条消息至多被传播 d 跳，所以在最坏的情况下，一个传感器可能发送 $2(N-1)$ 个信息。因此，一个传感器处理的信息总量最多为 $d+1+2(N-1)$，即 PB-PSA 的每个节点信息交换复杂度为 $O(N+d)$。

4.5　性能评估

前面的章节提出了 BRH-MDG 问题的两种有效算法。为了评估其性能，作为一个实例，对于一个小型网络，首先求解 4.2 节给出的 ILP 问题并将最优解与所提算法进行比较，然后，在大型网络中进行广泛的仿真，并比较所提算法与其他两种已知移动数据收集方案的性能。

4.5.1　与最优解的比较

利用 CPLEX[28]，我们求解了具有 30 个节点的无线传感器网络的 BRH-MDG 问题。现将这个最优解与所提算法的性能进行比较。

如图 4.5(a)所示，30 个传感器节点分散在 70m×70m 的方形区域内，其连通性可通过相邻传感器之间的实线表示，静态数据汇集点位于该区域的中心，数据汇聚节点和传感器节点之间的连接用虚线表示，设 d=2。不同解决方案的结果包括：所选取的轮询点、以轮询点为根节点的本地数据融合的中继路由树、移动收集器的移动路径。图 4.5(b)～图 4.5(d)给出了实验结果。此外，性能比较见表 4.3。

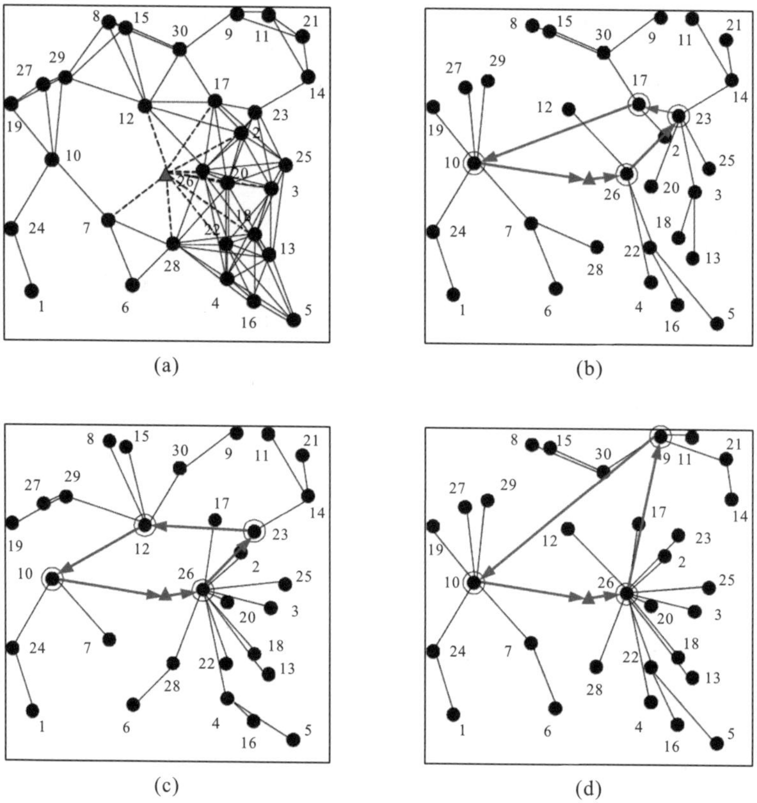

图 4.5 有 30 个传感器节点且 d=2 的 BRH-MDG 问题的不同解决方案：(a) 网络配置；(b) 最优解；(c) SPT-DGA；(d) PB-PSA

(图片来源：Zhao M , Yang Y. Bounded relay hop mobile data gathering in wireless sensor networks. IEEE Transactions on Computers, 2012, 61 (2) : 265-277.)

表 4.3 与最优解的性能比较

	最优解	SPT-DGA	PB-PSA
被选为轮询点的传感器	10、17、23、26	10、12、23、26	9、10、26
路径长度/m	94.78	97.56	117.86
平均中继跳数	1.27	1.17	1.13
轮询点附属传感器的最大数量	9	14	15
轮询点附属传感器的平均数量	7.5	7.5	10

从图 4.5 和表 4.3 中可以看到，为了进行本地数据融合，最优解的最短路径为 94.78m，且平均需要 1.27 跳的开销。与最优解相比，SPT-DGA 和 PB-PSA 的路径长度分别增加了 3%和 24%，而平均跳数分别减少了 7.8%和 11%。这些发现进

一步揭示了路径长度和中继跳数之间存在一个权衡关系。由于分布式 PB-PSA 通过优先选择具有 d 跳邻居的节点作为轮询点，并且监听其 d 跳邻居的宣告消息，从而与其他解决方案相比，其轮询点的数目最少。显然，这也将导致轮询点的平均关联传感器数目最多。SPT-DGA 策略得到的轮询点数目与最优解相同，因此这两种策略中轮询点的平均关联传感器数量相同。但是，由于最短路径树结构的限制，SPT-DGA 中传感器的关联模式与最优解决方案中传感器的关联模式并不完全一致，这导致轮询点的最大关联传感器数目增加了 55%。

4.5.2　SPT-DGA 和 PB-PSA 的性能比较

本章还进行了一系列仿真来评估所提算法在大型传感器网络中的性能。本节给出了仿真结果，并将所提算法与另外两个已有的移动数据收集方案进行比较。一种方案是单跳数据收集(single-hop data gathering，SHDG)[15]，其中移动收集器停止在一些预定义点的位置来收集每个传感器的信息，这样能保证每个传感器以单跳形式将数据上传到移动收集器；另一种方案是控制移动元素(control the movement element，CME)[9]计划，该方案中的移动收集器沿平行直线轨道遍历感知区域，并通过多跳方式从附近的传感器中收集数据。为了清晰起见，表 4.4 列出了三种移动数据采集方案的比较。

表 4.4　三种移动数据采集方案比较

	轮询方法 (SPT-DG 和 PB-PSA)	单跳数据收集 (SHDG)	控制移动元素方 (CME)
移动模式	可控的 可自由地去任何地方	可控的 可自由地去任何地方	不可控的 固定移动轨迹
移动收集器的暂停位置	移动收集器停在所选传感器的位置(即轮询点)，并从轮询点中收集缓存数据	移动收集器停在所选的轮询点，并且以单跳方式从邻近节点收集数据	没有明确指定准确的停止位置。假设移动收集器总是沿着轨迹收集数据
移动轨迹	从数据汇集点开始，访问每一个轮询点，最后回到数据汇集点	从数据汇集点开始，访问每个传感器传输范围内的某一位置，最后回到数据汇集点	从数据汇集点开始，沿着平行直线轨迹前后移动，最后返回到数据汇集点
本地数据融合中继	有界的多跳中继	无本地中继	无界的多跳中继
数据上传	轮询点缓存本地的融合数据包。当移动收集器到达轮询点时，上传数据	当移动收集器经过传感器传输范围时，传感器通过单跳方式直接上传数据	当移动收集器靠近时，一些靠近轨迹的传感器上传融合数据包

在仿真中，我们考虑一般的传感器网络，即 N 个节点随机分布在 $L\times L$ 正方形区域内。数据汇集点位于该区域的中心。每个传感器的传输范围为 R_S。在移动数据收集器到达之前，每个数据包通过 d 跳范围内的轮询点进行数据融合。如果未

指定 d，那么将 d 设置为 2。在仿真中，对 TSP 采用最临近算法[29]来确定移动路径，这使移动收集器从数据汇集点开始，选择最近的轮询点作为下一次访问的轮询点，最后返回到数据汇集点。考虑到网络拓扑的随机性，图中每个点是 500 次仿真实验结果的平均值。

图 4.6 给出了 SPT-DGA 和 PB-PSA 的性能，即本地数据融合的路径长度和平均中继跳数与参数 d 的关系。其中，N 和 L 分别为 200 和 200m，R_s 为 30m。当 d=0 时，这意味着移动收集器逐个访问传感器来收集数据。从图中可以看到，随着 d 增大，路径长度明显减小，且这两种算法中的平均中继跳数逐渐增加。此外，如图 4.6(a)所示，大多数情况下，SPT-DGA 总是优于 PB-PSA，且平均路径长度缩短了大约 39%，这种优势随着 d 的增加变得更加明显。这主要有以下两个原因。第一，传感器被密集地部署在环境中，由此相当多的传感器分散在数据汇集点附近。这使得集中式 SPT-DGA 可以构建以靠近数据汇集点的节点为根的 SPT。从而随着 d 的增加，所选的轮询点将收敛于数据汇集点，同时还会更加靠近彼此；第二，在分布式 PB-PSA 中，虽然轮询点的数目随着 d 的增加而减少，但在 d 轮迭代后，一些仍处于“暂定”状态的传感器通常有较高的概率声称自己是轮询点。其中一些轮询点可能离其他轮询点较远，这使得 PB-PSA 的路径长度比 SPT-DGA 的稍微长一些。此外也能从图 4.6(b)中看到，相比于 SPT-DGA，PB-PSA 有更少的平均中继跳数，因为在 PB-PSA 中，轮询点的分布更加宽松。

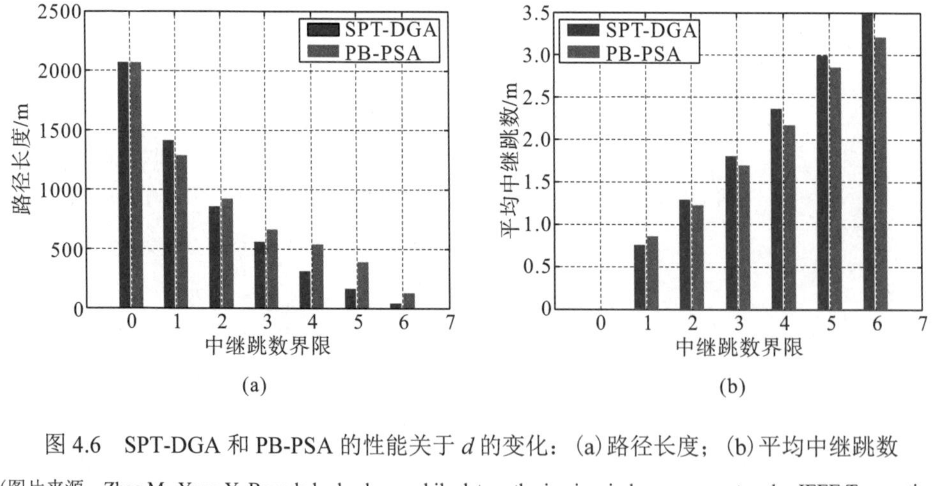

图 4.6 SPT-DGA 和 PB-PSA 的性能关于 d 的变化：(a)路径长度；(b)平均中继跳数

（图片来源：Zhao M , Yang Y. Bounded relay hop mobile data gathering in wireless sensor networks. IEEE Transactions on Computers, 2012, 61(2): 265-277.）

图 4.7 给出了在 d=2 和 d=3 的情况下，SPT-DGA 和 PB-PSA 的性能与 R_s 的关系，L=200m，N=400。R_s 在 10～50m 变化来表示传感器的不同传输范围。显然，随着 R_s 的增加，更多的传感器将成为彼此的邻居。结果是大多数轮询点远离汇聚

节点的场景可以被避免，且轮询点的数目也能有效减少，因为每一个轮询点能连接更多的传感器。因此，随着 R_s 变大，路径长度会大为缩短。例如，如图 4.7(a)所示，在 d=2 的情况下，当 R_s=20m 时，SPT-DGA 和 PB-PSA 的路径长度分别为 1178m 和 1334m；当 R_s 增加到 45m 时，SPT-DGA 和 PB-PSA 的路径长度分别下降到 591m 和 634m。我们注意到这两种算法的平均中继跳数随着 R_s 增加而稍微增加，因为在中继跳数的约束下，更多的传感器附属于相同的轮询点，且该轮询点具有一个较大的跳数。此外，很明显无论 R_s 取值多少，当 d=3 时，即在相对宽松的中继跳数限制下，相对于 d=2 的情况，会得到更短的路径长度，而此时平均跳数会相对增加。

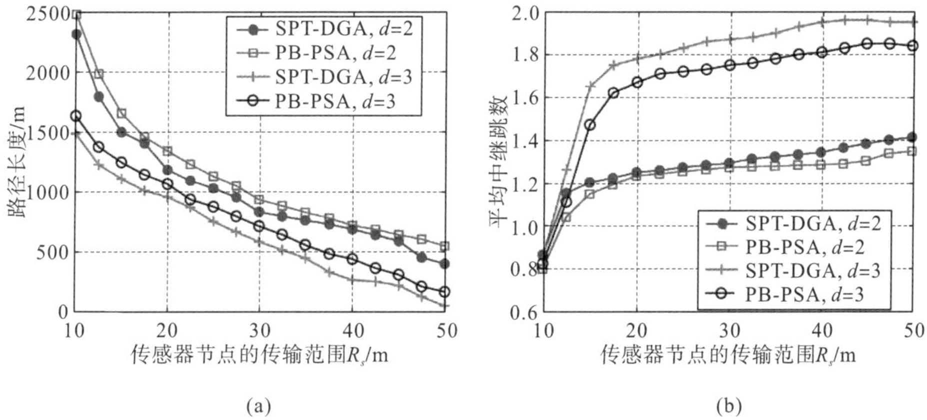

图 4.7　d=2 和 d=3 的情况下，SPT-DGA 和 PB-PSA 的性能关于 R_s 的变化：(a)路径长度；(b)平均中继跳数

（图片来源：Zhao M , Yang Y. Bounded relay hop mobile data gathering in wireless sensor networks. IEEE Transactions on Computers, 2012, 61(2): 265-277.）

图 4.8 给出了所提算法与传感器数量 N 的关系，并将所提算法的性能与 SHDG 和 CME 进行比较。L 设置为 200m，N 在 100～500 变化，用于代表不同的节点密度。R_s 一直固定在 30m。所提算法的中继跳数 d 设置为 2。对于 SHDG，区域分为 20m×20m 的网格，假设移动收集器在网格中可以停留在一个预定义的位置进行数据采集。此外，在 CME 方案中，假设相邻平行轨道之间相距 100m。中间的轨道经过这一区域的中心。移动收集器可以沿着区域边界移动到其他轨道。SHDG 和 CME 都是集中式方案。我们可以在图 4.8 中观察到，随着 N 的增加，SPT-DGA 和 PB-PSA 的路径长度先逐渐增加，然后当 N 变得足够大时逐渐稳定。这是因为当传感器分布越来越密集时，它们会有更高的概率归属于靠近数据汇集点的轮询点。因此，进一步增加传感器的数量对轮询点的选择几乎没有影响。相比之下，

SHDG 的路径长度随着 N 的不断增加，其路径长度超过 SPT-DGA 的 33%左右。因为移动收集器在一个给定的区域沿固定的轨道移动，CME 的路径长度将保持不变。此外，图 4.8(b)显示了 SPT-DGA、PB-PSA 和 CME 的平均中继跳数。由于 SHDG 中的传感器总是直接上传数据到移动收集器，不需要中继，因此并没有将其包括在图中。从中可以看到，每个方案的平均中继跳数随着 N 的大幅增加而略有增加。与 CME 相比，SPT-DGA 和 PB-PSA 的本地数据融合会导致更多的中继跳数，这便是达到较短数据收集路径所产生的开销。

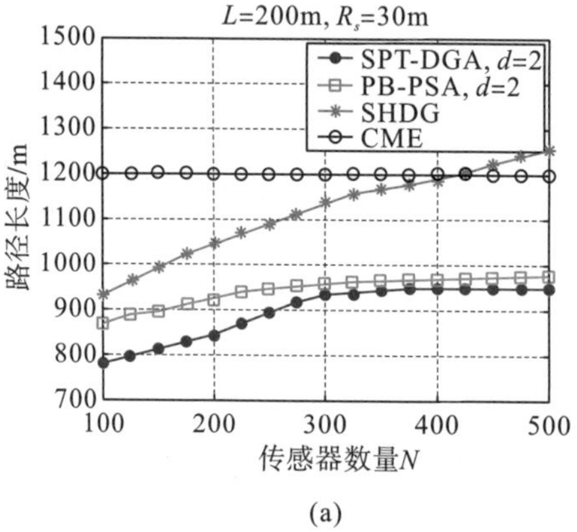

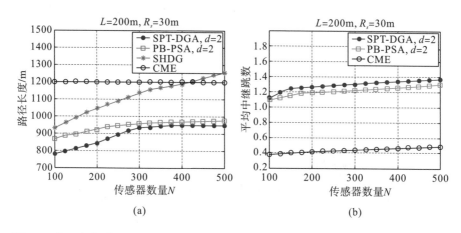

图 4.8 当 N 变化时，SPT-DGA、PB-PSB、SHDG、CME 的性能比较：(a)路径长度；(b)平均中继跳数

(图片来源：Zhao M , Yang Y. Bounded relay hop mobile data gathering in wireless sensor networks. IEEE Transactions on Computers, 2012, 61(2): 265-277.)

图 4.9 给出了当 L 在 100～500 变化时，不同方案获得的路径长度和平均中继跳数。N 设置为 400，R_s 设置为 30m。在 CME 方案中，以相同的间隔选取五个平行轨迹，其中最外层的两个轨道穿越区域的边缘，同时，其他所有设置保持不变。从图 4.9(a)中可以看到，随着 L 的增加，所有方案的路径长度变得更长。这是因为 L 越大，传感器分布得越稀疏。移动收集器需要更加远离数据汇聚节点，从而能访问更多的位置来收集数据。此外，随着感知区域的增大，CME 的路径长度也随之增加。显而易见，我们所提算法的性能总是优于其他算法，其路径长度分别比 SHDG、CME 短 38%和 80%。这归功于在 SPT-DGA 和 PB-PSA 中，其总是尽可能地通过中继进行数据融合以最小化路径长度。因此，在图 4.9(b)中，SPT-DGA 和 PB-PSA 的平均中继跳数高于 CME。然而，随着 L 的增加，中继跳数的差距迅速缩小。

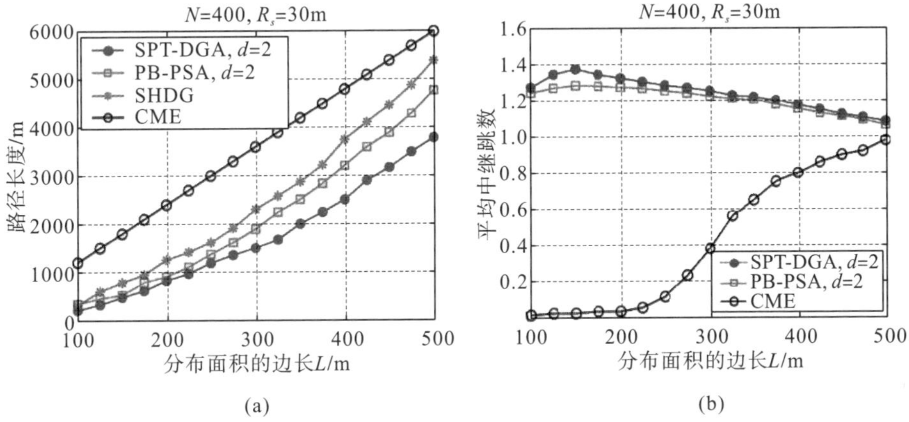

图 4.9　当 L 变化时，SPT-DGA、PB-PSA、SHDG、CME 的性能比较：(a) 路径长度；(b) 平均中继跳数

(图片来源：Zhao M , Yang Y. Bounded relay hop mobile data gathering in wireless sensor networks. IEEE Transactions on Computers, 2012, 61 (2) : 265-277.)

图 4.10 给出了当 R_s 在 10～50m 变化时不同方案的性能。N 设置为 400，L 固定为 250m。所提算法的中继跳数 d 取值为 2。对于 SHDG，仍然假定在进行数据收集时，移动收集器可以停留的候选位置在网格上，且每一个候选位置与其邻居节点在垂直和水平方向相距 $1.4R_s$。对于 CME，将任意两个相邻的平行直线轨迹之间的距离设定为 $2R_s$，区域中一共有 $\left\lceil \frac{L}{2R_s} \right\rceil$ 条平行轨迹。图 4.10 给出当 R_s 取任意值时，SPT-DGA 总是达到最短的路径长度，其路径长度与 SHDG 和 CME 相比降低了 45%。此外还可以看到，虽然 SPT-DGA、PB-PSA 和 SHDG 的路径长度随着 R_s 的增加而逐渐减小，但 CME 的路径长度呈阶梯形逐渐减小。这是因为 CME 的路径长度主要决定于平行线路径的数量。图 4.10(b) 给出了 SPT-DGA、PB-PSA 和 CME 的平均中继跳数。由于 CME 的平行轨迹间相距 $2R_s$，这对于大多数传感器而言，当移动数据收集器移动到其最邻近轨道并足够靠近它时，就可以直接上传数据到移动收集器。因此，CME 总是本地数据融合中中继跳数最少的一个。相比之下，SPT-DGA 和 PB-PSA 在有界中继条件下允许更多本地数据融合，以尽可能缩短路径长度。如图 4.10 所示，最初 SPT-DGA 和 PB-PSA 的平均跳数随着 R_s 的增加不断增加。这是因为当传感器的传输范围很小时，传感器的长度会明显地随 R_s 的增加而增加，从而通过选择较少数量的轮询点就可以缩短移动路径的长度。因为只有有限个轮询点，所以远端的传感器可能会在有界中继跳数的约束条件下，连接具有多跳的轮询点。然后，当 R_s 增大时，平均中继跳数不会随 R_s 的增加而增加，而是倾向于稳定。这是合理的，因为当 R_s 增大时，传感器更容易通过更少的

跳数到达彼此，从而在很大程度上抵消了轮询点数目减少的影响。

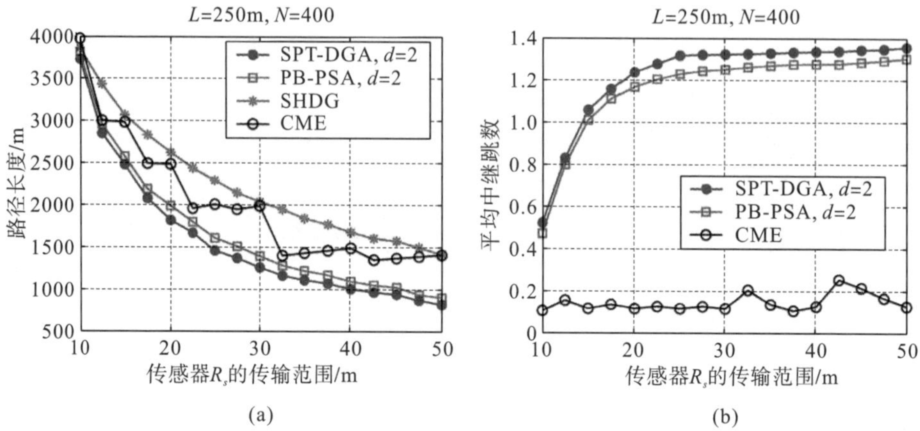

图 4.10 SPT-DGA、PB-PSA、SHDG、CME 对于传感器传输范围的性能比较：(a)路径长度；(b)平均中继跳数和

（图片来源：Zhao M , Yang Y. Bounded relay hop mobile data gathering in wireless sensor networks. IEEE Transactions on Computers, 2012, 61(2): 265-277.）

4.6 本章小结

本章通过权衡本地数据融合中传感器的中继跳数和移动收集路径长度来研究无线传感器网络的移动数据收集。本章提出了一个基于轮询的方案，并将其建模为 BRH-MDG 问题，然后提出了两个有效的解决方案。大量的模拟仿真已经验证了该方案的有效性。实验结果表明，该算法可以极大地缩短数据收集路径的长度并减少中继跳数。与 SHDG 和 CME 方案相比，所提方案的路径长度分别缩短了 38%和 80%。

参考文献

[1] Cheng W C, Chou C F, Golubchik L, et al. A coordinated data collection approach: design, evaluation, and comparison. IEEE Journal on Selected Areas in Communications, 2004, 22(10): 2004-2018.

[2] Manjeshwar A, Agrawal D P. TEEN: A routing protocol for enhanced efficiency in wireless sensor networks. Proc Ipdps Workshops, 2001: 2009-2015.

[3] Scaglione A, Servetto S. On the interdependence of routing and data compression in multi-hop sensor networks. Wireless Networks, 2005, 11(1-2): 149-160.

[4] Tang X, Xu J. Adaptive data collection strategies for lifetime-constrained wireless sensor networks. IEEE Transactions on Parallel and Distributed Systems, 2008, 19(6): 721-734.

[5] Gedik B, Liu L, Yu P S. ASAP: An adaptive sampling approach to data collection in sensor networks. IEEE Transactions on Parallel and Distributed Systems, 2008, 18(12): 1766-1783.

[6] Liu C, Member S, Wu K, et al. An energy efficient data collection framework for wireless sensor networks by exploiting spatiotemporal correlation. IEEE Transactions on Parallel & Distributed Systems, 2008, 18(7): 1010-1023.

[7] Shah R C. Data mules: Modeling a three-tier architecture for sparse sensor networks. First IEEE International Workshop on Sensor Network Protocols and Applications, 2003: 30-41.

[8] Jain S, Shah R C, Brunette W, et al. Exploiting mobility for energy efficient data collection in wireless sensor networks. Mobile Networks and Applications, 2006, 11(3): 327-339.

[9] Jea D, Somasundara A, Srivastava M. Multiple controlled mobile elements (data mules) for data collection in sensor networks. Proc. IEEE/ACM Distributed Computing in Sensor Systems(DCOSS), 2005: 244-257.

[10] Juang P, Oki H, Wang Y, et al. Energy-efficient computing for wildlife tracking: Design tradeoffs and early experiences with ZebraNet. International Conference on Architectural Support for Programming Languages & Operating Systems, ACM, 2002, 30(5): 96-107.

[11] Small T, Haas Z J. The shared wireless infostation model——A new ad hoc networking paradigm (or where there is a whale, there is a way). Proc Acm Mobihoc Conference, 2003: 233-244.

[12] Batalin M A, Rahimi M, Yu Y, et al. Call and response: Experiments in sampling the environment. International Conference on Embedded Networked Sensor Systems. 2004: 25-28.

[13] Pon R, Batalin M A, Gordon J, et al. Networked infomechanical systems: A mobile embedded networked sensor platform. International Symposium on Information Processing in Sensor Networks, 2005: 376-381.

[14] Somasundara A, Ramamoorthy A, Srivastava M. Mobile element scheduling with dynamic deadlines. IEEE Transactions on Mobile Computing, 2007, 6(4): 395-410.

[15] Ma M, Yang Y. Data gathering in wireless sensor networks with mobile collectors. IEEE International Symposium on Parallel & Distributed Processing, 2008: 1010-1019.

[16] Ma M, Yang Y. SenCar: An Energy-efficient data gathering mechanism for large-scale multihop sensor networks. IEEE Transactions on Parallel and Distributed Systems, 2007, 18(10): 1476-1488.

[17] Kusy B, Lee H J, Wicke M, et al. Predictive QoS routing to mobile sinks in wireless sensor networks. Proceedings of the 8th International Conference on Information Processing in Sensor Networks, San Francisco, 2009: 109-120.

[18] Luo J, Hubaux J P. Joint mobility and routing for lifetime elongation in wireless sensor networks. IEEE Infocom Joint Conference of the IEEE Computer & Communications Societies, 2005: 1735-1746.

[19] Karenos K, Kalogeraki V. Traffic management in sensor networks with a mobile sink. IEEE Transactions on Parallel and Distributed Systems, 2010, 21(10): 1515-1530.

[20] Xu X, Luo J, Zhang Q. Delay tolerant event collection in sensor networks with mobile sink. Proc. IEEE Infocom, 2010: 1-9.

[21] Gatzianas M, Georgiadis L. A distributed algorithm for maximum lifetime routing in sensor networks with mobile sink. IEEE Transactions on Wireless Communications, 2008, 7(3): 984-994.

[22] Yun Y S, Xia Y. Maximizing the lifetime of wireless sensor networks with mobile sink in delay-tolerant applications. IEEE Transactions on Mobile Computing, 2010, 9(9): 1308-1318.

[23] Bote D, Sivalingam K, Agrawal P. Data gathering in ultra wide band based wireless sensor networks using a mobile node. IEEE International Conference on Broadband Communications , 2007: 346-355.

[24] Zhao M, Ma M, Yang Y. Efficient data gathering with mobile collectors and space-division multiple access technique in wireless sensor networks. IEEE Transactions on Computers, 2014, 60(3): 400-417.

[25] Xing G, Wang T, Jia W, et al. Rendezvous design algorithms for wireless sensor networks with a mobile base station. Proceedings of the 9th ACM Interational Symposium on Mobile Ad Hoc Networking and Computing, 2008: 231-240.

[26] Chipara O, He Z, Xing G, et al. Real-time power-aware routing in sensor networks. Quality of Service-IWQoS, 2006: 83-92.

[27] Gavish B. Formulations and algorithms for the capacitated minimal directed tree problem. Journal of ACM, 1983, 30(1): 118-132.

[28] CPLEX package. http://www.ilog.com/products/cplex/, 2011[2020-02-12].

[29] Hcormen T, Eleiserson C, Lrivest R, et al. Introduction to Algorithms. S2 Ed. Cambridge: The MIT Press, 2001.

第 5 章　基于多用户 MIMO 技术的移动数据收集

5.1　引　　言

低成本、低功耗、多功能传感器的广泛应用使无线传感器网络成为数据收集的典型网络。在应用中，传感器通常随机、密集地分布在感知区域中，并且在可拓展的范畴中要求其具有自组织的能力。而且，传感器节点一般都是由电池供电，一旦能量耗尽就无法补充能量，这使得给传感器节点再次充电或更换电池变得困难甚至不可行。此外，因为靠近数据汇集点的传感器会收到更多的数据包，所以它比距离数据汇集点较远的传感器节点更快地消耗完能量。一旦数据汇集点周围的传感器失效或出现故障，那么整个网络的连通性和覆盖性可能就得不到保证。在这种严格的限制条件下，设计一个使感知区域的能量消耗均匀，从而达到延长网络寿命的数据收集方案是非常重要的。此外，由于在某些应用中的感知数据具有时间敏感性，所以数据收集需要在特定的时间内完成。因此，一个高效的、大规模的数据收集方案应当具有较好的可扩展性、较长的网络寿命和较低的数据延迟等特性。

目前，已经提出很多高效的数据收集方法，如文献[1]～文献[12]。基于这些数据收集方法的特点，可以将它们大致分为三类。第一类是增强型中继路由[1-3]，在这个类别中，数据在传感器之间中继，除了中继，一些其他因素如负载均衡、调度模式和数据冗余也被同时考虑。第二类数据收集方法引入了分层基础结构以提高扩展性。在文献[4]～文献[8]中，传感器被分成很多簇，每个簇的簇头负责将数据转发给外部的数据汇集点。分簇在局部数据融合中非常有效，这是因为它可以抑制传感器之间的冲突，并支持负载均衡。在文献[9]～文献[12]中，第三类数据收集方法采用移动收集器，它分担了传感器节点的数据路由的负担。Shah 等在文献[9]及 Jea 等在文献[10]中，利用了随机游动或沿平行直线移动的移动实体(称为数据骡子)。数据骡子收集数据并将数据传递给有线接入点，这使得传感器节点能够节省大量的能量。为了使移动收集器能实现更灵活的数据收集，通过寻找直线上的某些拐点，Ma 和 Yang 在文献[11]中提出了一个移动路径规划算法，该算法具有自适应传感器分布的特性，并可以有效避免路径中的障碍物。文献[12]提出了另一种单跳数据采集方法，其目的是追求均衡的能量消耗，该方案优化了移动收集器的位置，使其可以通过单跳传输从附近的传感器收集数据。

在中继路由方法中，最小化转发路径的能量不一定能延长网络寿命，因为路径上的一些主要传感器可能比别的传感器更快地耗尽能量。在基于簇的方法中，簇头将不可避免地比其他传感器消耗更多的能量，这是簇内融合和簇间数据转发等操作造成的。与之相比，使用移动收集器限制了数据包的转发，从而减轻了非均衡的能量消耗，然而，它可能会导致不满意的数据收集延迟。基于这些观察，本章提出了一个三层移动数据收集框架多用户负载均衡集群(load balance cluster-multiple users，LBC-MU)，其基于负载均衡进行分簇且基于多输入-多输出(multiple-input multiple-output，MIMO)进行数据上传。我们的主要动机是利用分布式分簇来提高算法的可扩展性，采用移动数据收集以节约能量并均衡地消耗能量，同时利用 MIMO 技术进行并发数据上传以降低数据延迟。

相比于已有的工作，这项工作的主要贡献概括如下。首先，本章提出了一个分布式负载均衡分簇(load balance cluster，LBC)算法来分簇，其中每个簇有多个簇头。这样分簇的主要目的是平衡簇内数据融合的负担，同时促进簇头和移动收集器之间的 MIMO 数据上传。以往的研究，如文献[4]～文献[6]，通常限于一个簇头的簇；然后，一个簇内的多个簇头可以彼此合作，以达到高效节能的簇内数据传输。不同于其他分层方案，如文献[7]和文献[8]，在 LBC-MU 中，簇内的簇头不转发其他簇的数据包，从而有效缓解了每个簇头的负担。相反，簇间的转发路径仅用于传输簇头的身份(identification，ID)信息给移动收集器，以最优化数据收集路径；最后，我们为感知区域内的移动收集器(Sencar)布置了多根天线。Sencar 通过访问每个簇来收集簇头的数据。Sencar 最优地选择每个簇内的停靠位置，并确定访问它们的序列，从而最小化数据收集的时间。我们的工作区别于其他数据收集方法的主要地方在于使用了 MIMO 技术，从而使多个簇头可以同时将数据上传给移动数据接收器，如文献[10]～文献[12]中。我们协调 Sencar 的运动以便充分利用 MIMO 上传数据，从而得到一条具有较短移动轨迹和较短数据上传时间的数据收集路径。

5.2 基于多用户 MIMO 技术的无线传感器网络

近年来，如何设计无线传感器网络中高效的数据采集方案引起了人们的广泛关注。本章引入移动数据收集及 MIMO 技术来研究无线传感器网络的数据采集，以最优化系统的性能。具体来说，移动数据接收器沿着预定路径移动，并在一些轮询点收集数据包。通过合理地规划移动路径，可以将中继减小到最少，从而有效地提高能量效率，同时避免传感器节点之间的非均衡能量消耗。除此之外，我们还将 MIMO 技术运用到移动数据接收器中，通过在上面安装多根天线，以一种非常有效的方式扩充了系统容量。在 MIMO 技术的支持下，移动接收器可以同时收集来自多个兼容传感器的数据。考虑 Sencar 配备有两根天线和每个传感器节点具有单根天线的情况，在 Sencar 上安装两根天线并不困难，但是要安装两根以上的天线就很困难甚至不可行。这是因为在天线之间很难保证独立衰落距离的限制。根据文献[16]中的自由度，有两根天线的 Sencar 可以与其附近至多两个传感器节点同时进行通信。如图 5.1 所示。

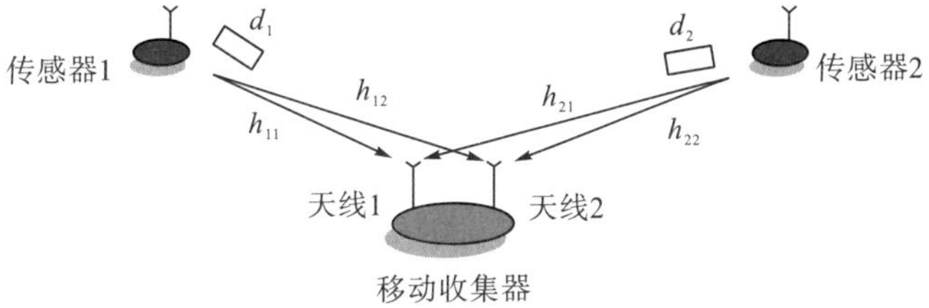

图 5.1　两个传感器同时将感知数据传输到 Sencar

（图片来源：Zhao M, Ma M, Yang Y. Mobile data gathering with multiuser MIMO technique in wireless sensor networks. Proc. IEEE Globecom, 2007.）

考虑到无线信道有平坦衰落，如图 5.1 所示，假设传感器 1 将数据 d_1、传感器 2 将数据 d_2 同时上传到 Sencar。那么，传感器到 Sencar 的传输模型可以描述为

$$\begin{bmatrix} y_1 \\ y_2 \end{bmatrix} = \begin{bmatrix} h_{11} & h_{12} \\ h_{21} & h_{22} \end{bmatrix}^* \cdot \begin{bmatrix} d_1 \\ d_2 \end{bmatrix} + \begin{bmatrix} n_1 \\ n_2 \end{bmatrix} \tag{5.1}$$

其中，h_{ij} 为传感器 i 到 Sencar 的第 j 根天线的信道系数；n_1 和 n_2 为独立的白带信道噪声。公式(5.1)中天线 1 接收的信号为 $y_1 = h_{11}^* d_1 + h_{21}^* d_2$；天线 2 接收的信号为 $y_2 = h_{12}^* d_1 + h_{22}^* d_2$。为方便起见，在下面的讨论中，用 $\boldsymbol{h}_i$ 表示从传感器 i 到 Sencar 的信道向量 $[h_{i1}, h_{i2}]$，用 $\boldsymbol{y}$ 表示接收的信息向量 $[y_1, y_2]^{\mathrm{T}}$，用 $\boldsymbol{n}$ 表示信道的噪声向量 $[n_1, n_2]^{\mathrm{T}}$。由此，我们可以将公式(5.1)改写为

$$\boldsymbol{y} = \boldsymbol{h}_1 * d_1 + \boldsymbol{h}_2 * d_2 + \boldsymbol{n}$$

为了分离来自不同传感器节点的数据流，Sencar 需要产生接收束波。假设存在束波向量 $\boldsymbol{u}_1 = [u_{11}, u_{12}]$ 和 $\boldsymbol{u}_2 = [u_{21}, u_{22}]$，使得 $\boldsymbol{u}_1 \boldsymbol{h}_2^* = 0, \boldsymbol{u}_2 \boldsymbol{h}_1^* = 0$，我们可以得到：

$$\begin{cases} \boldsymbol{u}_1 \boldsymbol{y} = \boldsymbol{u}_1 \boldsymbol{h}_1^* d_1 + \boldsymbol{u}_1 \boldsymbol{h}_2^* d_2 + \boldsymbol{u}_1 \boldsymbol{n} = \boldsymbol{u}_1 \boldsymbol{h}_1^* d_1 + \boldsymbol{u}_1 \boldsymbol{n} \\ \boldsymbol{u}_2 \boldsymbol{y} = \boldsymbol{u}_2 \boldsymbol{h}_1^* d_1 + \boldsymbol{u}_2 \boldsymbol{h}_2^* d_2 + \boldsymbol{u}_2 \boldsymbol{n} = \boldsymbol{u}_2 \boldsymbol{h}_2^* d_2 + \boldsymbol{u}_2 \boldsymbol{n} \end{cases} \tag{5.2}$$

通过这种方式，根据信道状态进行处理，将来自不同传感器节点的数据由 Sencar 智能地进行分离，从而不受同信道的干扰。$\boldsymbol{u}_1$ 是 $\boldsymbol{V}_1$ 中的任何向量，其中 $\boldsymbol{V}_1$ 是与 $\boldsymbol{h}_2$ 正交的空间。在文献[14]中，为了最大化接收信号的强度，$\boldsymbol{u}_1$ 应该与 $\boldsymbol{h}_1$ 在 $\boldsymbol{V}_1$ 下的投影同向。$\boldsymbol{u}_2$ 应该进行类似的选择。在实际中，$\boldsymbol{u}_1$ 和 $\boldsymbol{u}_2$ 可以是单位向

量，因为增加它们的长度并不会增大信噪比。基于这些选择标准，该规范束波向量可表示如下：

$$\begin{cases} \boldsymbol{u}_1 = \left(\boldsymbol{h}_1 - \dfrac{\langle \boldsymbol{h}_1, \boldsymbol{h}_2 \rangle}{\langle \boldsymbol{h}_2, \boldsymbol{h}_2 \rangle} \cdot \boldsymbol{h}_2 \right) \Big/ \left| \boldsymbol{h}_1 - \dfrac{\langle \boldsymbol{h}_1, \boldsymbol{h}_2 \rangle}{\langle \boldsymbol{h}_2, \boldsymbol{h}_2 \rangle} \cdot \boldsymbol{h}_2 \right| \\ \boldsymbol{u}_2 = \left(\boldsymbol{h}_2 - \dfrac{\langle \boldsymbol{h}_1, \boldsymbol{h}_2 \rangle}{\langle \boldsymbol{h}_1, \boldsymbol{h}_1 \rangle} \cdot \boldsymbol{h}_1 \right) \Big/ \left| \boldsymbol{h}_1 - \dfrac{\langle \boldsymbol{h}_1, \boldsymbol{h}_2 \rangle}{\langle \boldsymbol{h}_2, \boldsymbol{h}_2 \rangle} \cdot \boldsymbol{h}_2 \right| \end{cases} \tag{5.3}$$

为了确保 Sencar 可以成功地接收两个传感器同时发送的数据，下列条件必须得到满足：

$$\mathrm{SNR}_1 = \frac{\left| \boldsymbol{u}_1 \boldsymbol{h}_1^* \right|^2 \cdot P_\mathrm{t}}{\left| \boldsymbol{u}_1 \right|^2 N_0} \geqslant \delta_0 \tag{5.4}$$

$$\mathrm{SNR}_2 = \frac{\left| \boldsymbol{u}_2 \boldsymbol{h}_2^* \right|^2 \cdot P_\mathrm{t}}{\left| \boldsymbol{u}_2 \right|^2 N_0} \geqslant \delta_0 \tag{5.5}$$

其中，SNR_1 和 SNR_2 分别为 Sencar 从两个传感器节点接收到的信号信噪比(signal to noise ratio，SNR)；P_t 为每个传感器的发射功率；N_0 为在背景噪声的方差；δ_0 为 Sencar 能够正确解码接收到的信号的信噪比阈值。任何能够满足上述方程的两个传感器称为一对兼容的传感器[14,15]，这两个传感器节点相互对等兼容。由于发射功率有限，所以并不是所有在 Sencar 周围的传感器都兼容。

迄今为止，我们已经讨论了采用 MIMO 技术的无线传感器网络的工作原理。直观地说，如果 Sencar 总是试图服务于两个兼容的传感器，那么在理想情况下的数据收集时间可以缩减一半。从上面的分析可以看出，MIMO 技术尤其适合无线传感器网络的数据收集，这是因为在传感器节点上只需要调整少量的硬件模块。在 Sencar 和传感器节点发生的所有智能操作均保持不变的情况下，除了最初的同步和信道状态的获取，这种商业上诱人的特点是我们探索无线传感器网络中数据收集问题的最大动力。

5.3 基于 MIMO 技术的移动数据采集

本节针对移动数据收集提出了无线传感器网络的一种三层框架结构，包括传感层、簇头层和移动数据收集器层。这种框架结构采用分布式负载均衡分簇和 MIMO 数据上传技术，即 LBC-MU。它的目的是达到很好的可扩展性、延长的网络寿命和较低的数据收集延迟。在传感层，一个分布式负载均衡分簇算法被提出，其用于自组织形成簇。与现有的方法相比，本章提出一个在每个簇中生成多个簇头的方法，用以平衡网络负载并促进 MIMO 的数据上传。在簇头层，精心挑选簇之间的传输范围以保证簇之间的连通性。一个簇内的多个簇头之间相互合作，从而可以为簇内的通信节约大量能量。通过簇内的通信，簇头的信息按照规定的移动轨迹传送到 Sencar。在移动收集层，Sencar 有两根天线，可以保证多个簇头同时上传数据至 Sencar。通过在每个簇中合理地寻找轮询点，可对 Sencar 的轨迹进行优化，从而可以充分利用 MIMO 的上传功能。通过访问每个选定的轮询点，Sencar 可以有效地收集来自簇头的信息并将这些信息传送至静态的数据汇集点。多次模拟仿真分析评估了 LBC-MU 方案的有效性。结果表明，当每个簇最多有两个簇头时，LBC-MU 可以减少传感器数据 90%的最大传输量，与增强型中继路由方法相比较可以减少 88%的平均传输量，与单个簇头的方案相比较，移动数据收集方案可以减少 25%的平均数据延迟。

5.3.1 原理及架构概述

本节给出 LBC-MU 框架的概述。如图 5.2 所示，LBC-MU 由三层组成：传感器层、簇头层和 Sencar 层。

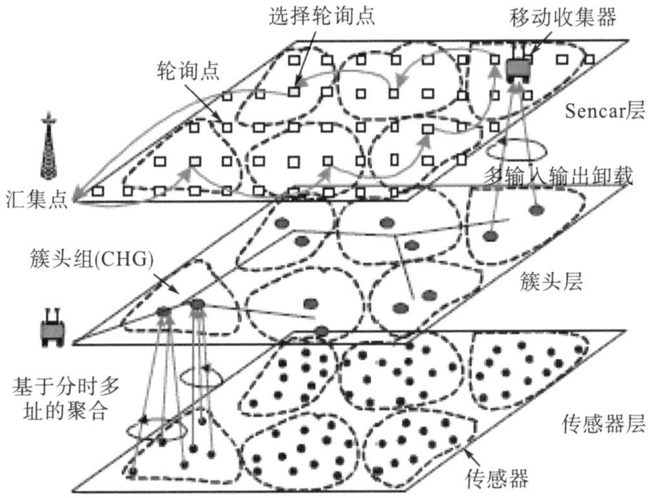

图 5.2　LBC-MU 框架

(图片来源：Zhao M,Yang Y. A framework for mobile data gathering with load balanced clustering and MIMO uploading. Proc. IEEE Infocom, 2011.)

传感层是最底层也是最基本层，它由一组传感器构成。一般来说，我们对传感器分布或节点能力不做任何假设，如位置感知。假设每个传感器只能与它的邻居节点进行通信，即其附近的节点。对于可拓展的数据采集，分散的传感器在数据收集开始之前会自组织成簇。每个传感器分布式地确定自身是一个簇头(cluster head，CH)，还是簇成员(cluster member，CM)。最后，具有较高剩余能量的传感器将成为簇头，每个簇最多有 M 个簇头，其中 M 为一个系统参数。为了方便起见，将簇内的多个簇头称为一个簇头组(cluster head group，CHG)，每个簇头是其他簇头的簇头伙伴(cluster head peer，CHP)。每个传感器节点在与其相关联的簇中距离至少一个簇头只有一跳的距离。这种结构的好处是：簇内的融合被限制为单跳。其中，当传感器可以被多个簇头覆盖时，其可以有选择地隶属于一个簇头，从而平衡簇内负载。簇头层中的簇头通过合作的方式协调与自身相关的传感器节点，利用时分多址(time division multiple access，TDMA)汇聚局部数据。每个簇头组执行局部数据采集，缓冲该数据并将数据上传至 Sencar。

簇头层包含所有的簇头，即簇头组。正如前面提到的，簇间转发仅用于发送每个簇的簇头组信息到 Sencar，其中包含每个簇的多个簇头的 ID 信息。在 Sencar 启动数据收集行动之前，此类信息必须发送。Sencar 一旦接收到此类信息，就会利用这些信息来确认应该停靠在簇内的哪个位置，以便从簇头组收集数据。为了保证簇间通信，簇头组中的多个簇头可以协调发送重复信息以实现空间分集，并提供可靠的传输并节能[13]。此外，簇头也可以将它的输出功率调整到一个理想的范围，以保证簇间的连通性。

最上面的层是 Sencar 层，它主要负责管理 Sencar 的移动。在这一层中有两个问题需要解决。首先，我们需要确定当 Sencar 到达某一个簇时，它停留在哪个位置与簇头进行通信。在 LBC-MU 中，Sencar 与簇头通过单跳传输通信。该 Sencar 配备有多根天线，传感器具备简单的单天线。在一个簇内，数据上传到 Sencar 的模式是多对一，多个簇头同时将数据发送给 Sencar。作为具有多根接收天线的接收器，Sencar 使得多个簇头可以并发地上传数据。基于信道状态信息(channel state information，CSI)并利用滤波器处理接收到的信号，Sencar 可以成功地将来自不同簇头的信息进行分离和解码。为了尽可能快地收集数据，Sencar 应该停留在簇内可以最大化上行链路 MIMO 容量的位置。从理论上讲，因为 Sencar 是移动的，它就可以自由地选择簇中的任何优先位置，然而，这在实际中是不可行的，因为要估计所有可能位置的 CSI 是非常难的。因此，我们只考虑一组有限的位置。给出 Sencar 的可能位置，每个位置和传感器之间的 CSI 可以在网络的初始阶段进行测量。我们称这样的位置为 Sencar 的轮询点，Sencar 可以依次查询附近的簇头并收集数据。Sencar 没有必要访问所有的轮询点。Sencar 最优地在每个簇内选择一些轮询点，我们称这类点为选择轮询点(selected polling points，SPP)。其次，我们需要确定 Sencar 访问选择轮询点的次序。由于 Sencar 可以已知每个轮询点的位置，所以它可以找到一个最低代价的往返路径，该路径通过每个选择轮询点一次，最后返回数据汇集点。

5.3.2　传感器层：负载均衡分簇

本节提出传感器层中的分布式 LBC 算法。

分簇的基本操作是簇头选择。为了延长网络寿命，我们自然希望选择的簇头有较高的剩余能量。因此，我们将每个传感器当前剩余能量的百分比作为初始分簇标准。假定一组传感器，记为 $S=\{s_1,s_2,\cdots,s_n\}$，它们同质且相互独立地根据局部信息选择自身为簇头或簇成员。运行 LBC 算法之后，每个簇至少有 $M(\geqslant 1)$ 个簇头，这意味着每个簇的簇头组的大小不超过 M。每个传感器至少被簇内的一个簇头所覆盖。LBC 算法大致可以分为三个阶段：①初始化；②状态声明；③簇的形成。下面通过如图 5.3 所示的例子来讨论这三个阶段。图 5.3(a) 总共有 10 个传感器节点，其中它们的优先度及相邻节点之间的关系均在图 5.3(a) 中给出。

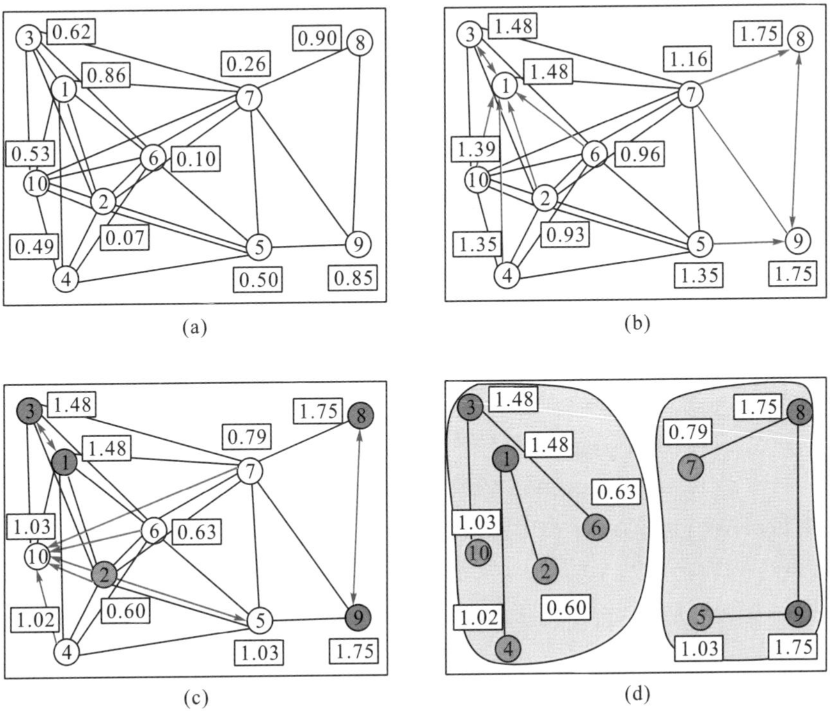

图 5.3　LBC 算法的简单例子，其中 M=2：(a) 网络配置；(b) 初始化；(c) 状态声明；(d) 簇的形成

(图片来源：Zhao M, Yang Y. A framework for mobile data gathering with load balanced clustering and MIMO uploading. Proc. IEEE Infocom, 2011.)

在初始化阶段，每个传感器的任务是获取其附近所有邻居节点的信息。如果传感器是一个孤立的节点(没有邻居存在)，那么它就宣布自身为一个簇头，该簇只包括其自身，因为没有其他传感器可以通过一跳到达它。否则，一个传感器如 s_i，首先将它的初始状态设为“暂定的”，并且通过其剩余能量的百分比来设置初始优先级，然后，s_i 通过最初的优先级对它的邻居节点进行排序，同时将拥有最高初始优先级的 $M-1$ 个节点视为暂时的簇头候选节点(candidate cluster head peers，Can-CH-Peers)，用集合 A 表示。这意味一旦 s_i 成为簇头，其最新的簇头候选节点也会自动成为簇头，它们形成该簇的 CHG。相应地，s_i 将其自身优先级设置为其初始优先级与簇头候选节点初始优先级之和。通过这种方式，传感器可以根据自身状态选择对它有利的一个伙伴。图 5.3(b)给出了初始化阶段的信息，此时 M=2，这意味着每个传感器会选择一个具有最高初始优先级的邻居节点作为它的簇头候选节点。使用向外箭头来暗示每个传感器的簇头候选节点。举例来说，假如 s_8 在 s_7 的所有邻居节点中拥有最高的初始优先级，那么选 s_8 作为 s_7 的簇头候选节点。因此，s_7 设置其优先级别为其自身与 s_8 的初始优先级的总和。算法 5.1 给出了传感器在初始阶段的代码，其中所使用的符号列于表 5.1 中。

算法 5.1 第一阶段初始化

```
My.N←{v|vlies in transmission range, v∈S};
if My·N=Φ then
   MY.cluster_head←My.id;
   My.status←FNL_CH;
 else
   My.init_prio←E_res/E_tot;
   MY.cluster_head←0;
   My.status←Tentative;
   My.A←{v|v∈Can_Peers(N)};
  My.prio←My.init_prio+∑_{v∈My.A} v.init_prio;
  My.B, My.C←Φ;
  Iter←0;
  endif
```

表 5.1 5.3 节中使用的符号

符号	代表的意义
S	传感器的集合，$S[i]$代表传感器节点 s_i
Can_CH_Peers	一个传感器的簇头候选节点
NBR_Can_CHs	可能的邻居簇头节点

续表

符号	代表的意义
My.N	邻居节点的集合
My.A	簇头候选节点的集合
My.B	邻居簇头节点的集合
My.C	簇成员的集合
My.init_ prio	初始优先权
My.prio	当前优先权
My.status	当前状态(FNL_CH，FNL_CM，或者 Tentative)
M	一个簇中最大的簇头个数
E_{res}，E_{tot}	一个传感器节点的剩余能量和最大能量
CH_TH	成为簇头节点的优先度阈值
CM_TH	成为簇成员的优先度阈值
Can_Peers()	在所有候选簇头节点的集合中找到拥有最高优先度的 M–1 个元素的函数
Highest_ prio() Lowest_ prio()	在所有的输入集合中找到拥有最高和最低优先度的元素的函数
FNL_N()	找到输入集合子集的函数，其中所有元素是 FNL_CH()
Rand_one()	在输入集合中的随机选取元素的函数

在第二阶段，每个传感器通过反复更新局部信息来决定其自身状态，以避免快速决定其是否成为一个簇头。我们利用节点度来控制每个传感器的最大迭代次数。传感器能否成为簇头主要依赖于它的优先级。具体来说，可根据设置的两个阈值将优先级划分为三个区域，阈值分别是簇头节点的优先度阈值(CH-TH)和簇成员的优先度阈值(CM-TH)，根据这两个值，传感器在最大迭代次数之前确定自己是一个找到输入簇头集合子集的函数 FNL-CH 还是找到输入簇成员集合子集的函数 FNL-CM。迭代过程中，在某些情况下，如果与它的邻居相比，传感器的优先级足够高(高于 CH-TH)或足够低 (等于或低于 CM-TH)，那么它们可以立即决定自身的最终状态，并从迭代中退出。我们使用可能的邻居簇头节点(NBR-Can-CHs)表示传感器附近潜在的簇头。每个传感器拥有一个集合 B，这个集合包含了其所有的 NBR-Can-CHs。在每次迭代中，一个传感器 s_i 首先以一定概率将自己纳入集合 $s_i.B$ 并作为一个暂定簇头节点。一旦成功，一个包含 s_i 的 ID 信息和优先级的数据包将被发送出去，邻近的传感器在接收到此数据包后把 s_i 加入其 NBR-Can-CHs 集合中。然后，s_i 检测当前的 NBR-Can-CHs。如果确实存在，那么 s_i 将根据如下两种情况来决定其最终状态；否则 s_i 会留在暂定状态，等待下一轮迭代。第一种情况下(算法 5.2，第 6～10 行)，s_i 已经达到迭代的最大次数，而且其在 $s_i.B$ 的成员中具有最大的优先权。最终，s_i 将成为 FNL-CH，我们称这种过程为自驱动状态过渡(self-driven status transition，SDST)。此外，s_i 通过广播一个包含其当前 Can-CH-Peers 的 ID 信息的数据包来宣布其目前所有簇头候选节点都会成为 FNL-CHS，我们把这个过程称为伙伴驱动的状态过渡(peer-driven status transition，PDST）。一旦邻居传感器节点接收了一个状态数据包，相应地，它就会更新自身的状态，包括 NBR-Can-CHs 和 Can-CH-Peers。每个传感器处理所接收报文的详细过程在算法 5.3 所示的函数 recv-pkt 中。第二种情况(算法 5.2，第 11～12 行)，s_i 具有最低的优先级，在集合 $s_i.B$ 中存在一些 FNL-CHs。在这种情况下，如果 s_i 的优先级等于或低于 CM-TH，那么它显然没有资格成为一个 FNL-CHs。因此，它将退出循环，并宣称自身为 FNL-CM。这样的“退出”是很安全的，因为在它的周围已经存在一些 FNL-CHs，而且在后面的时间里它可以选择性地与其中任意一个形成“联盟”关系。除此之外，当集合 s_i 在当前的迭代中没有 NBR-Can-CH，并且它的优先级也已经足够高(在 CH-TH 之上)，那么它就可以立即声明自身为 FNL-CH(算法 5.2，第 13～16 行)，图 5.3(c)给出了当 CH-TH 和 CM-TH 分别设置为 1.8 和 0.6 时的结果，(s_1,s_3) 和 (s_8,s_9) 成为 FNL-CHs，而 s_2 是具有最低优先级的 FNL-CM。与初始化阶段不同，每个传感器节点的簇头候选节点也被更新。例如，在第二阶段即将结束时仍处于暂定状态的传感器 s_5，将选择 s_{10} 作为它的簇头候选节点，而在初始状态，s_9 是它的簇头候选节点。

算法 5.2 第二阶段：状态描述

```
1 while|My.N|>0&Iter≤|My.N|&My.status=Tentative do
2   if My.prio>∑_{i=1}^{M} Rand(1) &My.B then
3        Add myself to My.B;
4        send_pkt(1,My.id,Tent_CH,My.prio);
5     if My.B≠Φ then
6        if Highest_prio (My.B)=My.id then
7          if Iter=|My.N| then
8            My.status←FNL_CH;
9            recv_pkt();
10         send _pkt(2,My.id,ID_List(My.A),FNL_CH,My.prio);
11      elseif Lowest_prio(My.B)=My.id& FNL_N(My.B)≠Φthen
12        if My.prio≤CM_TH then My.status ←FNL_CM;
13 else if My.prio>CH_TH then
14   My.status←FNL_CH;
15   recv_pkt();
16   send_pkt(2,My.id,ID_List(My.A),FNL_CH,My.prio);
17 Iter←Iter+1;
```

算法 5.3 recv-pkt 函数

```
for each recvd PKT with My.id≠PKT .src_id do
  if PKT.type=1 then
    Add sensor S[PKT.src_id ] to My.B;
  else if PKT.type=2 then
    Add sensor S[PKT.src_id ]to My.B;
    if S[PKT.src_id]∈My.A then
      Remove S[PKT.src_id]from My.A;
      Find a sensor μ from My.N, which is not in current
       My.A and its status is tentative with the highest
       initial priority;
       if μ exists then My.A←My.A⋃{μ};
      for i=1 to M-1 do
       if My.id=PKT.src_peerlist [i] then
        My.status←FNL_CH;
       My.prio←PKT.src-prio;
       My.A←S[PKT.src_id].A;
       send_pkt(1,My.id,FNL_CH,My.prio);
      else if S[PKT.src_peerlist [i]]∈My.N then
        Add S[PKT.src_peerlist [i]] to My.B;
        if S[PKT.src_peerlist [i]]to My.A then
          Remove S[PKT.src_peerlist [i]]from My.A;
          find a sensor μ from My.N,which in not in
          current My.A and its status is tentative with
          the highest initial priority;
         if μ exists then My.A←My.A⋃{μ};
else if My.id=PKT.cluster_head then Add S[PKTsrc_id]to
  My.C;
  Delete the PKT;
My.prio←My.init_prio+∑_{v∈My.A} v.init_prio;
```

第三阶段是簇的形成阶段，即决定簇头阶段。该阶段如下：为了达到负载均衡，具有暂定状态或成为 FNL-CM 的节点，将随机地与 NBR-Can-CHs 中的某一个 FNL-CH 进行关联。对于极少数的情况，暂定状态的传感器在 NBR-Can-CHs

中不存在 FNL-CM，这样传感器会将其自身及当前的 Can-CH-Peers 作为簇头。详细情况将在算法 5.4 中给出。图 5.3(d) 给出了最终形成的簇，其中每个簇中有两个簇头，在两个簇中，传感器附属于不同的簇头。

算法 5.4　第三阶段：簇的形成

```
1  if My.status=FNL_CH then My.cluster_head←My.id；
2  else
3      recv pktcj；
4      My.B←FNL_N(My.B)；
5      if My.B≠Φ then
6          My.status←FNL_CM；
7          My.cluster_head←Rand_one(My.B).id；
8          send_pkt(2,My.id,ID_List(My.A),FNL_CH,My.prio)
9      else
10         My.status←FNL_CH；
11         My.cluster_head←My.id；
12         send_pkt(2,My.id,ID_List(My.A),FNL_CH,My . prio)；
```

LBC 算法具有以下性质。

性质 5.1　在 CHG 的所有簇头中，只有一个自驱动的簇头，其他所有均为伙伴驱动簇头。

性质 5.2　某些簇的簇头个数可能小于 M。

在所提分簇方法的基础上，很明显地可以看出，LBC 中的每个簇通常都有 M 个簇头，但是也有一些簇的簇头个数小于 M。原因如下：为了避免不同簇的 CHGs 有着相同的簇头，暂定状态的传感器一旦接收到状态数据包就立即更新自身的簇头候选节点。假设有传感器 s_i，一旦它的邻居达到它们的最终状态，如果 s_i 仍然处于暂定状态，那么 s_i 会通过检查邻居节点是否为其簇头候选节点来更新自身的簇头候选节点。如果是的话，那么簇头候选节点将从 $s_i.A$ 中删除。我们定义一个集合 $X=\{v|v\in s_i\cdot N, v\notin s_i.A, v.\text{状态}=\text{暂时}\}$ 表示 s_i 可能的簇头候选节点。s_i 会选择在 X 中有最高初始优先权的传感器来填补 $M-1$ 个簇头节点的空缺。如果在特殊的情况下，$X=\varnothing$，s_i 就没有资格补充空缺。因此，s_i 的簇头候选节点将随每一轮的更新而变得越来越少。在此后的时间里，如果 s_i 通过自驱动状态过渡为一个 FNL-CH，那么通过 s_i 和它更新的簇头候选节点形成的 CHG 也会随之更新，但是不会超过 M。

性质 5.3　在 LBC 算法中，一个较大的 M 值会导致更少的簇。

在 LBC 算法中，一个传感器节点 s_i 一旦成为 FNL-CH，那么它当前的候选节点也会立即成为 FNL-CH，它们的优先级也会更新成为 s_i 的优先级。s_i 和它所有的候选节点将成为簇头节点。假设 s_j 是 s_i 的簇头候选节点。不失一般性，假设 s_j 存在一个处于暂定状态的邻居节点 s_k，但该节点在 s_i 的范围之外（即 $s_k \in s_j.N$ 和 $s_k \notin s_i.N$）。在 LBC 算法中，如果 s_k 的优先级比 s_j 低，那么 s_k 会一直停留在暂定状态，直到第二阶段迭代结束。这表明 s_j 限制了其低优先级邻居节点成为 FNL-CHs。在接下来的时间里，作为 FNL-CM 的 s_k 在第三阶段有机会与 s_j 结成同盟关系。如果还有很多像 s_j 这样的簇头候选节点，那么更多类似于 s_k 的节点将不能成为 FNL-CHs，它们可以作为 FNL-CM 加入当前簇的外围。因此，与 M 取较小值的情况相比，簇的尺寸会越来越大。换句话说，当感知区域和传感器节点的数量给出之后，一个较大的 M 会导致较少的簇。

5.3.3　簇头层：簇头组之间的连通性

这一节考虑簇头层。正如前面提到的，在 CHG 中，多个簇头与簇成员之间协同合作，与其他 CHG 进行通信。因此，在 LBC-MU 中簇间通信基本上是 CHG 之间的通信。通过采用移动数据收集器，CHG 中的簇头不需要为其他簇转发数据包，而簇间传输仅用来将每个 CHG 的信息转发给 Sencar。该 CHG 的信息将用于优化 Sencar 的移动轨迹，这将在下一节进行讨论。对于 CHG 的信息转发，在簇头层的主要问题是确保簇内 CHGs 之间的连通性。

簇间的组织由簇间传输范围 R_t 和传感器传输范围 R_s 之间的关系来确定。显然，R_t 远大于 R_s。在传统单簇头的簇中，每个簇头必须极大地提高其输出功率才能与其他簇头进行通信，然而，在 LBC-MU 中，一个 CHG 的多个簇头可以缓解这种严格的要求，因为它们能够协调簇间传输，降低对输出功率的要求。下面，我们先找到 R_t 的条件以确保簇间连通，然后讨论如何协调 CHG 之间的合作，实现节能。

假设 $l\times l$ 的感知区域被划分成很多方形单元。每个单元的尺寸是 $c\times c$, $c=2R_s$，文献[17]和文献[18]中的结果表明，当 n 个传感器均匀分布在感知区域内且 $c^2n=kl^2\ln l$（对于某些 $k>0$）时，每个单元至少有一个传感器节点；当 $R_t > 2(\sqrt{5}+1)R_s$ 时，可以保证具有单簇头的簇间连通性。以类似的方式，下面的性质给出了确保 LBC-MU 所得簇的簇间连通条件。

性质 5.4　在每个单元至少包含一个传感器的假设下，对于任何一个簇 a 与其邻居簇 b，当 $M>2$ 时，有

$$\lim_{l\to\infty} P_r\left(\min(D(a,b))<(\sqrt{26}+2)R_s\right)=1$$

当 $M=2$ 时，

$$\lim_{l\to\infty} P_r\left(\min(D(a,b))<\left(\sqrt{17}+\frac{3}{2}\right)R_s\right)=1$$

其中，$D(a,b)$为簇 a 和簇 b 的距离；$P_r(\cdot)$为通信概率。

证明 首先考虑 $M>2$。在最坏的情况下，所有簇均与簇 a 相距较远。簇 a 与它的邻居簇 b 都有 M 个簇头，因为如果其中一个 CHG 的簇头数小于 M，那么这两个簇之间的距离将缩短，这可以从性质 5.3 中推出。基于 LBC 的原则，自驱动簇头 s_a 和所有更新的 Can_CH_Peers 形成簇 a 中的 CHG，由于这些 Can_CH_Peers 都是 s_a 的邻居，因此簇 a 的 CHG 中的所有簇头都在以 s_a 为圆心，R_s 为半径的圆中。此外，由于每一个簇成员都应该至少被 CHG 中的一个簇头覆盖，所以无论 M 取何值，簇 a 的最大覆盖范围均是以 $2R_s$ 为半径的圆。这对簇 b 同样成立。不失一般性，假设簇 a 处于如图 5.3(a)所示的某一单元的中心。由于传感器可以位于一个单元的任意位置，在最坏的情况，处于单元 1～9 的传感器(这些区域全部或部分被簇 a 覆盖)均处在簇 a 的覆盖范围内。考虑簇 a 外部最近的传感器即 s_k，其位于单元 6 右边的单元 k，离簇 a 最远的 s_k 位于单元 k 的右上角。因此 s_k 应该在簇 b 的范围内。更糟糕的情况是，它位于簇 b 覆盖的外围。因此，两个簇之间可能的最大距离为 s_a、s_b 间线段的长度，其中 s_a、s_k、s_b 在一条直线上。这个距离等于 $(\sqrt{26}+2)R_s$，其意味着在距某一簇 $(\sqrt{26}+2)R_s$ 的范围内至少存在另一个簇。

同样，当 $M=2$ 时，CHG 中两个簇头之间的距离小于或等于 R_s。当两个簇头相距 R_s 时，簇的覆盖区域最大。图 5.3(b)给出了簇 a 和簇 b，阴影部分分别是两个簇的覆盖区域。就簇 a 而言，无论它的位置和朝向如何，它都能部分或完整地覆盖最多六个单元。最坏的情况是 6 个单元中的所有传感器都在簇 a 的范围内。因此，簇 a 外部最邻近的传感器 s_k 应该在 k 单元的右下角，在单元 5 的下方。与 $M>2$ 的情况相似，我们可以推导出两个邻居簇可能的最大距离为$\left(\sqrt{17}+\frac{3}{2}\right)R_s$。

性质 5.5 如果簇间传输范围满足：当 $M>2$ 时，$R_t\geqslant(\sqrt{26}+2)R_s$；当 $M=2$ 时，$R_t\geqslant\left(\sqrt{17}+\frac{3}{2}\right)$，LBC-MU 产生了 CHG 间的一个连通图，这可以通过反证法得到。

下面讨论簇头组(CHG)如何互相协作以达到簇间通信节能的目的。文献[19]把 CHG 中的簇头在发送端和接收端均等效为多根天线，这样就可以建立一个等效的 MIMO 系统。CHG 中的自驱动簇头在接收端可以协调局部信息共享，同时也可以充当目的点以进行合作数据接收。根据文献[16]中指定的空-时分组编码(space-time block coding，STBC)，每个簇头都可以作为发射器编码要传输的序列来实现空间分集。文献[16]表明与单输入-单输出(single-input single-output，SISO)系统相比，在相同功率的预算下，一个采用空间分集的 MIMO 系统具有更高的可靠性。另一种观点是，对于相同的接收灵敏度，在相同的传输距离下，MIMO 系统比 SISO 系统消耗的能量更少。因此，给定两个连通的簇，与簇间传输等价于 SISO 系统的单簇头结构相比较，LBC-MU 中的多簇头结构可以为簇间的通信节约大量的能量。特别地，在单簇头的簇中，文献[18]中两个相邻簇的最大距离为 $2(\sqrt{5}+1)R_s$。因此，对于这种簇间传输，在采用自由空间传播模型的情况下，簇头所需要的传输功率为

$$P_{\mathrm{SHC}}=\mu\cdot\frac{(4\pi)^2L}{G_tG_r\lambda^2}\cdot\frac{\left[2\left(\sqrt{5}+1\right)R_s\right]^2}{\alpha^2} \tag{5.6}$$

其中，μ 为给定的接收灵敏度；α 为两个簇头之间的小尺度衰落参数；G_{t} 和 G_{r} 分别为传输和接收天线增益；λ 为发射波长；L 为与传输不相关的系统损耗因子。相反，在 LBC-MU 中，两个 CHG 之间的簇间通信就相当于一个 MIMO 传输。每个传输数据符号将享受 $a_{\mathrm{t}}\times a_{\mathrm{r}}$ 的分集增益，a_{t} 和 a_{r} 分别为传输和接收天线的数量。更糟糕的情况是，两个相邻簇的距离非常远，例如，两侧 CHG 的尺寸均为 M，且两个相邻簇间的最大距离等于性质 5.5 中给出的 R_t 的下界。因此，在传输 CHG 中，每个簇头的输出功率为

$$\begin{cases}\mu\cdot\dfrac{(4\pi)^2L}{G_{\mathrm{t}}G_{\mathrm{r}}\lambda^2}\cdot\dfrac{\left[\left(\sqrt{26}+2\right)R_s\right]^2}{\sum\limits_{i=1}^{a_t}\sum\limits_{j=1}^{a}\alpha_{ij}^2}, & a_{\mathrm{t}}=a_{\mathrm{r}}=M>2\\[2ex] \mu\cdot\dfrac{(4\pi)^2L}{G_{\mathrm{t}}G_{\mathrm{r}}\lambda^2}\cdot\dfrac{\left[\left(\sqrt{17}+\dfrac{3}{2}\right)R_s\right]^2}{\sum\limits_{i=1}^{a_t}\sum\limits_{j=1}^{a}\alpha_{ij}^2}, & a_{\mathrm{t}}=a_{\mathrm{r}}=M=2\end{cases} \tag{5.7}$$

其中，a_{ij} 为传输 CHG 的第 i_{th} 天线和接收 CHG 的第 j_{th} 根天线之间信道的小尺度衰落参数。我们假设这些信道是独立同分布。

进一步通过确定存活率 ρ^M 来评估单簇头的簇和 LBC 之间簇头输出功率的不同，即

$$\rho^M=\frac{E(P_{\mathrm{SHC}})}{E(P_{\mathrm{LBC}})}=\begin{cases}\dfrac{4\left(\sqrt{5}+1\right)^2}{(\sqrt{26}+2)^2/M^2}\approx 0.83M^2, & M>2\\[2ex] \dfrac{4\left(\sqrt{5}+1\right)^2}{\left(\sqrt{17}+\dfrac{3}{2}\right)^2\Big/4}\approx 5.3, & M=2\end{cases} \tag{5.8}$$

从上面的讨论可以看出，当 M=2 时，LBC-MU 中簇头的存活率等于 5.3。随

着 M 的增加，存活率也变大。因此，对于 LBC-MU 中的长距离簇间传输，在 CHG 中选取更多的簇头可以平衡负载并节省每个传感器的能量。

5.3.4 Sencar 层：移动路径规划

这一部分将关注在收集 CHG 信息时，如何优化 Sencar 的移动轨迹，即 Sencar 层的移动控制。如上所述，Sencar 将停靠在每个簇中的轮询点，通过一跳传输的方式收集来自多个簇头的信息。因此，寻找 Sencar 的最优轨迹可以归结为寻找每个簇的轮询点，并决定访问它们的次序。假设给 Sencar 配备两根天线，在 Sencar 上配备两根天线并不困难。但是，由于天线之间需要相距一定距离才能保证独立衰弱，因此在 Sencar 上配备更多的天线是非常困难甚至不可行的。值得注意的是，每个簇头只有一根天线。Sencar 上的多根天线是用来充当接收天线的，从而使 CHG 中的多个簇头可以同时向 Sencar 传输数据。为了 Sencar 能够成功解码接收到的混合流，需要将同步数据流的数量设置为不超过接收天线的数量。换句话说，由于 Sencar 配备有两根接收天线，所以在 CHG 中最多有两个簇头能够在一个时隙同时将数据发送到 Sencar。因此，上行传输中形成了一个等效 2×2 的 MIMO 系统，可以获得空间复用增益以提高数据传输率。由于是同步数据传输，所以数据上传的时间可以得到极大的缩短。如果在每个时隙中总是有两个簇头同时将数据上传到 Sencar，那么在理想情况下，数据的上传的时间可以缩短一半。

实际上，当 CHG 的尺寸大于 2 时，我们有多种选择来调度簇头对与 Sencar 的通信。每个这样的簇头对称为一个调度对(scheduling pair，SP)。我们用 Π 来表示一个 CHG 中所有可能的调度选项组成的集合。不失一般性，假设 M 是一个偶数。给定一个调度 $\pi \in \Pi$，那么总共有 $M/2$ 个调度对。Sencar 会为每一个调度对选择一个轮询点。当 Sencar 到达一个簇时，它会访问每个选定的轮询点，并停下来收集来自每个调度对的两个簇头的数据。为了尽可能快地在一个簇中收集数据，以下两个条件必须得到满足。

(1) 当 Sencar 在选定的轮询点时，调度对中的两个簇头都应该在 Sencar 的传输范围内，其中 Sencar 的传输范围与传感器相同，均为 R_s。

(2) 通过访问一个簇中选定的轮询点，Sencar 应达到簇中上行 MIMO 容量的最大值。

对于每个轮询点来说，假设 Sencar 知道其传输范围 R_s 内所有传感器的 ID 信息，以及传感器与 Sencar 所在轮询点之间的信道向量。该信息可以在初始阶段获得。一旦接收到 CHG 中所有簇头的 ID 信息，那么对于每个可能的调度 π，Sencar 将为其选择一组候选轮询点，其中每个轮询点可以同时覆盖一个调度对中的两个簇头。特别地，我们用 P_i' 表示一个簇中第 i 个调度对的候选轮询点集合，$i = 1, 2, \cdots, M/2$。很明显，每个集合 P_i' 均为所有轮询点组成的集合 P 的一个子集。根据第一个要求，

调度对 i 在簇中选定轮询点时应该从 P_i' 选择。下面将先找到轮询点的分布条件，以保证总有候选轮询点，然后提出调度和轮询点选择的准则，这是第二个需要解决的问题。

首先，在一个调度对中两个簇头之间的距离应该满足下面的条件。

性质 5.6　在一个拥有 M 个簇头的 CHG 中，对于任意一个偶数 M，存在 $\pi \in \Pi$，对于 π 中的每个调度对 (a,b)，总有 $d_{a,b} \leqslant \sqrt{3}R_s$，其中，$d_{a,b}$ 为一个调度对中两个簇头之间的距离。

证明　对 M 进行数学归纳，从而证明上述性质。正如上面提到的，在一个 CHG 中，只有一个自驱动簇头，剩下的 $M-1$ 个簇头都是伙伴驱动簇头，将这些簇头分别记为 $CH_0, CH_1, \cdots, CH_{M-1}$。它们都位于半径为 R_s 的区域内，圆心是 CH_0。首先考虑当 $M=2$ 时的情况，显然，此时性质是成立的。因为 CH_0 和 CH_1 之间的距离不超过半径 R_s，故可以直接对它们进行配对。假设，对于某一 M 存在一个可行的调度 π，其中调度对 $(CH_0, CH_x) \in \pi$，$x \in [1, M-1]$。现在证明，由 M 的调度 π 可以到一个有 $M+2$ 个簇头的簇的有效调度 π'。假设，添加了两个新的簇头 CH_a 和 CH_b，如果两个簇头之间的距离 $d_{a,b} \leqslant \sqrt{3}R_s$，那么存在一个有效的调度 $\pi' = \pi \cup (a,b)$；否则，可以配对 (CH_x, CH_y)，其中 $\left\{ d_{x,y} \leqslant \sqrt{3}R_s | CH_y \in \{CH_a, CH_b\} \right\}$。此外，$CH_0$ 与另一个新簇头配对。基于上面的讨论，可以概括为对于任意的偶数 M，都存在一个有效调度，这个调度满足任意调度对 (a,b) 之间的距离 $d_{a,b} \leqslant \sqrt{3}R_s$。

为了成功地在一个簇中选定轮询点，应该存在满足如下条件的一个调度：所有调度对的候选轮询点集合在同一时间都是非空的，即存在一个调度 $\pi \in \Pi$，使得对于任意的调度对 $i \in \pi$，条件 $P_i' \neq \varnothing$ 成立。这一要求对轮询点的分布提出了挑战。我们研究了位于网格交叉点的轮询点，每个轮询点与它的邻居在水平和垂直方向的距离均为 t，如图 5.4(a) 所示。

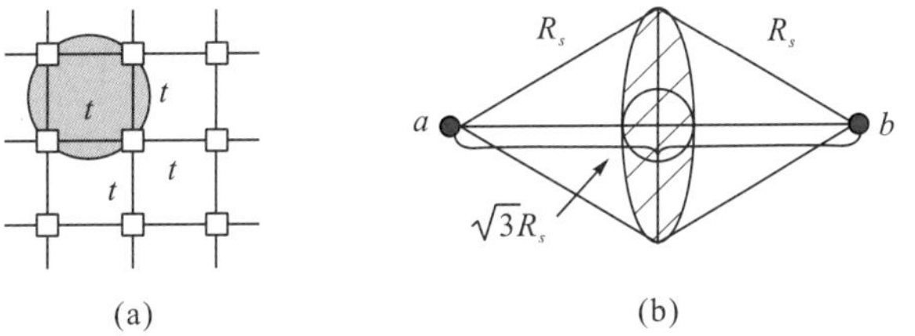

图 5.4　(a) 轮询点的分布图；(b) CHG 中的调度对 (a,b) 的候选轮询点应该在阴影区域内

（图片来源：Zhao M, Yang Y. A framework for mobile data gathering with load balanced clustering and MIMO uploading. Proc. IEEE Infocom, 2011.）

为了满足上述要求，t 需要满足如下性质。

性质 5.7 如果轮询点均匀分布[图 5.4(a)]，那么对于拥有 M 个簇头的 CHG 来说，当 $t \leqslant \sqrt{2}(1-\sqrt{3}/2)R_s$ 时，无论 M 取何值，总存在一个调度 $\pi \in \Pi$，对于每个调度对 $(a,b) \in \pi, \sum_{n \in P} P_r(d_{a,p} \leqslant R_s, d_{b,p} \leqslant R_s) \neq 0$ 均成立，其中 P 为所有轮询点的集合，$d_{a,p}$ 和 $d_{b,p}$ 分别为调度对中的簇头 a 和簇头 b 到轮询点 p 的距离。

证明 在上述给定轮询点分布的情况下，不管网络的方向如何，至少有一个轮询点位于半径为 $\frac{\sqrt{2}}{2}t$ 的圆内。如图 5.4(a) 所示，在阴影区域内有四个轮询点。除此之外，由性质 5.6 可知，存在某些调度，其中任何调度的两个簇头之间的距离不超过 $\sqrt{3}R_s$。考虑一种最坏的情况，存在一个调度对 (a,b)，其中 $d_{a,b}=\sqrt{3}R_s$ [图 5.4(b)]。对于调度对 (a,b) 的候选轮询点 p 而言，它应该同时在簇头节点 a 和簇头节点 b 的传输范围内。图 5.4(b) 中的阴影部分是簇头节点 a 和簇头节点 b 的传输区域的交点，其表示 (a,b) 的候选轮询点可能分布的区域。很明显，如果 $d_{a,b}$ 很小，那么交叉的区域将会很大，相应轮询点的分布密度就会很低。因此，考虑 $d_{a,b}=\sqrt{3}R_s$ 的情况来证明这个性质。图 5.4(b) 表示在阴影部分中存在一个半径为 $\left(1-\frac{\sqrt{3}}{2}\right)R_s$ 的圆形区域。如果 $t=\sqrt{2}\left(1-\frac{\sqrt{3}}{2}\right)R_s$，用 R_s 表示 t，那么阴影部分的圆的半径就等于 $\frac{\sqrt{2}}{2}t$。如上所述，在这个区域内至少有一个轮询点。因此，始终存在调度对 (a,b) 的候选轮询点，即 $\sum_{p \in P} P_r(d_{a,p} \leqslant R_s, d_{b,p} \leqslant R_s) \neq 0$。换句话说，当 $t \leqslant \sqrt{2}\left(1-\frac{\sqrt{3}}{2}\right)R_s$ 时，总存在一些调度使得每个调度对的候选轮询点集合始终是非空的。

同时考虑调度模式和调度对轮询点的选择，其目的是最大化一个簇中上行 MIMO 链路容量。假设 Sencar 利用具有连续干扰消除功能的最小均方误差连续干扰抵消(minimum mean square error-successive interference cancellation，MMSE-SIC) 接收机接收 MIMO 上行数据。在该接收机的基础上，2×2 的 MIMO 系统中调度对 (a,b) 到位于轮询点 Δ 的 Sencar 的链路容量为

$$C_{(a,b)}^{\Delta}=\log\left(1+\frac{P_t\|\boldsymbol{h}_a\|^2}{N_0 I_2+P_t\|\boldsymbol{h}_a\|^2}\right)+\log\left(1+\frac{P_t\|\boldsymbol{h}_b\|^2}{N_0}\right) \tag{5.9}$$

其中，$\boldsymbol{h}_a$ 和 $\boldsymbol{h}_b$ 分别为簇头节点 a、簇头节点 b 到位于点 Δ 的 Sencar 的两个 2×1 的信道矢量；P_t 为传输范围为 R_s 的传感器的输出功率；N_0 为背景高斯噪声的方差。MMSE-SIC 接收器首先解码来自 a 的信号，将 b 的信号作为噪声处理掉，然后消除 a 的信号，此时 b 的信号的干扰只有背景高斯噪声。

因此，簇中调度及轮询点的选择标准可由下式给出：

$$\left[\pi, \Delta_1, \Delta_2, \cdots, \Delta_{\frac{M}{2}}\right] = \arg\max\left(\sum_{(a,b)\in\pi} C_{(a,b)}^{\Delta_t}\right) \tag{5.10}$$

其中，π 为特定的调度，调度对 $i \in \pi$ 包含簇头节点 a 和簇头节点 b；Δ_i 和 P_i' 分别为调度对 i 选定的轮询点及所有候选轮询点的集合；$C_{(a,b)}^{\Delta_i}$ 为当 Sencar 位于 Δ_i 点时，从调度对 (a,b) 到 Sencar 的 2×2MIMO 上行链路容量。一旦每个簇的轮询点被选定，Sencar 就会最终决定其自身轨迹。在轨迹上的运动时间可以通过调整访问轮询点的顺序适当降低。由于 Sencar 首先离开数据汇集点，然后返回数据汇集点并上传它所采集到的数据，因此 Sencar 的轨迹是一条往返轨迹，该路径仅访问每个选定的轮询点一次。这就是著名的旅行商问题。由于 Sencar 知道轮询点的位置信息，故它可以利用一种近似的或启发式算法来解决旅行商问题以在众多选定的轮询点间找到最短的移动轨迹。

5.4　性 能 评 价

本节评估了 LBC-MU 的性能，并将其与另外两种策略进行比较。第一种策略是增强型中继路由(enhanced relay routing，ERR)。在这种策略中，动态路由用于负载均衡，同时数据包被转发给在下一跳具有最高剩余能量的传感器。第二种策略是单簇头的移动数据收集(movement data gathering-single cluster head，MDG-SCH)。在这种策略中，传感器被组织成簇，但是每个簇只有一个簇头，移动数据收集器通过访问每一个簇头收集数据。采取的主要性能指标是网络寿命、能量效率和数据延迟。为简单起见，我们用传感器在网络中的最大传输量来评估网络寿命。这个标准是合理的，因为无线传感器网络中的能量消耗主要是由于无线电波的传输。一般来说，最大传输量越大，网络寿命就越短。同样，用传感器之间的平均传输数量来表示网络的能量效率，因为对于一定数量的传感器，平均传输量越大意味着更高的能量成本。最后，数据延迟被定义为数据汇集点收集该区域所有感知数据的时间。在所研究的所有移动收集方案中，数据延迟相当于数据收集路径的时间代价，包括数据融合时间、数据上传时间和移动收集器的移动时间。

仿真所需的参数如下。在 $l \times l$ 的区域内随机分布了 n 个传感器节点。数据汇集点位于(0,0)处，总共有 n_p 个轮询点随机分布在这个区域内。传感器的传输半径 R_s=40m。每个传感器携带 512kb 的感知数据，数据包的大小为 100 字节(bytes)。传输带宽为 200kbps，Sencar 移动的速率为 1m/s。仿真图中每个性能点是 200 次仿真实验的平均值。

5.4.1 传感器节点数变化对网络性能的影响

图 5.5 给出了当 n 为 50～800 时，各种数据收集策略的性能，其中 l=250m、n_p=400m，同时在 LBC-MU 中 M=2，这意味着每个簇至少有 2 个簇头。需要注意的是，当 n 较小时，对 ERR 起关键作用的网络连通性不能随时得到保证。在我们的实验结果中，ERR 仅表示在连通网络中得到的平均值。相反，LBC-MU 和 MDG-SCH 不仅适用于连通网络，也同样适用于非连通性网络，因为移动收集器近似于虚拟链路，其连接了分离的子网。从图 5.5(a)可以看出，对于所有数据收集策略，最大传输数量随着 n 的增加而增加，这是因为网络中的数据包数量相应地增加了，此外，还可以看出，LBC-MU 策略明显优于其他策略。具体地说，就 ERR 而言，它将最大传输数量减少了 90%。造成这种情况的根本原因是 LBC-MU 中的传感器被组织成簇，因此数据融合的负担和数据上传在不同簇中被分解成更小的任务。与此相反，在 ERR 中靠近数据汇集点的传感器需要为其他较远的传感器转发数据。如果某些“热门”传感器在许多转发路径上，那么网络寿命将严重缩短。和 MDG-SCH 相比，LBC-MU 将最大传输量平均降低了 36%。这是因为 LBC-MU 在多个簇头上，分担了数据上传任务，从而减轻了彼此的工作量。由图 5.5(b)可知，在三种数据收集策略中，LBC-MU 的平均传输数量最小，这意味着 LBC-MU 策略是最有效且最节能的策略。例如，相对于 ERR，LBC-MU 将平均传输数量降低了 88%。同时，我们也注意到，LBC-MU 和 MDG-SCH 的平均传输数量随着 n 的增加逐渐相同。这是因为 LBC-MU 产生的簇的个数一般比 MDG-SCH 要少[图 5.5(d)]，但是每个簇的簇头数远比 MDG-SCH 要多。因此，两个策略中总的簇头数是差不多的，簇头数实际上是决定平均传输数量的主导因素。图 5.5(c)给出了 LBC-MU、ERR、MDG-SCH 三种策略的数据延迟比较。在

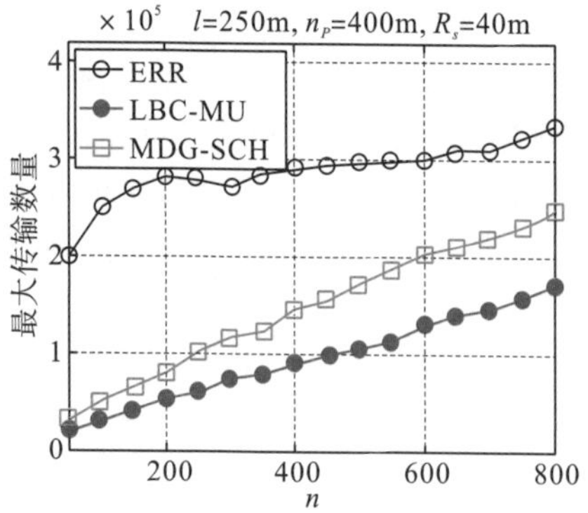

(a)

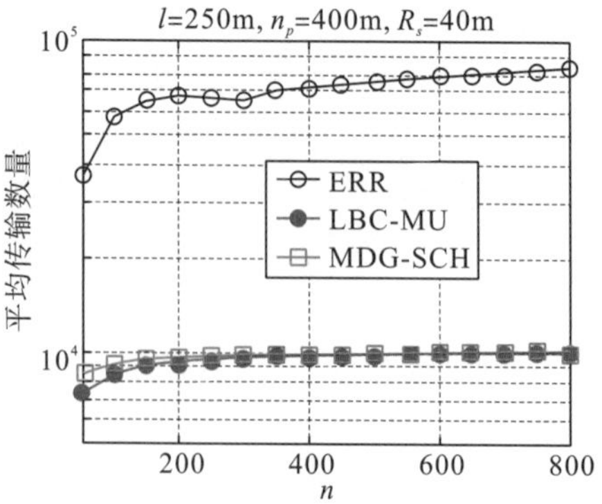

(b)

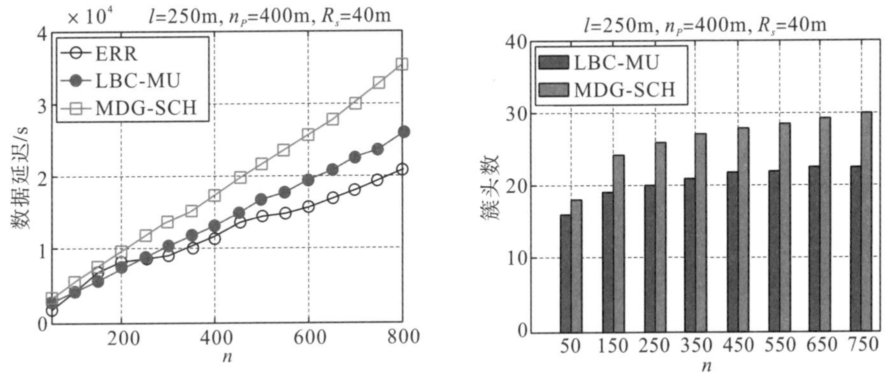

(c) (d)

图 5.5 当 M=2 时，算法 LBC-MU、ERR 及 MDG-SCH 的性能比较：(a)最大传输数量与 n 的关系；(b)平均传输数量与 n 的关系；(c)数据延迟与 n 的关系；(d)簇头数与 n 的关系

(图片来源：Zhao M,Yang Y. A framework for mobile data gathering with load balanced clustering and MIMO uploading. Proc. IEEE Infocom, 2011.)

大部分时间，ERR 的数据延迟最少，这是因为 LBC-MU 和 MDG-SCH 在运动轨迹的规划上花费了一些额外时间，同时 ERR 与 LBC-MU 的数据延迟相差不大，其中 ERR 的数据延迟比 LBC-MU 低 10%左右。这是因为虽然 LBC-MU 由于移动数据收集花费了额外的时间，但其数据融合和数据上传均采用单跳方式，从而极大地减少了数据路由的时间。图 5.5(c)表示 LBC-MU 的数据延迟与 MDG-SCH 相比要少 25%，这是由簇头与 Sencar 之间的并发数据上传造成的。

5.4.2 传感器节点距离变化对性能的影响

图 5.6 给出了当 l 在 50～400m 变化时，对于不同 M 的网络性能，其中 n=200。固定轮询点与其邻居节点在水平和垂直方向的距离 t=20m，这意味着对于不同的 l，n_p 在 16～441 变化。从图 5.6(a)可以看到，在各种策略中，最大传输数量随着 l 的增大而逐渐减小。这是因为当传感器分布稀疏时，会形成更多的簇，如图 5.6(d)所示。注意到，随着 M 的增大，最大传输数量减少。例如，当 l=200m 时，M=4 时的最大传输数量比 M=2 时的少 35%。结果很直观，簇头传输的量总是比其他节点传输的要多。当 M 增大时，一个簇中有更多的簇头分担任务。图 5.6(b)给出了传感器之间传输的平均数量。由于多数簇头可以不通过任何的中继直接将数据上传至移动数据收集器。在这个例子中，一个更大的 M 会导致一个更少的平均传输数量。例如，当 l=300m、M=6 时传输的平均数量比 M=2 时的少 15%。图 5.6(c)表明一个更大的 M 会导致更大的数据延迟。原因是需要访问更多选定的轮询点，

这将导致更长的移动轨迹。例如，当 l=400m 时，M=6、M=4 时的数据延迟比 M=2 时的分别高 14%、7%。图 5.6(d)表明不同的 M 值会影响形成的簇的个数。进一步证明，M 值越大，簇的数量越少。同时需要注意的是，随着 l 的增大，差异逐渐减小。这是因为在这种情况下形成的簇的个数实际上比 M 要小，由于传感器的分布比较稀疏，因此 M 在簇的大小上的控制不是特别理想。

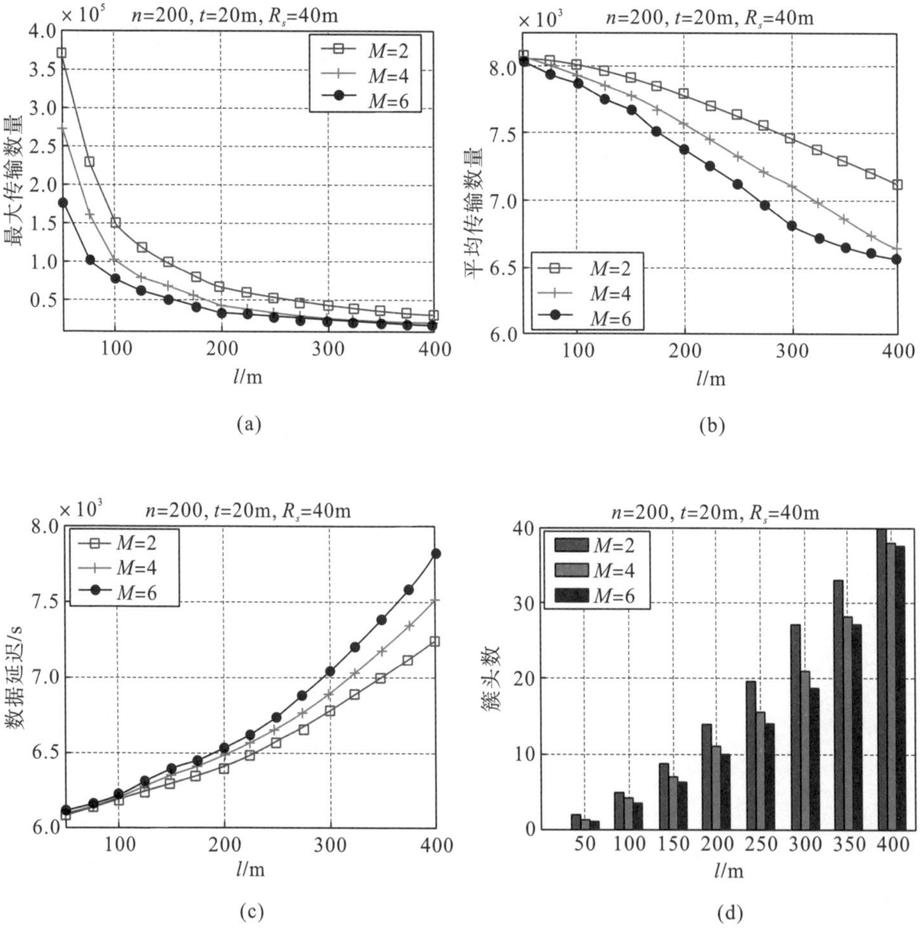

图 5.6　网络性能随 M 的变化：(a)最大传输数量与 l 的关系；(b)平均传输数量与 l 的关系；(c)数据延迟与 l 的关系；(d)簇头数与 l 的关系

(图片来源：Zhao M, Yang Y. A framework for mobile data gathering with load balanced clustering and MIMO uploading. Proc. IEEE Infocom, 2011.)

5.5 本 章 小 结

本章介绍了无线传感器网络中的移动数据收集框架——LBC-MU。LBC-MU 包括传感器层、簇头层、Sencar 层。它采用分布式的负载平衡簇，使簇内与 Sencar 的移动控制实现协作通信，从而最大化 MIMO 的上传。研究结果充分体现了 LBC-MU 的有效性。在大规模的无线传感器网络中，LBC-MU 通过限制数据包的转发和平衡簇中多个簇头的负载，最大化地减少网络中的传输数量，最后将最大传输数量减少至 90%。相比 ERR 方案，它将平均传输数量减少至 88%。与 MDG-SCH 相比较，它将数据延迟缩短了 25%。

参 考 文 献

[1] Cheng W C, Chou C F, Golubchik L, et al. A coordinated data collection approach: Design, evaluation, and comparison. IEEE Journal on Selected Areas in Communications, 2004, 22(10): 2004-2018.

[2] Scaglione A, Servetto S. On the interdependence of routing and data compression in multi-hop sensor networks. Wireless Networks, 2005, 11(1-2): 149-160.

[3] Tang X, Xu J. Adaptive data collection strategies for lifetime-constrained wireless sensor networks. IEEE Transactions on Parallel and Distributed Systems, 2008, 19(6): 721-734.

[4] Heinzelman W B, Chandrakasan A P, Balakrishnan H. An application-specific protocol architecture for wireless microsensor networks. IEEE Transactions on Wireless Communications, 2002, 1(4): 660-670.

[5] Younis O, Fahmy S. Distributed clustering in ad-hoc sensor networks: A hybrid, energy-efficient approach. IEEE Infocom, 2004: 629-640.

[6] Amis A D, Prakash R, Vuong T H P, et al. Max-min d-cluster formation in wireless adhoc networks. Proc. IEEE Infocom, 2000: 32-41.

[7] Gedik B, Liu L, Yu P S. ASAP: An adaptive sampling approach to data collection in sensor networks. IEEE Transactions on Parallel and Distributed Systems, 2008, 18(12): 1766-1783.

[8] Liu C, Wu K, Pei J. An energy-efficient data collection framework for wireless sensor networks by exploiting spatiotemporal correlation. IEEE Transactions on Parallel and Distributed Systems, 2007, 18(7): 1010-1023.

[9] Shah R C, Jain S, Brunette W. Data mules: Modeling a three-tier architecture for sparse sensor networks. IEEE International Workshop on Sensor Network Protocols and Applications, 2003: 30-41.

[10] Jea D, Somasundara A A, Srivastava M B. Multiple controlled mobile elements (data mules) for data collection in sencar networks. International Conference on Distributed Computing in Sensor Systems (DCOSS), 2005: 244-257.

[11] Ma M, Yang Y. SenCar: An energy-efficient data gathering mechanism for large-scale multihop sensor networks. IEEE Transactions on Parallel and Distributed Systems, 2007, 18(10): 1476-1488.

[12] Ma M, Yang Y. Data gathering in wireless sensor networks with mobile collectors. IEEE International Symposium on Parallel and Distributed Processing(IPDPS), 2008: 1010-1019.

[13] Tse D, Viswanath P. Fundamentals of Wireless Communication. New York: Cambridge University Press, 2005.

[14] Akyildiz I F, Su W, Sankarasubramaniam Y, et al. A survey on sensor networks. IEEE Communications Magazine, 2002, 40(8): 102-114.

[15] Krishnamachari B. Networking Wireless Sensors. New York: Cambridge University Press, 2005.

[16] Cui S, Goldsmith A J, Bahai A. Energy-efficiency of MIMO and cooperative MIMO techniques in sensor networks. IEEE Journal on Selected Areas in Communications, 2004, 22(6): 1089-1098.

[17] Blough D M, Santi P. Investigating upper bounds on network lifetime extension for cell-based energy conservation techniques in stationary ad hoc networks. Proceedings of the 8th Annual International Conference on Mobile Computing and Networking, 2002.

[18] Ye F, Zhong G, Cheng J, et al. PEAS: A robust energy conserving protocol for long-lived sensor networks. 23rd International Conference on Distributed Computing Systems (ICDCS), 2003: 200-201.

[19] Tarokh V, Jafarkhani H, Calderbank A R. Space-time block codes from orthogonal designs. IEEE Transactions on Information Theory, 1999, 45(5): 1456-1467.

第 6 章　基于空分多路复用的有效移动数据收集

近年来，无线传感器网络中的有效数据收集方式在业界引起了广泛关注。本章将利用移动的空分多路复用(space-division multiple access，SDMA)技术对无线传感器网络中的有效数据收集方式进行介绍。本章中，为了实现均衡的能量消耗，作为移动基站的移动收集器(Sencar)将通过单跳传输的形式从相关传感器收集数据。本章还将 SDMA 技术应用于数据收集中，为每个 Sencar 均配备多根天线，这样不同兼容性的传感器就可以成功地将并发数据上传至 Sencar。为了研究控制移动与 SDMA 技术联合设计的实用性，我们考虑了两种情况，分别在 WSN 中部署一个 Sencar 和多个 Sencars。对于单一 Sencar 的情况，通过平衡 Sencar 的最短移动距离和 SDMA 的使用率，使包含 Sencar 移动时间和传感器数据上传时间的总数据收集时间达到最短，我们把这种情况简称为 SDMA 或 MDG-SDMA(mobile data gathering with SDMA)技术的移动数据收集。我们将其形式化为整数线性规划问题，并提出了三个启发式算法。对于多个 Sencar 的情况，我们将无线传感器网络划分为几个区域，每一区域都配备有一个 Sencar。我们关注的是最小化不同区域间数据收集的最大时间问题，并将其称为多 Sencar 的移动数据收集和 SDMA 问题。因此，我们提出了使不同区域内数据收集时间保持平衡的区域划分和路径规划(region-division and tour-planning，RDTP)算法。同时，我们对其进行了大量的仿真，仿真结果表明本章提出的算法明显优于单一 Sencar 的方式和没有采取 SDMA 的方式。

6.1　引　　言

无线传感器网络由密集分布的低成本、低功耗、多功能的传感器组成。对于网络中如温度等给定参数的集合，无线传感器网络采用空间和时间的测量标准，所以它是信息收集的新范例。在无线传感器网络中，传感器通常随机分布在没有配置基础设施的空间中，且每个传感器都具备监测环境、收集数据和将数据上传到数据汇集点的能力[1]。此外，传感器的能量主要用于环境感知和数据上传。由于传感器的能量消耗仅取决于采样频率，因而它是相对稳定的；传感器用于上传数据的能量消耗十分依赖于网络的拓扑结构和数据汇集点的位置，因而该能量消耗很不稳定。数据汇集点附近的传感器需要转发远离数据汇聚点的传感器的数据包，因而其能量消耗速度要比其他位置的传感器快。因此，我们把如何有效地从分散的传感器中收集信息的方式称为数据收集，它几乎决定了网络寿命，因而它是无线传感器网络中一项重要且具有挑战性的研究课题。

近年来，由于该项课题具有重要的实际意义，因此许多学者专家都致力于研究无线传感器网络中的有效数据收集，并提出了几种方案。这些方案大致可分为三类：有效中继路由[2-7]、分层结构[8,9]、移动数据收集[10-25]。下面将分别简要地讨论每一类中的一些典型设计。

在第一类方案中，数据包在传感器网络中通过多跳中继进行传输。路由的设计将考虑负载平衡、计划模式和数据冗余等因素。Scaglione 和 Servetto[2]及 Marco 等[3]利用数据压缩可以有效减少需要发送的原始数据量，研究了无线传感器网络中的联合数据压缩和路由。England 等[4]提出了为数据收集建造一个健壮的生成树拓扑结构的算法，该算法给出了数据丢失的恢复力及低功率消耗。Jain 等[5]研究了无线传感器网络中干扰对数据收集的影响，他们利用冲突对该干扰进行建模。此外，为了最大化传送至数据汇集点的数据流，他们还制订了一张最优时间表。Duarte-Melo 和 Liu 在文献[6]中讨论了基于一定协议模型的数据收集能力。Gamal 在文献[7]中进一步研究了文献[6]中的问题，并探究了协作传输模式能否提高系统的吞吐量这一问题。

在第二类方案中，为了更好地实现扩展性，作者将无线传感器网络设计为分层结构。在该结构中，传感器以簇为单位，且被分为许多组，其中簇头负责将数据传送至外部的数据汇集点[8,26,27]。研究表明，分层结构能够有效处理无线传感器网络中的扩展性问题，然而在这种分层网络中，簇头必然将比其他传感器消耗更多的能量。为了避免这种“热点”问题，传感器可以轮流作为簇头。由于每个传感器都有可能成为簇头，因而每个传感器都需要具有足够的能量来发送和接收数据，这就增加了网络全局的能量消耗。进一步来说，传感器之间频繁的信息交换可能将导致高额的开销。

为了避免静态分层网络中的这些问题，文献[10]～文献[25]提出了移动数据收集方案。在这些方案中，为了提高静态传感器间的连接性，提出了一种特殊的移动节点。当传感器能量和存储资源有限时，移动数据收集器承载传感器的路由负担。Shah 等在文献[10]中提出了一种称为数据骡子的移动收集器，它们随机地分布在部署稀疏的传感器网络中。数据骡子从附近的传感器获取并缓存数据，并将其传输至有线接入点。这种模式极大地减少了传感器的能量消耗，但其随机运动的轨迹及数据包延迟都难以确定。文献[12]和文献[13]将公共传输工具作为移动收集器。Jea 等在文献[14]中提出了另一种方案，在该方案中，数据骡子沿着平行直线运动，并通过多跳传输的方式从附近的传感器收集数据。这种设计在均匀分布的无线传感器网络中有很好的性能。然而，数据骡子一直按照直线运动是不可能的。为了使移动收集器得到更为灵活的数据收集轨迹，Ma 和 Yang 以分而治之的方式提出移动路径规划算法[15]，该算法递归地确定了负载均衡的转折点，并将网络以簇为单位进行划分。最近，他们进一步提出了单跳数据收集方案，在该方案中，移动收集器停靠在特定的位置并以单跳方式从附近的传感器获取数据。Zhao 等[17]讨论了移动控制并提出一些数据路由算法，这些算法满足通信要求并且最小化了权重包延迟。Somasundara 等提出了规划移动节点算法以保证缓存溢出时没有数据丢失[18]。Ekici 等提出了离线启发式算法，为避免移动速率较低的数据丢失，该算法基于传感器数据生成速率和位置，计算出了移动的周期性轨迹[19]。Luo 和 Hubaux 研究了如何利用移动收集器的路径对路由进行规划，尤其是如何使用网络边缘的节点的传输能力[20]。文献[21]也介绍了数据收集方案，在该方案中，传感器以簇为单位进行划分，并以旅行商问题的近似算法得到移动收集器的移动路径。Nesamony 等研究了最短路径问题[22]，他们采取的方法是使校准移动收集器遍历所有的传感器，并将此最短路径问题建模为一个旅行商问题。Basagni 等在文献[23]中提出了一个混合整数线性规划问题，该问题的解给出了最大化网络生存时间的移动数据收集路径，同时，他们还提出了一个分布式启发策略，在该策略中移动数据收集器向剩余能量较多的节点区域移动。Xing 等在文献[24]中，提出了一个在移动收集器路径长度不超过某一阈值约束下的最小化路由路径长度的多跳路由设计方案。最后，Dantu 等在文献[25]中提出了一个硬件与软件结合的移动智能实验设计方案，并通过实验验证了移动环境中的一些数据收集应用。

尽管上述方案在无线传感器网络中可以得到有效的数据收集，但这些方案的效率依然很低。具体来说，由于前两类方案中的数据传递基本都依赖于传感器之间的多跳路由，因而传感器之间的能量消耗是非均匀分布的。从另一方面来说，虽然移动数据收集设计方案能够节省很大一部分能量，但它们也会增加延迟。此外，之前提出的移动数据收集方案主要关注设计主要移动路径长度的最小化上，故并没有考虑数据的上传时间。实际上，数据上传的时间可能占据数据收集总时间的很大一部分，尤其是在分布密集的无线传感器网络中，因为该网络中的传感器传送数据到移动汇聚点的时间开销与移动时间相仿，甚至更多。以上结论能够激励我们设计出优化总体数据接收时间的方案。本章将采用联合移动性和 SDMA 技术的方式进行方案设计。我们通过部署可控制短距离移动路径的数据收集器来减少并平衡传感器间的能量消耗，同时利用 SDMA 技术进行有效数据传输，从而缩短数据上传时间。

本章所说的移动性是指在传感器感知区域中部署一个或多个移动收集器，它们能够通过单跳传输从特定位置的传感器收集数据。一般来说，将该移动模式应用于无线传感器网络的数据收集有三个优点。第一，它从根本上消除了传感器间能源消耗的不均匀性，因为每个传感器直接将数据发送给相关的移动收集器，它不同于传统的中继路由转发。第二，其适用于连通和非连通的网络。每一个移动收集器的移动路径就像是分离子网间的虚拟链路。因而，网络覆盖和连接对于数据包的中继转发来说都不再是一个严重的问题。第三，因为所有移动收集器的可能位置都已知，所以每个移动收集器的移动路径便可预知，因而可以找出数据收集的最优路径。

除了移动性，我们还采用了一种无线通信中的先进物理层技术——SDMA 技术。配备多根天线的 SDMA 技术属于 MIMO 类技术[28]，它的多根天线及收集器内精确的滤波器使得多个发送信号同时向一接收端传递数据成为可能。SDMA 技术最初仅用于本地无线局域网和蜂窝网中[29,30]，有时还结合正交频分复用(orthogonal frequency division multiplexing，OFDM)技术来提高信道容量，解决有限的可用带宽的难题。在我们的研究中，发现由于无线传感器网络中数据收集通信中多对一的突出特点，所以 SDMA 技术很适合传感器网络中的通信模式。若 Sencar 配备有两根天线且每个传感器都配备一根天线，那么当 Sencar 到达传感器附近时，两个匹配的传感器就可以利用 SDMA 技术并发上传数据至相关的 Sencar，而后，Sencar 将接收到的来自不同传感器的多路复用信号进行分离、解码。因此，在理想情况下，数据上传时间可以减半。因为数据上传时间是总数据采集时间的一部分，并且可能与移动时间相等甚至更多，所以在某些应用中将 SDMA 技术用于数据收集将大幅缩短延迟。

本章主要研究了在单一 Sencar 和多个 Sencar 这两种情况下，移动性和 SDMA 技术的联合设计。在单一 Sencar 情况下，我们的目的是最小化数据收集时间。该时间包含两个部分：Sencar 的移动时间和传感器的数据上传时间。更确切地说，为了更好地利用 SDMA 的优点以缩短数据上传时间，Sencar 需要访问某些确切的位置，在这些位置有更多的传感器能够利用 SDMA 技术进行并发数据上传，然而，这可能会延长 Sencar 的移动路径，所以最佳的解决方案是平衡最短移动路径和 SDMA 的使用。我们把这种问题称为 MDG-SDMA 问题。在多个 Sencar 情况下，我们将传感器网络分为不重叠的几个部分，每一部分都有一个 Sencar，假设 Sencar 在各自的区域完成数据采集后可以转向节能模式。此时，研究的目的是最小化不同区域间的最大数据收集时间，我们将这种问题称为 MDG-MS (mobile data gathering with multiple mobile collectors and SDMA)问题。如何将传感区域划分为一定数量的子区域以平衡不同 Sencar 之间的数据采集时间，如何更好地利用 SDMA 的优点以缩短每个区域的数据上传时间，如何缩短每个 Sencar 的移动路径，这些问题都是我们将要解决的问题。

本章的主要内容总结如下。

(1)将以往文献中忽略的数据上传时间看作总体数据收集时间的一部分，并利用 SDMA 技术缩短该时间。现有的大部分文献，如文献[16]和文献[24]，都只研究了如何最小化移动数据收集器的移动时间。

(2) 本章分别介绍了在单一 Sencar 和多个 Sencar 情况下，用于数据收集的可控移动性和 SDMA 技术的联合设计。我们将这两个问题分别建模为 MDG-SDMA 问题和 MDG-MS 问题。

(3) 将 MDG-SDMA 问题公式化为一个整数线性规划问题，并证明它是 NP 难的，同时提出三个解决算法。

(4) 为求解 MDG-MS 问题，提出了区域划分和路径规划 RDTP 算法。

(5) 通过仿真证明所提算法的有效性。

实验结果表明，在密集网络中，我们所提出的单一 Sencar 方案与没有应用 SDMA 技术的方案相比至少能够减少 35%的数据收集时间。两个 Sencar 的实时动态规划(real time distributed processing，RTDP) 算法与单一 Sencar 且无 SDMA 技术的方案相比至少能够节省 56%的时间。

本章其余部分的安排如下：6.2 节介绍 SDMA 技术的原理；6.3 节考虑 MDG-SDMA 问题并提出了三种算法；6.4 节研究 MDG-MS 问题并提出区域划分和路径规划算法；6.5 节给出仿真结果，仿真结果给出了基于可控移动性和 SDMA 技术的联合设计对网络性能的影响；6.6 节总结全章内容。

6.2　SDMA：线性去相关器策略

本章将首先介绍 SDMA 技术的原理。在文献[28]～文献[30]中，对于上行链路，使用多根接收天线的方式通常称为 SDMA。在无线传感器网络的移动数据收集中，Sencar 是配备了多根天线的数据接收端，传感器为数据发送端，每个传感器均配备一根天线用以上传数据到其相关的 Sencar。这里，我们主要考虑 Sencar 配备有两根天线的情况，因为在一个 Sencar 上配备两根天线比较容易，然而，由于天线之间需要满足独立衰减的距离约束条件，因此在 Sencar 上安装更多根天线非常困难甚至根本不可能实现。

有些收发机的结构可以看作 SDMA 策略。例如，在 Sencar 中，每个传感器的信号都可以利用线性解调器或最小均方差(minimum mean-square error，MMSE) 接收器进行解调[28]。线性解调器也称为低复杂度检测的干扰消除或零强迫接收器，它是一个线性滤波器，其在消除所有其他数据流干扰的约束下最大化地输出信噪比。MMSE 接收器将最大化有用接收信号的能量和抑制其他传感器带来的干扰进行了最优折中。为了简化 Sencar，在设计时解调器应用 SDMA 模式。

为了利用线性解调器，Sencar 将传感器从其他传感器获取的数据置零。若 Sencar 的每个传感器运用了不同的滤波器，则信号就可好可坏，因而上述想法是有可能实现的。为了保证解调成功，需要限制同时发送的数据流数量不超过接收天线的数量。换句话说，由于 Sencar 仅配备两根天线，所以最多只能有两个传感器同时向一个 Sencar 发送数据。图 6.1 给出了配备线性解调器的 SDMA 收发器的结构。为了简单起见，本书用 $\boldsymbol{h}_i$ 表示$[h_{i1},h_{i2}]^{\mathrm{T}}$，其为传感器 i 与 Sencar 接收天线之间的复信道系数向量。$\boldsymbol{h}_1$ 和 $\boldsymbol{h}_2$ 为信道系数矩阵 $\boldsymbol{H}$ 的两列。假设传感器 1 想要上传数据 x_1 至 Sencar，传感器 2 想要上传数据 x_2 至 Sencar，则 Sencar 处的接收向量为

$$\boldsymbol{y}=\boldsymbol{h}_1 x_1+\boldsymbol{h}_2 x_2+n \tag{6.1}$$

其中，n 为独立同步分布的信道噪声 $\mathrm{CN}\left(0,\sigma^2 I_2\right)$。由式(6.1)可知，每个数据流都会受其他数据流的干扰，但将接收信号 y 映射到与其他信道向量正交的子空间上便可消除数据流间的干扰。也就是说，设 $\boldsymbol{u}_1$ 和 $\boldsymbol{u}_2$ 分别为传感器 1 和传感器 2 的滤波向量，其分别满足 $\boldsymbol{u}_1^*\boldsymbol{h}_2=0$ 和 $\boldsymbol{u}_2^*\boldsymbol{h}_2=0$，因此解码后的接收信号如下所示：

$$\begin{cases}\hat{x}_1=\boldsymbol{u}_1^*\boldsymbol{y}=\boldsymbol{u}_1^*\boldsymbol{h}_1x_1+\boldsymbol{u}_1^*n\\ \hat{x}_2=\boldsymbol{u}_2^*\boldsymbol{y}=\boldsymbol{u}_2^*\boldsymbol{h}_2x_2+\boldsymbol{u}_2^*n\end{cases} \tag{6.2}$$

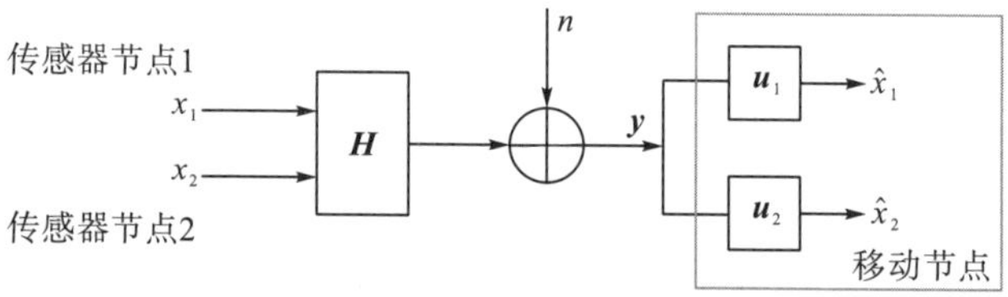

图 6.1 采用线性解调策略的 SDMA 技术

（图片来源：Zhao M, Ma M,Yang Y. Efficient data gathering with mobile collectors and space-division multiple access technique in wireless sensor networks. IEEE Transactions on Computers, 2011, 60(3): 400-417.）

这样，x_1 和 x_2 相互独立，即数据流间的干扰已消除。$\boldsymbol{u}_1$ 是与 $\boldsymbol{h}_2$ 正交的向量空间 $\boldsymbol{V}_1$ 中的任意向量，然而为了最大化接收信号的能量，$\boldsymbol{u}_1$ 应该与 $\boldsymbol{h}_1$ 在 $\boldsymbol{V}_1$ 上的映射方向一致。$\boldsymbol{u}_2$ 的选择方法同 $\boldsymbol{u}_1$。因为 $\boldsymbol{u}_1$、$\boldsymbol{u}_2$ 的大小不影响信噪比的取值，所以可以将 $\boldsymbol{u}_1$ 和 $\boldsymbol{u}_2$ 单位化：

$$\begin{aligned}\boldsymbol{u}_1&=\frac{1}{\sqrt{\left|h_{22}\right|^2+\left|h_{21}\right|^2}}\left[h_{22}^* - h_{21}^*\right]^{\mathrm{T}}\\ \boldsymbol{u}_2&=\frac{1}{\sqrt{\left|h_{12}\right|^2+\left|h_{11}\right|^2}}\left[h_{12}^* - h_{11}^*\right]^{\mathrm{T}}\end{aligned} \tag{6.3}$$

由式(6.2)可得，$\hat{x}_1$ 和 $\hat{x}_2$ 的信号部分分别为 $u_1^*h_1x_1$ 和 $u_2^*h_2x_2$。由于 $\left|\boldsymbol{u}_1^*\boldsymbol{h}_1\right|^2\leqslant\left\|\boldsymbol{h}_1\right\|^2$ 和 $\left|\boldsymbol{u}_2^*\boldsymbol{h}_2\right|^2\leqslant\left\|\boldsymbol{h}_2\right\|^2$，映射运算总会减小 $\boldsymbol{h}_i$ 的长度，除非 $\boldsymbol{h}_i$ 与其他数据流的信道向量正交，这就消除干扰的开销。因此，无论 $\boldsymbol{h}_1$ 到 $\boldsymbol{u}_1$ 的映射有多小，x_1 的有效信道都会处于深度衰落状态。对 x_2 也可以得到相似的结论。因而，给定传感器的传输功

率，并不是任意两个传感器都可以同时向 Sencar 传递数据。为了确保 Sencar 能够成功解码接收信号，需要满足以下标准：

$$\begin{cases} \mathrm{Pr}_1 = P_t\left|\boldsymbol{u}_1^*\boldsymbol{h}_1\right|^2 \geqslant \delta_0,\ \ \mathrm{SNR}_1 = P_t\left|u_1^*h_1\right|^2/\sigma^2 \geqslant \delta_1 \\ \mathrm{Pr}_2 = P_t\left|\boldsymbol{u}_2^*\boldsymbol{h}_2\right|^2 \geqslant \delta_0,\ \ \mathrm{SNR}_2 = P_t\left|u_2^*h_2\right|^2/\sigma^2 \geqslant \delta_1 \end{cases} \tag{6.4}$$

其中，Pr_1、Pr_2 和 SNR_1、SNR_2 分别为两个传感器的接收能量和信噪比；P_t 为每个传感器的传输功率；δ_0 为接收灵敏度；δ_1 为 Sencar 正确解码接收信号的信噪比阈值。任意两个满足该标准的传感器都能够同时向 Sencar 上传数据，也就是说这两个传感器是匹配的。

前面介绍过基于 SDMA 的线性解调器的工作方式。当它应用于无线传感器网络中的移动数据收集时，SDMA 有以下几个优点。①由于 SDMA 技术使得任意两个匹配的传感器都可以向 Sencar 传送数据，所以数据上传时间明显减少；②应用 SDMA 时无须额外的硬件支持，因而具有可观的经济效益。是否应用 SDMA 技术，Sencar 和传感器处理的运算都是一样的。换句话说，Sencar 在处理接收信号时才需要滤波器等更多的硬件支持。以上优点都非常适用于无线传感器网络，因为传感器是 SDMA 中的发送器。更简单地说，为 Sencar 配备更复杂且更有能量的收发器是可行的。

6.3　带单一 Sencar 与 SDMA 技术的移动数据收集

6.3.1　MDG-SDMA 问题描述

本节将讨论单一 Sencar 的移动数据收集，并研究基于移动性和 SDMA 技术的联合设计。假设 Sencar 有两根天线，同时每个传感器都有一根独立的天线且静态地分布在传感区域中。在此，为简化陈述定义了一些术语。

当 Sencar 在传感器网络中移动时，它会停靠在一个确切的位置并对附近的传感器进行轮询。我们将 Sencar 停下来进行轮询的位置称为轮询点。当 Sencar 移动到轮询点时，它以与传感器同样的传输功率对附近的传感器进行轮询，因而接收到轮询信息的传感器能以单跳传输的形式将数据上传到 Sencar。值得注意的是，由于 Sencar 通常都与附近的传感器协作并且在本地获取数据，所以没必要整体同步。这里将半径等于传感器传输范围且集中在一个轮询点周围圆盘形状的区域定义为一个轮询点的覆盖范围。轮询点覆盖范围内的所有传感器形成一个该轮询点的邻居轮询点集。一般情况下，我们不对传感器的分布或节点的位置感知能力做任何假设。Sencar 通过在网络设置阶段访问轮询点以获取邻居轮询集合的信息。我们在 6.3.2 节中定义，若同一邻居轮询集合的任意两个传感器满足式(6.4)中的标准，则它们匹配。由于每个传感器在一条数据收集路径中均只出现一次，故即便它会出现在多个轮询点的范围内，都只与一个轮询点相关。换句话说，轮询点的相关传感器并不一定需要包含其邻居集合中的每个传感器。因为信道状态不同于相关形式，所以传感器之间不同的相关形式对应于不同的匹配关系。若与同一轮询点相关的两个传感器匹配，则它们就是能够同时向 Sencar 上传数据的匹配对，因此 Sencar 并不需要访问区域中的每个轮询点。然而，Sencar 路径上的轮询点应该覆盖区域中的所有传感器，我们称这些轮询点为选中轮询点。选中轮询点处的 Sencar 从相关传感器收集数据，然后直接移动至路径上的下一个选中轮询点。因此，Sencar 的移动路径包含一系列选中轮询点及连接它们的直线段。令 $P'=\{p_1,p_2,\cdots,p_t\}$ 代表选中轮询点的集合，DS 代表静态数据汇集点。Sencar 的一条可能的移动路径为：$\mathrm{DS}\to p_1\to p_2\to\cdots\to p_t\to\mathrm{DS}$。因此，寻找数据收集路径最优解的问题可通过求解以下几个紧密联系的子问题得以解决：寻找传感器中的匹配对、确定传感器相关模型、寻找选中轮询点的位置及 Sencar 访问它们的顺序。

为了将 SDMA 技术应用于无线传感器网络并利用其优点，我们必须解决一系列具有挑战性的问题。首先，Sencar 必须能够确定两个传感器是否匹配。若已知轮询点位置，那么 Sencar 就可以从附近的传感器接收检测器信号以侦测信道向量，确定附近传感器之间的匹配性。该信息出现在网络的初始设置阶段并定期更新。其次，为了尽快收集数据，Sencar 应该找到传感器中匹配对的最大数量。以上可转化为匹配图中的匹配问题，其中每个顶点代表一个传感器；若两个传感器匹配，则这两个顶点相邻。例如，轮询点周围的六个传感器的匹配关系如图 6.2(a) 所示，图中没有标出轮询点，可以看出，一组匹配对对应于图中顶点不相交的一组边，这是图论中定义的匹配问题[31]。匹配对的最大值对应于匹配图中的最大匹配。图 6.2(b) 给出了传感器中的三个匹配对，在相应匹配图中的粗体线条就是最大匹配。图的最大匹配可由多项式时间算法给出。例如，Edmonds 的 Blossom 算法的有效实现需要花费时间 $O(N^3)$，其中 N 为图中顶点的个数[31-33]。

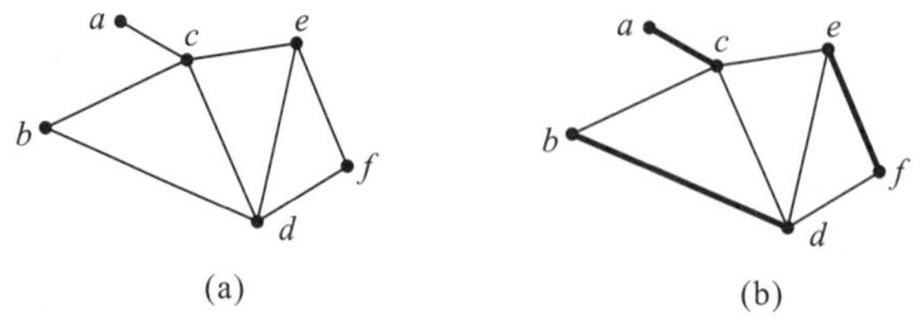

图 6.2 一兼容图中的最大匹配：(a) 六个传感器匹配图；(b) 最大匹配

（图片来源：Zhao M, Ma M,Yang Y. Efficient data gathering with mobile collectors and space-division multiple access technique in wireless sensor networks. IEEE Transactions on Computers, 2011, 60(3): 400-417.）

值得注意的是，由于 Sencar 是移动的，因此可以自由选择轮询点，Sencar 将停在轮询点处进行数据收集。当轮询点的位置发生变化时，信道向量也会发生巨大变化。所以，Sencar 访问有较多匹配传感器的位置会更好，那样数据收集的时间将会更短。图 6.3 给出了图 6.2 例中 Sencar 的两条可能移动路径，图 6.3(a)是一条直线，因此它是最短路径。若 Sencar 沿着这条路径访问轮询点 1，则六个传感器的匹配关系如图 6.3(a)所示。从图中可以看到，传感器中最多只存在两个匹配对(也就是说，对应匹配图中的六个顶点中最大匹配的数量为 2)。总的来说，每个传感器上传一个数据包需要四个时隙。若 Sencar 沿着路径 2 访问另一个轮询点，如图 6.3(b)所示，那么六个传感器有不同的匹配关系。在这种情况下，能够找到三个匹配对，并且数据传输需要三个时隙。因此，尽管路径 2 不是最短路径，但由于其花费的时间较短，因此，选取路径 2 作为最优路径。

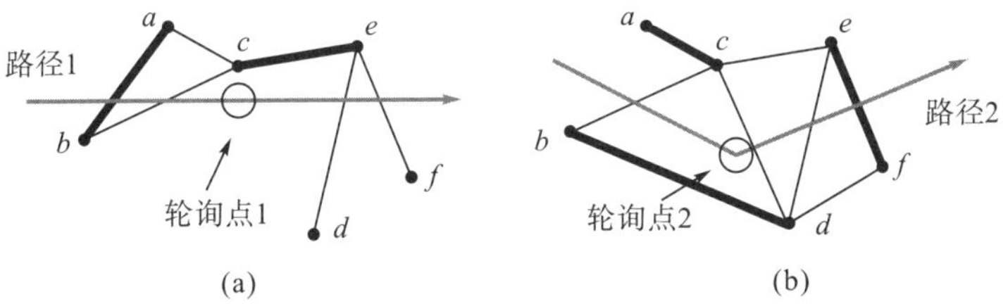

图 6.3　Sencar 的两条可能移动路径：(a)移动路径 1；(b)移动路径 2

(图片来源：Zhao M, Ma M,Yang Y. Efficient data gathering with mobile collectors and space-division multiple access technique in wireless sensor networks. IEEE Transactions on Computers, 2011, 60(3): 400-417.)

当引入移动性和 SDMA 技术后，寻找数据收集最优路径的问题，即 MDG-SDMA 问题就变得更为复杂。SDMA 技术的主要优点是能够有效缩短传感器的数据上传时间。然而，如前所述，为了更好地利用这一优点，Sencar 必须访问拥有较多匹配传感器的位置，与此同时，这种方法也会延长移动路径，而我们的目标是使传感器在较短时间内打开无线电，所以我们主要关注如何减少总体数据接收时间，该时间包括 Sencar 的移动时间和传感器的数据上传时间。因此，最优方案不一定对应最短路径或最大匹配对，相反它是最短路径和 SDMA 利用率之间的平衡点。

值得注意的是，为了得到该问题的最优解，我们需要知道 Sencar 能够访问的每一个位置的传感器间的匹配关系。然而，这在实际情况中是不可能的，因为我们很难估计所有位置的传感器的信道向量。因此，我们将考虑轮询点的一个有限集，在该集合中传感器的匹配关系是已知的(可由 Sencar 定期获取)。我们用 P 表示轮询点的集合。该问题将简化为找到 P 的一个子集，用 P'表示，通过访问 P'中的轮询点，所有数据都可以在最短的时间内被收集。P'中的轮询点称为选中轮询点。

6.3.2 MDG-SDMA 问题的公式化

现在讨论无线传感器网络中 MDG-SDMA 问题的公式化。已知传感器集合为 $S=\{1,2,3,\cdots,N_S\}$，轮询点集合为 $P=\{1,2,\cdots,N_p\}$，我们需要找到传感器相关模型、匹配对、确定选中轮询点和访问序列。因此，S 中每个传感器感知的数据能够在最短时间内收集完成。一般来说，假设轮询点 1 的位置就是静态数据汇集点的位置，即静态数据汇集点是数据收集路径的起点和终点。为了便于描述，现将所用到的符号总结在表 6.1 中。

表 6.1　MDG-SDMA 问题中所用符号

符号	含义
$f_{n,i}=\{0,1\}$ $\forall n\in S,\forall i\in P$	位置标识。当传感器 n 处于轮询点 i 覆盖范围时， $f_{n,i}$=1，否则 $f_{n,i}$=0
$c_{m,n,i}=\{0,1\}$ $\forall m,n\in S,\forall i\in P$	匹配关系标识。若传感器 m 和 n 同时处于轮询点 i 的覆盖范围且相匹配， 则 $c_{m,n,i}$=1，否则 $c_{m,n,i}$=0
$d_{i,j}\geqslant 0\quad \forall i,j\in P$	弧 $a_{i,j}$ 的长度，即轮询点 i 与轮询点 j 之间的距离
$q>0$	每个传感器传感数据的尺寸
$v_d>0$	传感器的有效数据上传率
$V_m>0$	Sencar 的移动速度
$I_i=\{0,1\}$，$\forall i\in P$	选中轮询点标识。轮询点 i 被选入 P'，I_i=1
$x_{n,i}=\{0,1\}\quad \forall n\in S,\forall i\in P$	传感器关联标识。传感器 n 与轮询点 i 关联，$x_{n,i}$=1，否则 $x_{n,i}$=0
$u_{m,n,i}=\{0,1\}\forall m,n\in S,\forall i\in \mathrm{P}$	匹配对标识。当传感器 m 与传感器 n 同时与轮询点 i 关联时，$u_{m,n,i}$=1，否则 $u_{m,n,i}$=0
$e_{i,j}=\{0,1\}$，$\forall i,j\in \mathrm{P}$	移动路径选中线段标识。若选中弧段包含 $a_{i,j}$，$e_{i,j}$=1，否则 $e_{i,j}$=0
$y_{i,j}\geqslant 0$，$\forall i,j\in \mathrm{P}$	轮询点 i 到轮询点 j 在弧段 $a_{i,j}$ 上的数据流

已知表 6.1 中符号的含义，无线传感器网络的 MDG-SDMA 问题可以按照整数线性规划被公式化为式(6.5)～式(6.17)。目标函数式(6.5)为最小化数据收集时间，该时间包含传感器的数据上传时间和 Sencar 的移动时间。约束条件式(6.6)～式(6.8)保证了每个传感器仅与其覆盖范围内的一个轮询点相关，从而其感知到的数据可以在 Sencar 的移动路径中得以收集。约束条件式(6.9)保证了附属于同一轮询点的任意两个传感器只要在该轮询点的覆盖范围内，那么它们就是匹配对。约束条件式(6.10)～式(6.12)保证了每个传感器最多属于一个匹配对。约束条件式(6.13)

和式(6.14)确保了每一个轮询点都有一段弧指向它，以及一段由它指向其他选中轮询点的弧。约束条件式(6.15)表明只有在 Sencar 移动路径上的弧段才能传递数据流。约束条件式(6.16)表明进入轮询点 1 的流单元与选中的轮询点的个数相等，因为轮询点 1 是路径的终点。约束条件式(6.17)表明对于每个选中的轮询点来说，输出流的单元数比输入流的单元数多 1。文献[34]表明约束条件式(6.15)～式(6.17)能够排除环形移动路径，同时能够也排除不包括起始和结束轮询点的路径。

$$\text{Minimize}\frac{q}{v_d}\left(|S|-\frac{1}{2}\sum_{m\in S}\sum_{n\in S}\sum_{i\in P}u_{m,n,i}\right)+\frac{\sum_{i\in P}\sum_{j\in P}d_{i,j}e_{i,j}}{v_m} \tag{6.5}$$

约束条件：

$$x_{n,i}\leqslant f_{n,i}\cdot I_i,\ \ \forall n\in S,\ \forall i\in P \tag{6.6}$$

$$\sum_{i\in P}x_{n,i}=1,\ \ \forall n\in S \tag{6.7}$$

$$\sum_{n\in S}x_{n,i}\geqslant I_i,\ \ \forall i\in P \tag{6.8}$$

$$u_{m,n,i}\leqslant\left(\frac{x_{m,i}+x_{n,i}}{2}\right)\mathrm{c}_{m,n,i},\ \ \forall_{m,n}\in S,\forall_i\in P \tag{6.9}$$

$$\sum_{i\in P}\sum_{m\in S\backslash\{n\}}u_{m,n,i}\leqslant 1,\ \ \forall n\in S \tag{6.10}$$

$$\sum_{i\in P}\sum_{n\in S\backslash\{m\}}u_{m,n,i}\leqslant 1,\ \forall m\in S \tag{6.11}$$

$$u_{m,n,i}=u_{m,n,i},\ \ \forall m\in S,\forall n\in S,\forall n\in P \tag{6.12}$$

$$\sum_{i\in P,i\neq j}e_{i,j}=I_j,\ \ \forall j\in P \tag{6.13}$$

$$\sum_{j\in P,j\neq i}e_{i,j}=I_i,\ \ \forall i\in P \tag{6.14}$$

$$y_{i,j}\leqslant|P|\cdot e_{i,j},\ \ \forall_{i,j}\in P \tag{6.15}$$

$$\sum_{i\in P\backslash\{1\}}y_{i,1}=\sum_{i\in P\backslash\{1\}}I_i \tag{6.16}$$

$$\sum_{i\in P\backslash\{j\}}y_{j,i}-\sum_{k\in P\backslash\{j\}}y_{k,j}=I_j,\ \ \forall j\in P\backslash\{1\} \tag{6.17}$$

下面的定理证明 MDG-SDMA 问题是一个 NP 难问题。

定理 6.1　无线传感器网络中的 MDG-SDMA 问题是 NP 难问题。

证明　证明 MDG-SDMA 是 NP 难的，可由证明 TSP 可以在多项式时间内转化为 MDG-SDMA 问题的某一特例而得到。给定一完全图 $G=(V,E)$，其为 TSP 的一个实例，由图 $G'=(V',E')$ 构造 MDG-SDMA 的一个实例，其中 G'与 G 拓扑同构。G' 的顶点集包含所有轮询点和数据汇集点，G' 的每条边代表两个对应轮询点之间的距离。假设不存在匹配的传感器，且只有通过访问所有轮询点才能够覆盖所有传感器，这可以通过给定信道状态和传感器传输功率的某些约束而得到。这一简化是直接的，从而能够在多项式时间内完成。在这种情况下，Sencar 必须访问所有的轮询点并依次收集每个传感器的数据。对于已知传感器数量的网络来说，数据上传时间为常数，所以寻找数据收集的最优路径等同于寻找遍历每个轮询点一次的最短巡回路径。因此，G 中的 TSP 有一条最短路径，当且仅当 G' 的同一路径也是 MDG-SDMA 的最短路径。所以，MDG-SDMA 是 NP 难问题。

6.4 MDG-SDMA 问题的启发式算法

前面已经证明了 MDG-SDMA 是 NP 难问题。本节为了给出不同情况下的解决方案，提出了三个启发式算法，它们分别为最大匹配对算法(maximum compatible pair algorithm，MCPA)、最小覆盖生成树算法(minimum covering spanning tree algorithm，MCSTA)和基于支出的算法(revenue-based algorithm，RBA)。下面依次介绍这些算法。值得指出的是，每个算法仅需要在信道状态更新或网络拓扑结构改变时执行，因而不需要频繁执行。

将传感器网络建模为图 $G=(S,\varepsilon,P,A)$，其中 S 和 P 分别为传感器和轮询点的集合，集合中的每个元素都是图中的顶点，ε 为 S 中顶点间的边集合。若两个传感器在轮询点的覆盖范围内匹配，则 S 中的两个顶点相连。为了简化图结构，S 中任意两顶点之间最多有一条路径，即使这两个传感器在多个轮询点的覆盖区域内是匹配的。A 是 P 中任意两点之间弧段的集合。MDG-SDMA 的解给出了一个选中轮询点的集合 P'，其为 P 的一个子集；ε 中的一个匹配代表了传感器间的匹配对及 Sencar 的一条移动路径，其中 A 中的弧段连接了 P' 中的顶点，从而使得数据收集可以在最短的时间内完成。MDG-SDMA 问题的一个可能的解决方案是将其划分为两个子问题。第一个子问题是：找到满足要求的 P 的子集 P'。由于该操作决定了匹配模式和移动路径的范围，因此至关重要。第二个子问题是：找到遍历 P' 中所有顶点的路径，这就是著名的 TSP。由于第二个子问题前面已经研究过，因此这里着重研究第一个子问题。

6.4.1 最大匹配对算法

该算法的目标是找到能够使传感器中的匹配对数量最多的一组选中轮询点集合，我们称这一算法为 MCP(multiplicative compositional policies，MCP)算法。基于这一目标，P'应该满足以下要求。

(1)通过访问 P'中的选中轮询点可以覆盖每个传感器，也就是说，所有传感器都属于 P'的选中轮询点的邻居集合。

(2) P' 中的选中轮询点将使尽可能多的传感器节点利用 SDMA 技术，即最大化匹配对的数量。

(3) P' 包含满足以上两个要求的最少数量的选中轮询点，这些轮询点才有可能达到最短移动路径。

定理 6.2　找出满足以上三个要求的选中轮询点集合是一个 NP 难问题。

证明　假设网络中没有匹配对。因此，P' 只需要满足(1)和(3)。在这样的限制下，只需找到 P 中轮询点的最小数目邻居集合，此邻居集合包含所有传感器。这就是已知的 NP 完全问题，即最小集合覆盖(minimum set covering，MSC)问题。所以上述问题是 NP 难问题。

幸运的是，存在解决最小集合覆盖问题的近似算法，该算法可用在 MCP 算法中。MCP 算法的基本思想是找到一个最小数目的选中轮询点集合，由这些轮询点可以找到传感器中的最大匹配对。该方法大致可分为四步。下面利用图 6.4 中一个简单的例子来解释 MCP 算法的原理。假定网络 S 中总共有 10 个传感器节点(用 S_1～S_{10} 表示并标记为点)，P 中的四个轮询点(用 P_1～P_4 标记，并用小环进行编号)。圆形区域代表处于中心的轮询点的覆盖范围，尽管 S_2 和 S_3 都在 P_1 和 P_2 的覆盖范围内，但它们仅在 P_1 中匹配。而 S_5 与 S_6 在 P_2 和 P_4 的覆盖范围内都是匹配的。MCP 算法由以下四步得到解决方案。第一步，我们找到了所有传感器中的最大匹配对，这等同于在对应的匹配图中找到最大匹配。另外，基于 P 中所有轮询点的匹配关系(图中未标出)，我们找到了图 6.4 中用实线标注的 5 个匹配对。第二步，在以下两种情况中，根据第一步得到的匹配对，通过删除部分传感器节点来更新 P 中每个轮询点的邻居集合。

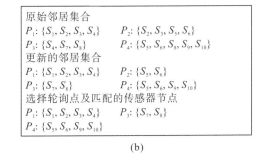

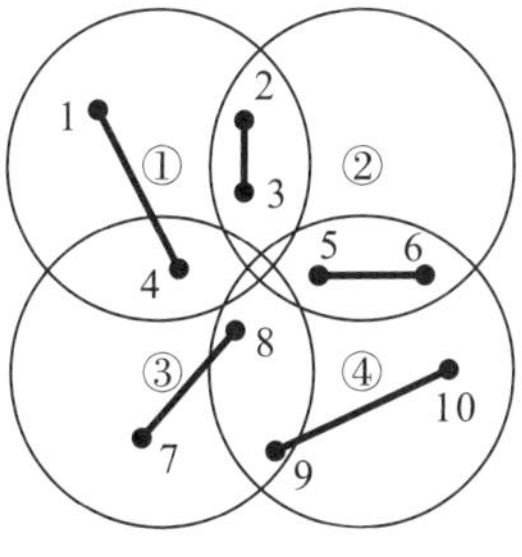

(a)

原始邻居集合

P_1: $\{S_1, S_2, S_3, S_4\}$　　P_2: $\{S_2, S_3, S_5, S_6\}$

P_3: $\{S_4, S_7, S_8\}$　　P_4: $\{S_5, S_6, S_8, S_9, S_{10}\}$

更新的邻居集合

P_1: $\{S_1, S_2, S_3, S_4\}$　　P_2: $\{S_5, S_6\}$

P_3: $\{S_7, S_8\}$　　P_4: $\{S_5, S_6, S_9, S_{10}\}$

选择轮询点及匹配的传感器节点

P_1: $\{S_1, S_2, S_3, S_4\}$　　P_3: $\{S_7, S_8\}$

P_4: $\{S_5, S_6, S_9, S_{10}\}$

(b)

图 6.4　MCP 算法的一个实例：(a)最大匹配为 5；(b)邻居集合更新

(图片来源：Zhao M, Ma M,Yang Y. Efficient data gathering with mobile collectors and space-division multiple access technique in wireless sensor networks. IEEE Transactions on Computers, 2011, 60(3): 400-417.)

(1)轮询点的邻居集中匹配对的两个传感器不匹配。例如，S_2 与 S_3 都从邻居子集中被删除，虽然它们是一个匹配对，但是它们在 P_2 的覆盖范围内是不匹配的。

(2)匹配对的两个传感器在不同的邻居集中。例如，由于 S_4 的匹配传感器 S_1 不在 P_3 的邻居集中，因此 S_4 从 P_3 的邻居集中删除，S_8 也从 P_4 的邻居集中删除。初始邻居集及更新过的集如图 6.4(b)所示。该更新步骤的目的是将每个邻居集中匹配对的任意两个传感器都归类为独立的元素。

第三步，可以利用求解最小集覆盖问题的贪婪算法来找到覆盖 P 中所有传感器的轮询点的最小更新邻居集。例如，P_1、P_3 和 P_4 最终被选入 P' 中，选中轮询点的更新邻居集暗示传感器的相关模式。

第四步，对于 TSP，可以利用一个近似算法找到 Sencar 访问 P' 中选中轮询点的最短移动路径。算法 6.1 详细讲述了 MCP 算法。

算法 6.1　MCP 算法

输入：

包含所有传感器的集合 S

包含所有轮询点的集合 P

邻居总集 $F=\{f_i|i\in P\}$，f_i 为轮询点 i 的邻居集合

距离矩阵 $D=\{d_{i,j}\}_{|P|\times|P|}$，其中 $d_{i,j}$ 为轮询点 i 与轮询点 j 之间的距离 $a_{i,j}\in A$ 的长度

配对关系矩阵 $C(P)=\{c_{m,n,j}\}_{|S|\times S|\times P}$

输出：

集合 P′包含选中轮询点及数据汇集点

传感器匹配对

Sencar 移动路径

MCP 算法：

```
    根据 C(P)构造对应匹配关系图
    在匹配关系图中寻找最大匹配时得到最大匹配对数
    将匹配对记录在集合 M 中
    For F 中的所有 fi do
      For fi 中的所有 v do
         If v 属于 M
           If v's 的匹配传感器 ṽ 不属于 fi
                将 v 移出 fi
       end if
       If v's 的匹配传感器 ṽ 也属于 fi，并且 v 与 ṽ 在轮询点 i 的覆盖范围内不匹配
                          将 v 与 ṽ 移出 fi
              end if
```

```
    end if
  end for
end for
利用贪婪算法找到 F 的最小集合覆盖;
将选中的邻居集合对应的轮询点加入 P′;
将静态数据汇集点加入 P′;
在 P′ 中的选中轮询点上找到近似最短路径
```

MCP 算法得到了传感器中的最大匹配对，同时最小化了数据上传时间。然而，该算法的移动路径可能不是最短，尽管 Sencar 所访问的选中轮询点的数量已经得到了最小化。因此，该算法适用于分布密集的网络，其中数据上传时间占主导地位。对于包含了 N_s 个传感器和 N_p 个轮询点的网络，其中 N_s 个传感器的最大匹配对数，可以由 Edmonds 的 Blossom 算法得到。在该算法中，时间复杂度为 $O(N_s^3)$，邻居集更新的时间复杂度为 $O(N_s^2 N_p)$，寻找最小邻居集合贪婪算法的时间复杂度为 $O(N_s N_p \min\{N_s, N_p\})$，轮询点近似最短路径的时间复杂度为 $O(N_p^2)$。因此，MCP 算法的总时间复杂度为 $O(N_s^3 + N_s^2 N_p + N_s N_p \min\{N_s, N_p\} + N_p^2)$。总的来说，若已知 $N_s > N_p$ 和 $N_s \approx N_p$，则该算法的时间复杂度为 $O(N_s^3)$。

6.4.2　最小覆盖生成树算法

对于分布稀疏的传感器网络来说，传感器互相匹配的可能性较小。因此，在一定条件下，我们应该着重研究缩短 Sencar 的移动时间。所以，P' 应该满足以下两个要求：

(1) 通过访问 P' 中的选中轮询点，使所有传感器均被覆盖。

(2) 访问 P' 中的选中轮询点可以得到 Sencar 的最短移动路径。

由上述可知，寻找 P' 是 NP 难问题，因此本节提出了称为 MCST 的贪婪算法。该算法的思想如下：在算法的每一个阶段，将平均开销最小的轮询点选入 P'。将未选中轮询点 P_i 的平均开销定义为：P_i 与 P' 中元素的最短距离除以其邻居集合包含的未被覆盖的传感器数量。选中轮询点邻居集的所有传感器都默认为已覆盖。当其遍历完所有传感器后算法结束。图 6.5 给出了包含 10 个传感器(用 $S_1 \sim S_{10}$ 表示并标记为点)和 4 个轮询点(用 $P_1 \sim P_4$ 表示，并用带小环的编号)的例子。用 τ 表示轮询点的平均开销，d 代表两个相交轮询点在水平和竖直方向的距离。我们用上标区分算法阶段。第一阶段，由于 P_1 与静态数据汇集点的位置相同，因此四个轮询点与静态数据汇集点的距离分别为 0、d、d 和 $\sqrt{2}d$。每个邻居集中未被覆盖的传感器数量分别为 4、4、4 和 5。因此，$\tau^1(P_1)=0$、$\tau^1(P_2)=d/4$、$\tau^1(P_3)=d/4$ 和 $\tau^1(P_4)=\sqrt{2}d/5$。因为 P_1 的平均开销最小，所以它被选至 P' 中，且其邻居集中的传感器默认为已覆盖。第二阶段，未被选中的轮询点 P_2、P_3 和 P_4 的邻居集中未被覆盖的传感器数量分别减少至 2、3 和 5。未选中轮询点与 P' 中元素的距离仍然是 d、d 和 $\sqrt{2}d$。因此，$\tau^2(P_2)=d/2$、$\tau^2(P_3)=d/3$ 和 $\tau^2(P_4)=\sqrt{2}d/5$。P_4 的平均开销最小，选入 P' 中，则 $P'=\{\mathrm{DS},P_1,P_4\}$。再者，$P_4$ 的邻居集中未被覆盖的传感器现均已覆盖。第三阶段，由于 P_2 邻居集中没有未覆盖的传感器，所以，令 $\tau^3(P_2)=\infty$。由于 P_3 到 P_4 和 P_1 的距离相等，则 P' 中的元素与 P_3 的最小距离依然是 d，并且 P_3 的邻居集中仅有一个未覆盖传感器。因此，$\tau^3(P_3)=d$。最后，P_3 选至 P'，P_3 中所有的传感器全被覆盖。找到 P' 后，我们继续推导 TSP 的近似算法以求得最短路径，并且利用 Edmonds 的 Blossom 算法找到基于匹配性模式的传感器与 P' 中选中相关轮询点的匹配对。由于 $P'\subseteq P$，这里得到的匹配对数量小于基于 P 中所有轮询点的相关形式所得到的匹配对数量。算法 6.2 给出了 MCST 算法的详细过程。MCST 算法用于寻找覆盖所有传感器邻居集合的子集的开销为 $O(N_sN_p\min\{N_s,N_p\})$，用于决定选中轮询点中的近似最短距离的开销为 $O(N_p^2)$，用于寻找匹配对的开销为 $O(N_s^3)$。若 $N_s>N_p$ 或者 $N_s\approx N_p$，则它的时间复杂度为 $O(N_s^3)$。

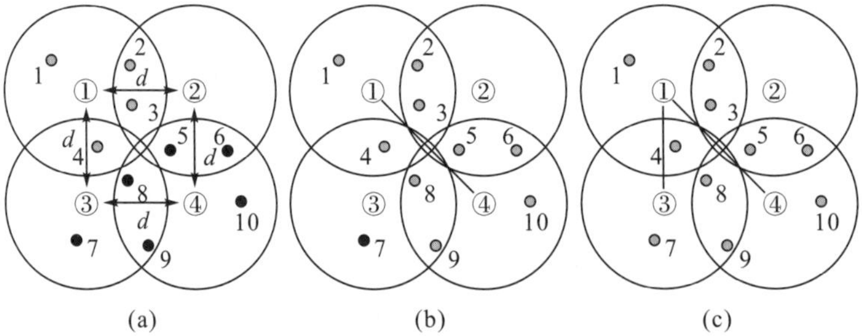

图 6.5 MCST 算法的一个实例：(a)阶段一；(b)阶段二；(c)阶段三

（图片来源：Zhao M, Ma M,Yang Y. Efficient data gathering with mobile collectors and space-division multiple access technique in wireless sensor networks. IEEE Transactions on Computers, 2011, 60(3): 400-417.）

算法 6.2 MCST 算法

输入：

包含所有传感器的集合 S

包含所有轮询点的集合 P

邻居总集 F={ f_i | i∈P}，f_i 为轮询点 i 的邻居集合

距离矩阵 $D=\{d_{i,j}\}_{|P|\times|P|}$，其中 $d_{i,j}$ 为轮询点 i 与轮询点 j 之间的距离 $a_{i,j}\in A$ 的长度

配对关系矩阵 $C(P)=\{c_{m,n,j}\}_{|S|\times|S|\times|P|}$

输出：

集合 P′包含选中轮询点及数据汇集点

Sencar 移动路径

传感器匹配对

MCST 算法：

```
将静态数据汇集点加入 P′;
U←S: //集合 U 用于记录未覆盖的传感器
while U≠Φ
    得到 cos t(i), ∀i∈(P\P′), 其中 cost(i)=min{d_{i,j}|j∈P′};
    得到使得 τ(i)=cost(i)/|f_i| 最小的 f_i(∀i∈(P\P′));
    将选中邻居集合对应的轮询点加入 P′;
    将 f_i 中的传感器移出 U;
    For 每个轮询点 ∀j∈(P\P′)
        移除 f_i 中属于 f_i∩f_i 的传感器;
    end for
end while
找出 P′中选中轮询点的近似最短路径;
根据 C(P′)={c_{m,n,i}}_{|S|×|S|×|P′|} 构建对应的匹配图，其元素均来自 C(P);
在匹配关系图中寻找最大匹配时得到最大匹配对数
```

在 MCP 算法和 MCST 算法中，我们将分别讨论匹配对和移动路径。现在提出 RB 算法，该算法基于匹配对数量和移动路径长度这两个指标来挑选选中轮询点。RB 算法的基本思想是：基于每个未选中轮询点的收支情况来选中轮询点，当遍历完所有传感器时，算法结束。更详细来说，未选中轮询点 P_i 的收支情况定义为：$R(P_i)=\alpha w(P_i)+\beta\tau(P_i)$，其中，$\alpha$ 和 β 为正系数，$w(P_i)$ 为 P_i 邻居集未覆盖传感器匹配对的最大值，$\tau(P_i)$ 为在 MCST 算法中 P_i 的平均开销。每一阶段，开支最小的未选中轮询点都会被选择。若 P_i 是选中轮询点，那么 $w(P_i)$ 个匹配对中的传感器都将被标记为已覆盖。P_i 邻居集中的其他孤立传感器依然标记为未覆盖，因而它们还有机会在其他轮询点的覆盖域中完成配对。对于任意的未选中轮询点来说，可能存在以下两种情况：要么所有传感器被覆盖，要么剩下的未覆盖传感器不能成为匹配对。在第一种情况中，只要所有传感器均被已经选中的轮询点覆盖，

那么算法可以直接结束；在第二种情况中，若剩下的未覆盖传感器在选中轮询点的邻居集中，则可以和当下 P' 中的选中轮询点随机结合并视为已覆盖。另外，可以根据 MCST 算法找到其他覆盖的轮询点，直到所有传感器均已覆盖。算法 6.3 给出了 RB 算法的详细过程。由于算法主要的时间复杂度取决于每个未选中轮询点附近未覆盖传感器中的匹配对的最大值，因此若 $N_s > N_p$，则该算法的时间复杂度为 $O(N_p^2 N_s^3)$；若 $N_s \approx N_p$，则其时间复杂度为 $O(N_s^5)$。

算法 6.3 RB 算法

输入：

包含所有传感器的集合 S

包含所有轮询点的集合 P

邻居总集 $F=\{f_i | i \in P\}$，f_i 为轮询点 i 的邻居集合

距离矩阵 $D=\{d_{i,j}\}_{||||}$，其中 $d_{i,j}$ 为轮询点 i 与轮询点 j 之间的距离 $a_{i,j} \in A$ 的长度

配对关系矩阵 $C(P) = \{c_{m,n,i}\}_{|S| \times |S| \times |P|}$

输出：

集合 P′包含选中轮询点及数据汇集点

Sencar 移动路径

传感器匹配对

RB 算法：

```
将静态数据汇集点加入 P′;
U ← S：//集合 U 用于记录未覆盖传感器
while( )
    For 每个轮询点 i∈(P\P′)
      由 C(i) = {c_{m,n,i}}_{|f_i|×|f_i|} 构造匹配图,该图中所有元素均能由 C(P)得到;
      在匹配关系图中寻找最大匹配时得到最大匹配对数;
      用 w(i)记录匹配对的数量;
    end for
    If ∃i ∈ (P \ P′), w(i) ≠ 0
      For 每个轮询点 i ∈ (P \ P′)
          得到 cost(i) = min{d_{i,j} |j ∈ P′};
          由 R(i) = −α(i)w(i) + β cost(i)/|f(i)| 计算轮询点开销;
      end for
    找到使得 R(i)最小的 f_i(i ∈ (P \ P′));
```

```
        将对应的轮选点 i 添加至 P';
        记录对应 w(i)的匹配对;
        移除 w(i)中来自 U 的匹配对;
        For 每个节点 j∈P,j≠i
            移除 w(i)中来自 fi 的匹配对;
        end for
        else break;
      end if
  end while
  If U≠Φ
     for 每个节点 v∈U
        if v 在 P'中选中轮询点的邻居集合中，则随机将其与覆盖它的轮询点 i∈P'结合并更新 F 和 U;
        end if
     end for
  end if
  If U≠Φ
    根据 MCST 算法找到能够覆盖剩余传感器的新的选中轮询点;
  end if
  得到 P'中选中轮询点的近似最短路径。
```

为了更好地理解 RB 算法，图 6.6 给出了范例，它与最后两个范例使用了相同的网络配置。图中的实线代表传感器间的匹配关系。值得注意的是，S_2 和 S_3 仅在 P_1 的覆盖范围内匹配，而在 P_2 的覆盖范围内不匹配。S_5 和 S_6 在 P_2、P_4 的覆盖范围内均匹配。表 6.2 总结了每个轮询点在每一阶段的开销。在第一阶段，P_1～P_4 的邻居集中未覆盖的传感器数量分别为 4、4、4、5。每个邻居集中未覆盖传感器匹配对的最大数量分别为 $w^1(P_1)$=2、$w^1(P_2)$=1、$w^1(P_3)$=2、$w^1(P_4)$=2，上标代表算法所处阶段。由于 P_1 也是静态数据汇集点的位置，故 $\tau^1(P_1)=0$，相对应的 $R^1(P_1)$=−2α。因为 P_1 是第一阶段中最小开销的轮询点，因而将其选入 P'。我们认为存在于两个匹配对中 P_1 邻居集中的传感器(如 S_1～S_4)都已覆盖。现在，$P'=\{\mathrm{DS},P_1\}$。在第二阶段，未选中轮询点 P_2、P_3、P_4 的邻居集中未覆盖传感器的数量分别减至 2、3、5。相应地，已更新邻居集中未选中传感器匹配对数的最大值变化分别为 $w^2(P_2)$=1、$w^2(P_3)$=1、$w^2(P_4)$=2。P_2、P_3、P_4 与 P' 中元素的最短距离分别为 d、d、$\sqrt{2}d$。在这三个未选中的轮询点中，P_4 的开销最小为 $R^2(P_4)=-2\alpha+\beta\sqrt{2}d/5$，因此 $P'=\{\mathrm{DS},P_1,P_4\}$。我们认为两对应匹配对中的四个

传感器 S_5、S_6、S_9、S_{10} 已被覆盖。S_8 未被覆盖，因此它依然有机会与其他未选中的传感器进行配对。第三阶段，由于 P_2 的邻居集中没有未覆盖的传感器节点，因此它的开销是无穷。由于 P_3 和 P_4 之间的距离与 P_3 和 P_1 之间的距离相等，因此 P_3 与 P' 中元素的最小距离依然是 d。另外，邻居集中还剩两个未覆盖的传感器，它们也可能继续配对。所以，$w^3(P_3)=1$ 且 $\tau^3(P_3)=d/2$。下面将 P_3 选入 P' 中，此时所有的传感器均已被覆盖。最后，为了得到 P' 中的选中轮询点，运用近似算法来解决 TSP。

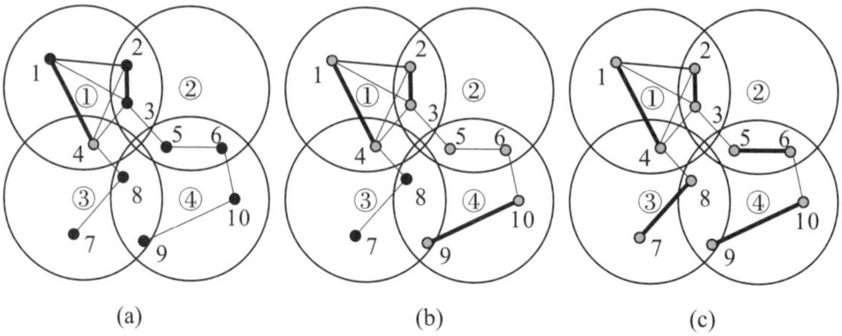

图 6.6 RB 算法的一个实例：(a) 阶段一；(b) 阶段二；(c) 阶段三

（图片来源：Zhao M, Ma M,Yang Y. Efficient data gathering with mobile collectors and space-division multiple access technique in wireless sensor networks. IEEE Transactions on Computers, 2011, 60(3): 400-417.）

表 6.2 RB 算法中轮询点的收支

	阶段一	阶段二	阶段三
P_1	-2α	—	—
P_2	$-\alpha+\beta d/4$	$-\alpha+\beta d/2$	∞
P_3	$-\alpha+\beta d/4$	$-\alpha+\beta d/3$	$-\alpha+\beta d/2$
P_4	$-2\alpha+\beta\sqrt{2}d/5$	$-2\alpha+\beta\sqrt{2}d/5$	—

6.5 带多个 Sencar 和 SDMA 技术的数据收集

现在已经知道如何规划基于单一 Sencar 和 SDMA 技术的有效数据收集。然而，在大规模的无线传感器网络中，仅采用单一 Sencar 将导致数据收集路径较长并且会引起传感器缓冲溢出。为了有效地处理这些问题，本节考虑在传感器网络中部署多个 Sencar 同时进行工作，每个 Sencar 都可以利用 SDMA 技术，且具备从其附属邻域传感器中获取数据的能力。

6.5.1　MDG-MS 问题描述

基于多 Sencar 和 SDMA 技术的数据收集设计方案，可将传感器网络划分为几个不重叠的区域，每个区域都有一个 Sencar。假设每个 Sencar 都可以将收集到的数据转发至周围可以访问到静态数据汇集点的任意一个 Sencar。若每个区域的 Sencar 均完成数据收集，或 Sencar 在路径上移动且没有与相关传感器通信时，那么 Sencar 间可以进行数据转发。该方式确保了 Sencar 间的数据转发与数据收集之间互不影响。与单一 Sencar 的情况一样，Sencar 负责从本地传感器获取数据。图 6.7 给出了有两个 Sencar 的范例。两个可用的 Sencar 在两个互不重叠的区域内工作，Sencar 1 在自己的路径上访问数据汇集点。当某一 Sencar 到达其所在区域的选中轮询点处时，它的相关传感器轮流与其进行通信。匹配对中的两个传感器在同一时隙中同时上传数据，然而独立传感器(没有配对的传感器)需分散地向 Sencar 传递数据。

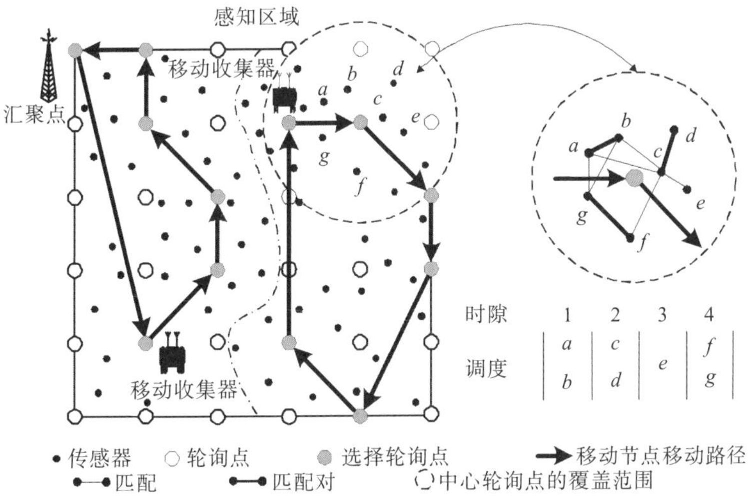

图 6.7　传感网络中的两个 Sencar 同时收集数据

(图片来源：Zhao M, Ma M,Yang Y. Efficient data gathering with mobile collectors and space-division multiple access technique in wireless sensor networks. IEEE Transactions on Computers, 2011, 60(3): 400-417.)

假设各个区域中传感器的数据收集完成后，传感器可转换到睡眠模式。因此，根据路径的权重寻找数据收集的最优策略，以延长网络的生存时间并减少不同区域之间数据收集的延迟，这等价于最小化不同区域之间数据收集时间的最大值。该问题就是 MDG-MS 问题。除了像 MDG-SDMA 一样寻求最短移动路径和 SDMA

技术使用的平衡点，该问题还着重于正确划分选中轮询点及其相关传感器以平衡在不同区域间的数据收集时间。

MDG-MS 问题可描述为：已知传感器集合 $S=\{1,2,\cdots,N_s\}$，轮询点集 $P=\{1,2,\cdots,N_p\}$ 及 Sencar 的集合 $K=\{1,2,\cdots,N_k\}$，我们发现：

(1)集合 $P_1',P_2',\cdots,P_{N_k}'$ 是 P 的子集，它们代表不同区域的选中轮询点，且满足 $P_1'\cap P_2'\cap\cdots\cap P_{N_k}'=\Phi$ 及 $P_1'\cup P_2'\cup\cdots\cup P_{N_k}'\subseteq P$。

(2) $S_1',S_2',\cdots,S_{N_k}'$ 是 S 的子集，它们代表不同区域内放置的传感器，其满足 $S_1'\cap S_2'\cap\cdots\cap S_{N_k}'=\Phi$ 及 $S_1'\cup S_2'\cup\cdots\cup S_{N_k}'\subseteq S$。

(3) S_i', $i=1,2\cdots,N_k$ 中传感器的匹配对。

(4)Sencar 依次访问 P_i' 中的选中轮询点，因此 N_k 个区域中的最大数据接收时间能够最小化。

MDG-MS 问题也可转化为 ILP 问题，因为 MDG-SDMA 问题是 MDG-MS 问题中 N_k=1 时的一个特例。我们知道 ILP 解决方案的复杂性相当高，因此该设计可能不适用于大规模的传感器网络。所以，下面将提出启发式的 RDTP 算法。

6.5.2 区域划分和路径规划算法

RDTP 算法的基本思想是：首先，将传感器网络看作一个整体，并找到在单一 Sencar 情况可缩短数据接收时间的匹配对和选中轮询点；然后，赋予每个选中轮询点一个权重并根据其权重将它们划分为不同区域。确切地说，RDTP 算法包含以下四步：

(1)寻找可使数据上传时间最短的传感器匹配对；

(2)确定(1)中匹配对相对应的选中轮询点，同时得到一条较短路径；

(3)建造选中轮询点的最小生成树，并赋予树上每一顶点相应的权值；

(4)基于每个顶点的权重将最小生成树分解为子树集，并沿着每棵树选定的轮询点找到最短移动路径。

本章借用图 6.8 详细介绍该算法。如图 6.8 所示，该网络包含 20 个传感器(用圆点表示)和 25 个轮询点(标号的小环)。图 6.8(a)给出了传感器之间的匹配关系，其中任意传感器两两相连。我们有两个 Sencar，因此为了平衡两个 Sencar 的数据接收时间，将网络划分成两个区域，并为每个 Sencar 规划移动路径。

随着传感器的增多，与 Sencar 的移动时间相比，传感器的数据上传时间较大，因此将数据上传时间看作影响轮询点选择的主要因素是非常合理的。所以，在 RDTP 算法的(1)和(2)中，依然根据单一 Sencar 情况中的 MCP 算法来决定匹配对和选中轮询点。首先，忽略区域划分模型，将整个网络看作一个整体，并找到

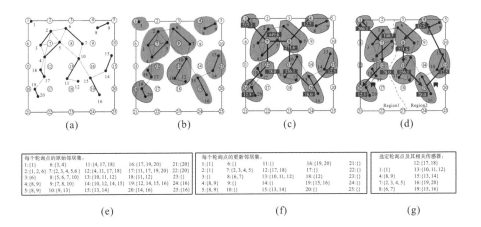

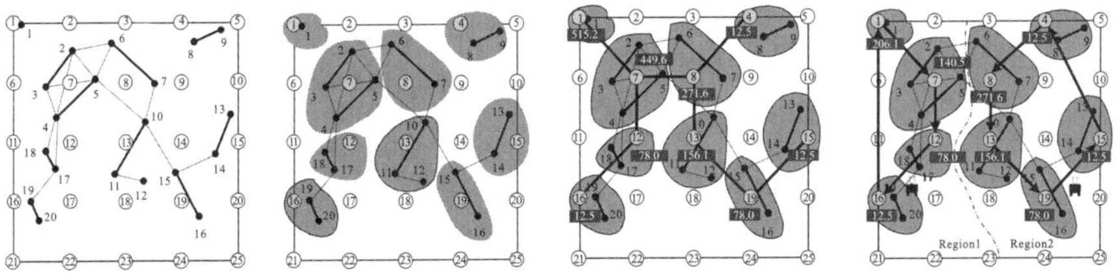

(a)　(b)　(c)　(d)

每个轮询点的原始邻居集：

1:{1}	6:{3, 4}	11:{4, 17, 18}	16:{17, 19, 20}	21:{20}
2:{1, 2, 6}	7:{2, 3, 4, 5,6 }	12:{4, 11, 17, 18}	17:{11, 17, 19, 20}	22:{20}
3:{6}	8:{5, 6, 7, 10}	13:{10, 11, 12}	18:{11, 12}	23:{}
4:{8, 9}	9:{7, 8, 10}	14:{10, 12, 14, 15}	19:{12, 14, 15, 16}	24:{16}
5:{8, 9}	10:{9, 13}	15:{13, 14}	20:{14, 16}	25:{16}

(e)

每个轮询点的更新邻居集：

1:{1}	6:{}	11:{}	16:{19, 20}	21:{}
2:{1}	7:{2, 3, 4, 5}	12:{17, 18}	17:{}	22:{}
3:{}	8:{6, 7}	13:{10, 11, 12}	18:{12}	23:{}
4:{8, 9}	9:{}	14:{}	19:{15, 16}	24:{}
5:{8, 9}	10:{}	15:{13, 14}	20:{}	25:{}

(f)

选定轮询点及其相关传感器：

	12:{17, 18}
1:{1}	13:{10, 11, 12}
4:{8, 9}	15:{13, 14}
7:{2, 3, 4, 5}	16:{19, 20}
8:{6, 7}	19:{15, 16}

(g)

图 6.8　RDTP 算法：(a)寻找最大匹配对；(b)决定选中轮询点及传感器的相关模式；(c)寻找选中轮询点的最小覆盖生成树；(d)基于选中轮询点的权重并将其划分为两部分；(e)轮询点的初始邻居集合；(f)基于最多匹配对的更新邻居集合；(g)选中轮询点

(图片来源：Zhao M, Ma M,Yang Y. Efficient data gathering with mobile collectors and space-division multiple access technique in wireless sensor networks. IEEE Transactions on Computers, 2011, 60(3): 400-417.)

所有传感器的最大匹配对和选中轮询点的最小值，以及为实现这个最大匹配对所需的最小轮询点数目。如此进行，为了得到数据上传时间的最小值，所有传感器都会充分利用 SDMA 技术，Sencar 也会通过访问最少的选中轮询点得到最短路径。具体过程与 MCP 算法相似。例如，网络中的 20 个传感器至多有 9 对匹配对，如图 6.8(a)所示。一般来说，假设数据汇集点位于轮询点 1 处。图 6.8(b)表明轮询点 1、4、7、8、12、13、15、16 和 19 被选作选中轮询点，也就是 P' 中的元素。图 6.8(e)和图 6.8(f)分别列出了每个轮询点的初始和已更新的邻居集合，图 6.8(g)列出了选中轮询点和与它相关的传感器，图 6.8(b)中每个选中节点周围的阴影区域即为传感器。

找到匹配对及选中轮询点后，在 RDTP 算法的(3)中，为了便于区分，赋予每个选中轮询点一定的权重并将轮询点以树的结构表示出来。更准确地讲，我们找到 P' 中选中轮询点的最小生成树 $T(V,E)$，该树以静态数据汇集点 r_T 为根节点，如图 6.8(c)所示，9 个选中轮询点的最小生成树以实线表示，该树以轮询点 1 为根节点。$w(v)$ 代表选中轮询点 v 的权重。下面根据以下公式计算 P' 中每个选中轮询点的权重：

$$w(v)=\sum_{u\in V(\mathrm{sub}T(v))}\rho(|f_u|-|M_u|)+\sum_{e\in E(\mathrm{sub}T(v))}\lambda L_e,\quad v\in P' \tag{6.18}$$

其中，ρ 和 λ 为常系数，分别为传感器上传数据的时间和 Sencar 移动单位距离所耗费的时间；sub$T(v)$ 为根节点为 v 的树 T 的子树；$V(\cdot)$ 与 $E(\cdot)$ 分别为树的顶点与边；f_u为选中轮询点 u 的相关传感器；M_u为轮询点 u 的相关传感器中的匹配对；L_e为边 e 的深度。$w(v)$表达式中的第一项为以 v 为根节点的子树上选中轮询点数据上传的时间总和；第二项为沿子树的边移动的时间总和。因此，若 Sencar 访问以顶点 v 为根节点的子树，那么选定轮询点从其相关的传感器收集数据，顶点 v 的权重表明期望的数据收集时间。由此可以看到，树 T 中根节点的权重最大，认为它是树 T 的总权重，记为 W_T。如图 6.8(c)所示，该范例中标记出了每个选中轮询点的权重，其中 ρ 和 λ 分别设定为 12.5 和 1.25，相连的两个轮询点相距 30m。该组值对应的树 T 的根节点的权重 W_T 为 515.2。

现在，剩下的问题是如何将选中轮询点和与它们相关的传感器划分为不同的区域(针对不同的 Sencar)以平衡每个区域之间的数据收集时间。该算法的(4)将重点考虑这个问题。我们假设总共有 N_k 个 Sencar，因而选中轮询点也将分为 N_k 个部分。该方法的基本思想是：将最小生成树 T 分解为 N_k 个部分，通过反复迭代，基于 T 中每个顶点的权重找到一子树 t，并从 T 中分离出来。为了在每次迭代中构造一棵子树，首先我们要找到距离树 T 根节点 v 最远且权重最小的叶子节点。用 m 代表每一次迭代后剩余 Sencar 的数量，因此在最开始 $m=N_k$。若 $w(v)<W_T/m$，找到 v 的父节点 PA(v)并设 v=PA(v)。检查其权重并重复这个向上的过程直到 $w(v)\geqslant W_T/m$。记下节点 v，并将其作为子树 t 的根节点。子树 t 上所有节点均来自树 T，即 t 对应的选中轮询点也与某个区域(或者某个 Sencar)相关。然后，在已更新树 T 上更新每个节点的 W_T、m 及 $w(v)$。最后，重复以上步骤找到另一棵子树。当 $m=1$(仅剩一个可用 Sencar)时，所有剩余的选中轮询点及其相关的传感器都将分配给该 Sencar，这时该过程结束。如图 6.8(c)所示，第一次迭代时，轮询点 15 是树 T 的最远叶子节点，且权重最小为 12.5。此时，将根节点 v 的权重设为 15。因为 $m=N_k=2$ 且 $W_T=515.2$，则 $w(15)<W_T/m=257.6$。下面，检查轮询点 15 的父节点轮询点 19 的权重。由于 $w(19)$仍然小于 W_T/m，我们继续向上迭代直到轮询点 8 的权重大于 W_T/m。因此，轮询点 8 是该子树 t 的根节点。子树 t 的所有节点为 4、8、13、15 和 19 都划分给 P_2'，其相应的相关传感器划分到 S_2'。这意味着 S_2' 中的传感器属于区域 2，负责区域 2 的 Sencar 通过访问 P_2' 中的选中轮询点并从这些传感器中收集数据。如图 6.8(d)所示，从树 T 中移除这些轮询点后，更新树 T 剩余节点的 $w(v)$，并且重新计算 W_T 为 206.1，$m=1$。目前只剩下一个可用的 Sencar ($m=1$)，所有剩下的选中轮询点及其相关传感器分别分配给 P_1' 和 S_1'。最后，利用 TSP 的近似算法得到每个 Sencar 访问区域内选中轮询点的最短移动路径。范例中两个 Sencar 的移动路径如图 6.8(d)所示：Sencar2：8→13→19→15→4→8，Sencar1：1(DS)→7→2→16→1(DS)。算法 6.4 给出了 RDTP 算法(4)的详细过程。

算法 6.4　将选中轮询点及相关传感器划分为 N_k 部分的步骤

```
Procedure division(T,Nk)
For T 上的所有 v do
  根据式(6.18)计算 w(v);
End for
m←Nk;
While m>1
  WT←w(rT);
   v←T 上 w(v)取最小值的最远叶子节点;
   While w(v)<WT / m
     v←PA(v)
   End while
建造以 v 为根节点的 T 的子树 t;
将子树 t 上的顶点添加至 P'm;
将对应的关联传感器添加至 S'm;
从 T 上移除子树 t;
由 T 上剩余的每个 v 更新 w(v);
m←m-1;
End while
将 T 上剩余的选中轮询点添加至 P'1;
将对应的关联传感器添加至 S'1;
分别得到访问 P'1, P'2, …, P'NK 中选中轮询点的近似最短路径
```

最后，在算法 6.5 中总结 RDTP 算法。已知有 N_s 个传感器，N_p 个轮询点，RDTP 算法的时间复杂度如下：RDTP 算法前两步的操作与 MCP 算法相同，时间复杂度为 $O(N_s^3+N_s^2N_p+N_sN_p\min\{N_s,N_p\})$。第三步中，简单应用普林姆算法[35]寻找最小生成树的时间复杂度为 $O(N_p^2)$，为最小树中每个顶点分配权重的时间复杂度为 $O(N_p)$。对于算法 6.4 中描述的最后一步，已知有 m 个可用的 Sencar，外部的 while 循环执行 $m-1$ 次，内部的 while 循环最多执行 N_p 次。因此，寻找访问选中轮询点的近似最短路径能够在 $O(N_p^2)$ 时间内完成。对于 $N_s \geqslant N_p$ 的情况，RDTP 算法的总时间复杂度为 $O(N_s^3)$。

算法 6.5　RDTP 算法

输入：

包含所有传感器的集合 S

包含所有轮询点的集合 P

邻居总集 $F=\{f_i|i\in P\}$，f_i 为轮询点 i 的邻居集合

距离矩阵 $D=\{d_{i,j}\}_{|P|\times|P|}$，其中 $d_{i,j}$ 为轮询点 i 与轮询点 j 之间的距离 $a_{i,j}\in A$ 的长度

配对关系矩阵 $C(P)=\{c_{m,n,i}\}_{|S|\times|S|\times|P|}$

输出：

选中轮询点集 P' 且 $P'=P_1'\cup P_2'\cup\cdots\cup P_{N_K}'$

P 的每个子集 $P_1',P_2',\cdots,P_{N_K}'$ 均代表一个区域内相关联的传感器

每个区域内的匹配对

每个 Sencar 移动路径

RDTP 算法：

(1)得到基于 C(P)的最大匹配对数 M；

(2)根据 M 更新 F；

由贪婪算法找到 F 的最小覆盖范围；

将选中邻居集对应的轮询点添加至 P'；

(3)找出 P' 中选中轮询点的最小生成树 T；

计算 T 上每个节点的权重；

(4)通过迭代来寻找 T 的子树并将 P' 划分为 $P_1',P_2',\cdots,P_{N_K}'$ 并将 S 划分为 $S_1',S_2',\cdots,S_{N_K}'$；

分别得到访问 $P_1',P_2',\cdots,P_{N_K}'$ 中选中轮询点的近似最短路径

6.6 性能评价

本节通过仿真对所提出的算法进行评价，并给出仿真结果。

6.6.1 MDG-SDMA 的算法评价

本节对基于单一 Sencar 和 SDMA 技术的数据收集策略 MCP 算法、MCST 算法及 RB 算法的性能进行评估。

利用软件 CPLEX[36]求解所提出的 ILP 问题的最优解，并将最优解与 MCP 算法、MCST 算法及 RB 算法得到的解进行比较，从而评估 MCP 算法、MCST 算法及 RB 算法的性能。

首先给出一个例子，以比较本章所提出的算法与最优解。网络参数配置如图 6.9 所示，其中有 60 个传感器分布在 60m×60m 的区域内，25 个轮询点位于方

格的十字交叉处且相互间隔 15m。设轮询点覆盖范围的半径及传感器的传输范围均为 30m。如图 6.9(a)所示，匹配对中的两个传感器以边相连，需要强调的是同时位于多个轮询点覆盖范围内匹配对中的两个传感器之间也只用一条边连接。对于 RB 算法，假设每个传感器所感知的数据大小为 q=1Mb，有效数据上传速率为 v_d=80kbps，Sencar 的移动速率为 $v_m = 0.8\text{m/s}$，$\alpha / \beta = 5$。根据不同算法得到的解分别如图 6.9(b)～图 6.9(e)所示，其性能比较如表 6.3 所示。值得注意的是，MCP 算法得到的最大匹配对为 15，最短数据上传时间为 188s，而 MCST 算法研究的是如何寻找覆盖所有传感器的最短路径，它得到的最短移动时间为 184s。另外，RB 算法追求的是最大匹配对与 Sencar 的最短移动路径之间的平衡，该算法得到了最短数据收集时间，且该时间仅比最优解长 3.9%。

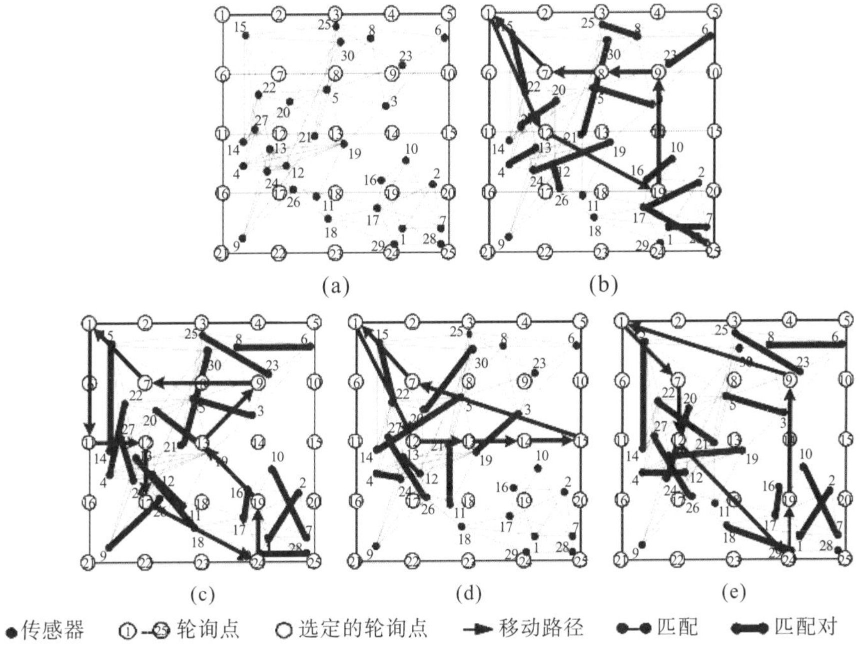

图 6.9　不同算法的解：(a)网络配置；(b)最优方案；(c)MCP 算法；(d)MCST 算法；(e)RB 算法

(图片来源：Zhao M, Ma M,Yang Y. Efficient data gathering with mobile collectors and space-division multiple access technique in wireless sensor networks. IEEE Transactions on Computers, 2011, 60(3): 400-417.)

表 6.3　性能比较

	最优解	MCP 算法	MCST 算法	RB 算法
匹配对数量	12	15	8	13
数据上传时间/s	225	188	275	213
移动时间/s	185	253	184	213
数据收集时间/s	410	441	459	426

由于 MDG-SDMA 问题是 NP 难问题，因此对于较大的无线传感器网络来说，难以得到其最优解。我们设法取得在较小网络中的最优解并与 MCP 算法、MCST 算法和 RB 算法的数据进行对比。当 N_s 为 20～80 时，本章通过实验测量了移动路径长度、匹配对的数量及不同算法的数据收集时间。假设所有的传感器都随机分布在感知区域，其他参数设置都如前文所述。每一组数据的结果都是 200 次仿真实验结果的平均值，由图 6.10 所列对比结果可以得到以下结论。首先，所有解所得移动路径的长度都先随传感器数量的增加而增加；而后，随着 N_s 的继续增加，移动路径长度逐渐平稳并有轻微的增加。该结论是合理的，因为更多的传感器意味着要访问更多的选中轮询点，而后随着传感器个数的进一步增加，所需轮询点的个数逐渐饱和。其次，由各算法所得匹配对的数量满足下面的规律 MCP 算法>RB 算法>最优解>MCST 算法。最后，忽略传感器数量的影响，就数据收集时间而言，RB 算法的性能总是接近最优解。值得注意的是，在稀疏分布的网络中，MCST 算法的性能优于 MCP 算法并且接近最优解；然而，随着网络中传感器数量的增加，MCP 算法的性能会超过 MCST 算法，因为 MCP 算法利用 SDMA 技术传输数据，从而节省了数据上传时间。

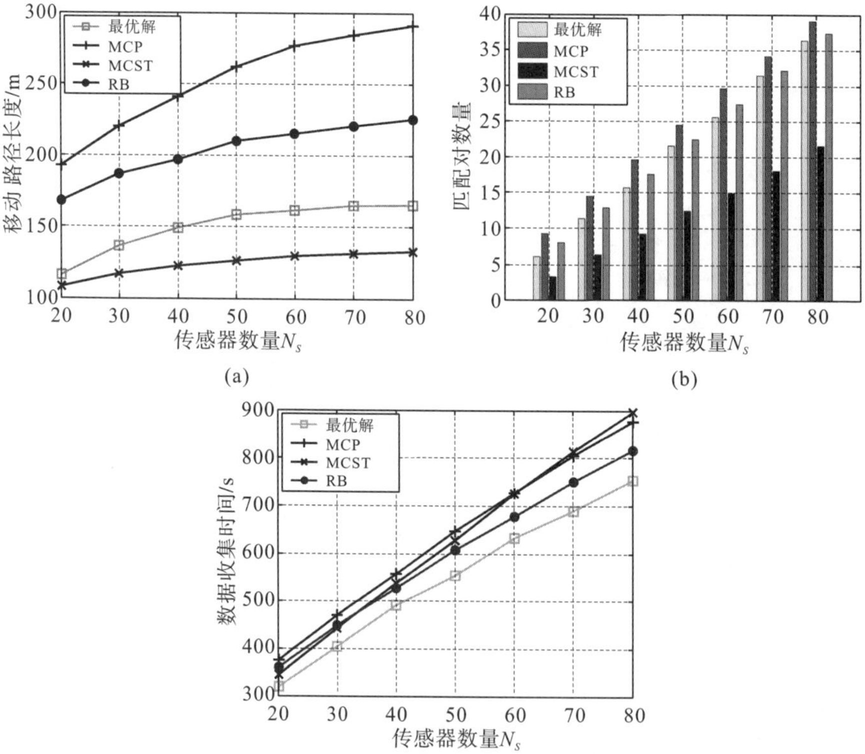

(c)

图 6.10 对于小规模网络，所提算法与最优解的比较：(a)移动路径长度；(b)匹配对数量；(c)数据收集时间

(图片来源：Zhao M, Ma M,Yang Y. Efficient data gathering with mobile collectors and space-division multiple access technique in wireless sensor networks. IEEE Transactions on Computers, 2011, 60(3): 400-417.)

本章将 MCP 算法、MCST 算法、RB 算法与不采用 SDMA 技术的两种数据收集方案进行比较。①单跳数据收集[18]：移动收集器沿着规划好的路径移动，该方式与 MCST 算法相同。然而，每个传感器也采用单输入-单输出的方式进行数据传输。②将已选定传感器的位置作为停靠点并进行数据收集[23,26]。一部分传感器的位置作为停靠点，因而移动收集器会停靠在这些地方以单输入-单输出方式从周围的传感器收集数据。为公平比较，假设移动收集器通过访问最少数目的传感器，以单跳方式收集所有传感器感知的数据。假设 N_s 个传感器随机分布在 $D×D$ 的正方形区域中，25 个轮询点等间距地分布在方格中，对应于每个 N_s 的性能值都是 1000 次仿真结果的平均值。

图 6.11 给出了当 N_s 由 5 增加到 200 时，在不同的有效数据上传速率及 Sencar 移动速率下，不同收集策略得到的数据收集时间和匹配对数，其中 D 设为 60m。由此可以得到，MCP 算法、MCST 算法、RB 算法的性能均优于 SHDG 与 SAP 算法的性能，传感器分布越密集则优势越明显。这是因为传感器的密集分布使得数据上传时间占总体数据收集时间的大部分，并且为传感器进行协同数据传输提供了更多的机会。例如，如图 6.11(a)所示，当 N_s 增加到 100 以上时，与 SHDG 和 SAP 算法相比，MCP 算法、MCST 算法、RB 算法的数据收集时间至少能缩短 35%。另外，如图 6.11(b)所示，若移动速率较低，如 $v_m = 0.5\text{m/s}$，则 MCST 算法的数据收集时间至少比 MCP 算法短 17%，因为移动路径上的时间开销占数据收集时间的大部分。然而，如图 6.11(c)所示，在密集分布的网络中若有效数据的上传速率较低，如 $v_d = 50\text{kbps}$，则数据上传时间大于 Sencar 的移动时间。因此，着重于研究最小匹配对的 MCP 算法在该实例中展示出了它的优点，其性能较 MCST 算法提高了 22%。在以上实例中，RB 算法的性能最优，因为它在考虑了以上参数的基础上选择选中的轮询点，因而该算法对于这些参数变化有很强的适应性。

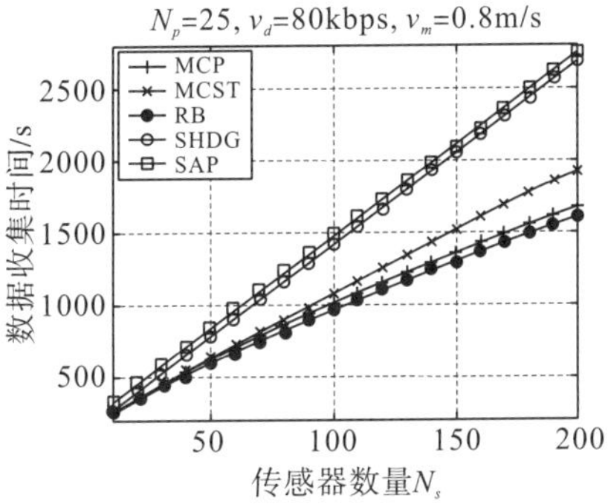

(a)

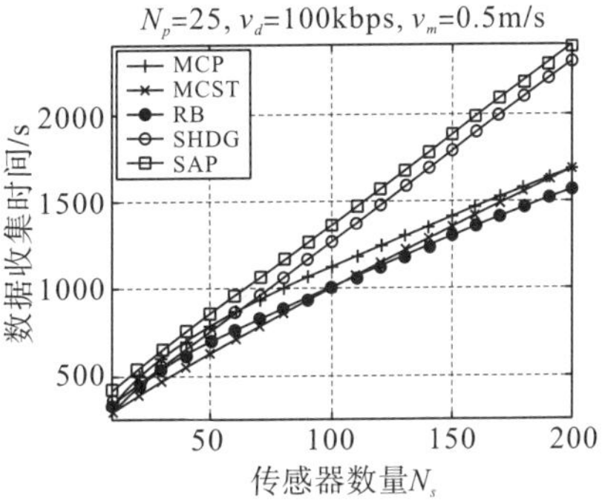

(b)

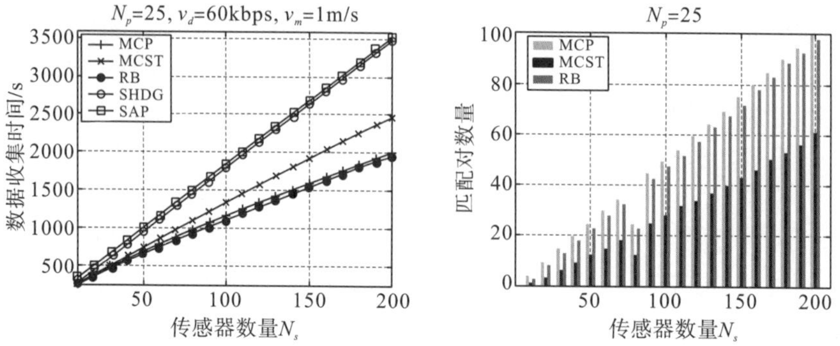

(c) (d)

图 6.11　不同有效数据上传速率及 Sencar 移动速率下的数据收集时间

（图片来源：Zhao M, Ma M,Yang Y. Efficient data gathering with mobile collectors and space-division multiple access technique in wireless sensor networks. IEEE Transactions on Computers, 2011, 60(3): 400-417.）

图 6.12 给出了当分布区域边长为 30～80m 时，根据不同策略所得到的匹配对数、Sencar 的移动路径长度及数据收集时间，其中 N_s 设为 50，N_p 设为 25，v_d 设为 80kbps，v_m 设为 0.8m/s。图 6.12(a)给出了 MCP 算法及 RB 算法得到的匹配对数，其随 D 的减小而减少，因为传感器分布越稀疏，传感器间的匹配机会越小。对于 MCST 算法来说，其匹配对数量随 D 的增加有所波动。因为在该算法中，D 对匹配对并没有直接影响。轮询点的选择与缩短 Sencar 的移动路径长度相关。图 6.12(b)表明随着 D 的增加，所有策略所得移动路径的长度都会增加。MCST 算法与 SHDG 算法的时间最短，其次是 SAP 算法。因为 SAP 算法必须访问传感器的准确位置，尽管它只需遍历 MCST 算法与 SHDG 算法中传感器的传输范围。图 6.12(c)表明，MCP 算法、MCST 算法及 RB 算法与 SHDG 算法和 SAP 算法相比，采用 SDMA 技术极大地缩短了数据收集时间。例如，当 D=50m 时，就数据收集时间而言，RB 算法的性能高于 SDHG 算法及 SAP 算法性能的 31%～36%。

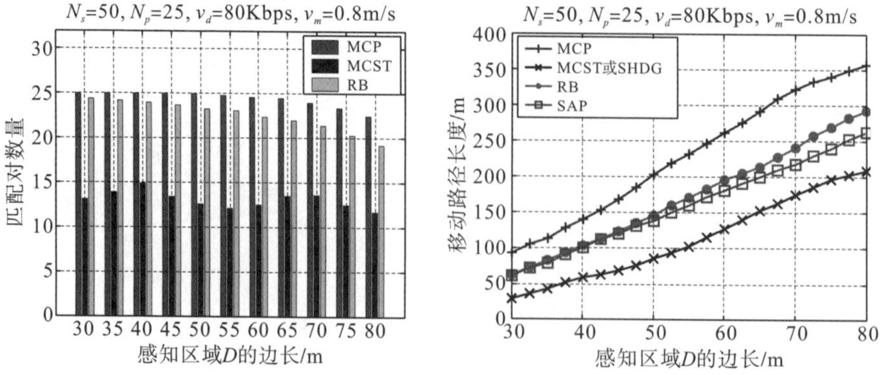

(a) (b)

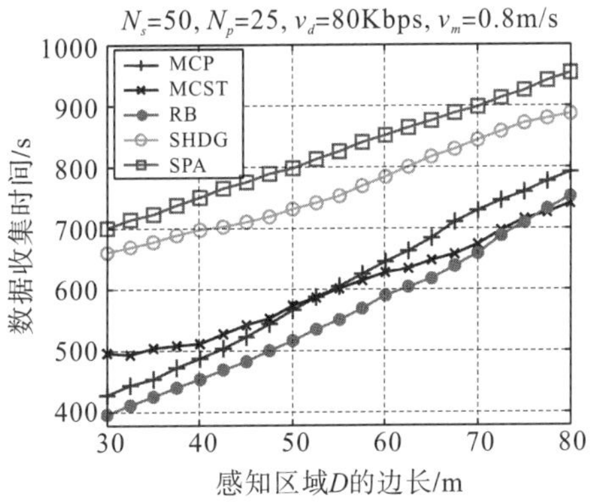

(c)

图 6.12　当分布区域边长为 30～80m 时，不同策略所得的匹配对数、Sencar 的移动路径长度及数据收集时间

（图片来源：Zhao M, Ma M,Yang Y. Efficient data gathering with mobile collectors and space-division multiple access technique in wireless sensor networks. IEEE Transactions on Computers, 2011, 60(3): 400-417.）

6.6.2　MDG-MS 算法的评价

本节对基于多 Sencar 及 SDMA 技术的 RDTP 算法的性能进行评估，并将该算法的性能与其他三种数据收集方案进行了对比。

我们考虑由 N_s 个传感器随机分布的 $D\times D$ 正方形传感器网络，其中 N_p 个轮询点等距离分布在方格的十字交叉处，共有 N_k 个可用的 Sencar。假设轮询点覆盖范围的半径 r 为 30m，传输数据大小为 1Mb，传感器的有效数据上传速率 v_d=80kbps 及 Sencar 的移动速率 v_m=0.8m/s。

图 6.13(a)给出了 N_s 为 10～150 时，采用不同方式的数据收集时间。其中 N_p 为 36，D 为 100m。下面对四种移动数据收集模式进行对比：①单一 Sencar 但不采用 SDMA；②单一 Sencar 并采用 SDMA；③两个 Sencar 但不采用 SDMA；④两个 Sencar 并采用 SDMA。多 Sencar 方式中的数据收集时间对应于不同区域数据收集的最大路径。我们知道所有方案的数据收集时间都随 N_s 的增加而增加。然而，因为 RDTP 算法同时使用多个 Sencar 且传感器利用 SDMA 技术同时进行传输，所以它的性能总是优于其他算法。例如，当 N_s=100 时，RDTP 算法与单一 Sencar 但不采用 SDMA 的方式相比其数据收集时间缩短了 56%，并且随着 N_s 的增加，该优势更加明显。更短的数据收集时间意味着更长的网络寿命，因为一旦该范围的数据收集完成，传感器能够立即转到节能模式。

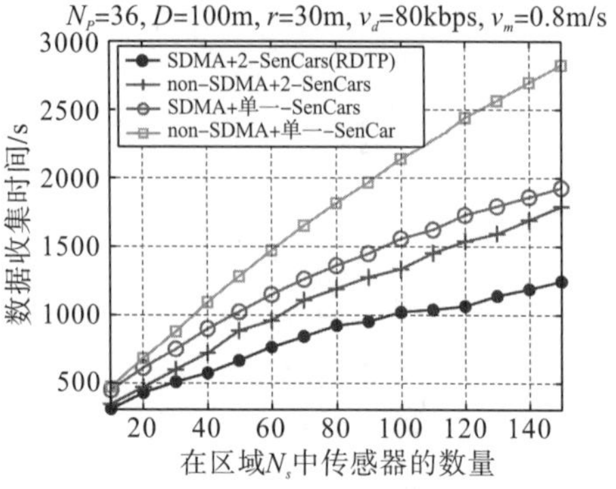

(a)

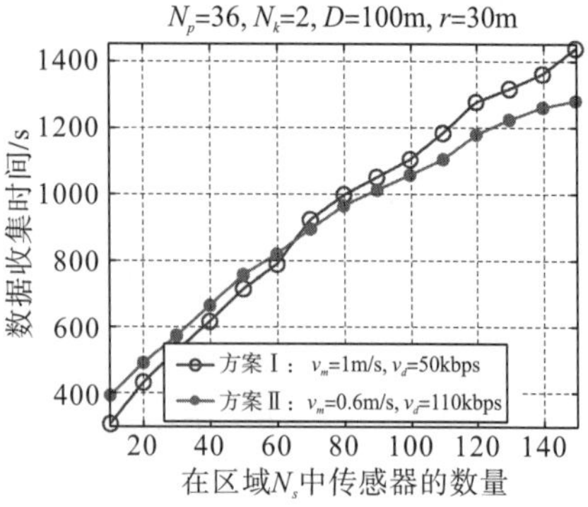

(b)

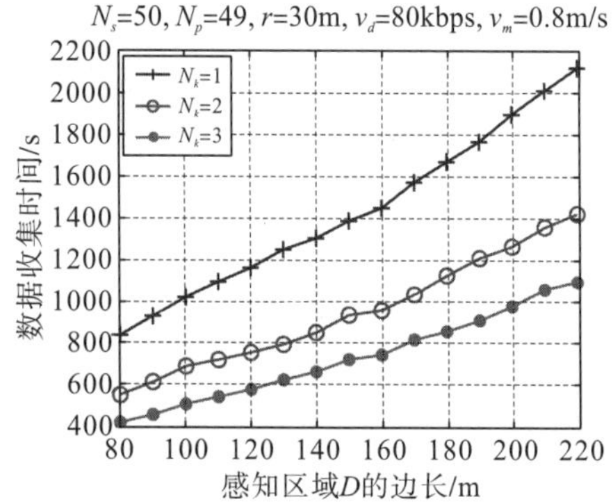

(c)

图 6.13 RDTP 算法性能

（图片来源：Zhao M, Ma M,Yang Y. Efficient data gathering with mobile collectors and space-division multiple access technique in wireless sensor networks. IEEE Transactions on Computers, 2011, 60(3): 400-417.）

图 6.13(b)表明，在不同 v_m、v_d 及 D=10m 的条件下，RDTP 算法的数据收集时间随 N_s 的变化而变化。该网络包含 36 个轮询点和两个可用的 Sencar。我们考虑两种情况，$v_m = 1\text{m/s}$ 且 $v_d = 50\text{kbps}$ 和 $v_m = 0.6\text{m/s}$ 且 $v_d = 110\text{kbps}$。单一 Sencar 中的相关结论也适用于该情况。当 N_s 较小时，Sencar 的移动速率 v_m 对数据收集时间的影响比 v_d 更大。例如，当 N_s 增加到 60 以上及 $v_d = 110\text{kbps}$ 时，方案 2 的数据收集时间较方案 1 更短。因为更多的传感器使得数据上传时间所占比例较大，并最大程度上为利用 SDMA 技术的优点提供机会。

图 6.13(c)表明，当 N_s=50，N_p=49 时，对于不同的 N_k，RDTP 算法的数据收集时间随 D 的变化而变化。我们可以看到数据收集时间随着 D 的增加而增加。具有该变化规律的原因有以下两点：①由于传感器分布越稀疏，匹配的可能性越小，因此传感器的最大匹配对数随着无线传感器网络范围的增大而减少；②D 越大，

两个选中轮询点之间的距离和 Sencar 的移动路径也越长。另外，更多可用的 Sencar 分担并平衡了数据收集的负载，因此数据收集时间缩短。例如，D=120m、N_k=1 的传感器网络的数据收集时间为 1160s。配备 2 个或 3 个 Sencar 的传感器网络的数据收集时间分别为 753s 和 576s，较单一 Sencar 而言，分别缩短了 35%和 51%。

6.7　本 章 小 结

本章研究了无线传感器网络中基于移动性和 SDMA 技术的数据收集联合设计。首先讨论了该联合设计应用于单一 Sencar 的情形，并通过研究最短移动路径和充分利用 SDMA 间权衡以最小化数据收集时间。我们利用整数线性规划求解以上问题，并且为以上问题提供实际的解决方案，我们提出了三种算法：MCP 算法、MCST 算法和 RB 算法。然后，我们继续讨论了基于多 Sencars 和 SDMA 技术的情况。考虑了最小化不同区域之间的最大数据收集时间的问题，并提出了区域划分和路径规划算法。仿真结果表明，本章提出的算法较其他的设计而言，能够实现更短的数据收集时间。

参 考 文 献

[1] Akyildiz I F, Su W, Sankarasubramaniam Y. A survey on sensor networks. IEEE Communications Magazine. 2002, 40(8): 102-114.

[2] Scaglione A, Servetto S D. On the interdependence of routing and data compression in multi-hop sensor networks. Proc. ACM International Conference on Mobile Computing & Networking, 2002: 140-147.

[3] Marco D, Duarte-Melo E J, Liu M, et al. On the many-to-one transport capacity of a dense wireless sensor network and the compressibility of its data. Proc. IEEE International Conference on Information Processing in Sensor Networks, 2003: 1-16.

[4] England D, Veeravalli B, Weissman J. A robust spanning tree topology for data collection and dissemination in dis-tributed environments. IEEE Transactions on Parallel and Distributed Systems, 2007, 18(5):608-620.

[5] Jain K, Padhye J, Padmanabhan V N, et al. Impact of interference on multi-hop wireless network performance. Proc. ACM International Conference on Mobile Computing and Networking, 2003: 66-80.

[6] Duarte-Melo E J, Liu M. Data-gathering wireless sensor networks: Organization and capacity. Computer Networks, 2003, 43(4): 519-537.

[7] Gamal H E. On the scaling laws of dense wireless sensor networks: The data gathering channel. IEEE Transactions on Information Theory, 2005, 51(3): 1229-1234.

[8] Heinzelman W R, Chandrakasan A, Balakrishnan H. Energy-efficient communication protocol for wireless micro-sensor networks. Proc. IEEE Hawaii International Conference on System Sciences, 2000.

[9] Younis O, Fahmy S. Distributed clustering in ad-hoc sensor networks: a hybrid, energy-efficient approach. Proc. IEEE Infocom, 2004: 629-640.

[10] Shah R, Roy C, Brunette W. Data mules: Modeling a three-tier architecture for sparse sensor networks. Proc. IEEE International Workshop on Sensor Network Protocols and Applications, 2003: 30-41.

[11] Zhao W, Ammar M, Zegura E. A message ferrying approach for data delivery in sparse mobile ad hoc networks. Proc. ACM MobiHoc, 2004: 187-198.

[12] Pentland A, Fletcher R, Hasson A. Daknet: Rethinking connectivity in developing nations. Computer, 2004, 37(1):78-83.

[13] Chakrabarti A, Sabharwal A, Aazhang B. Using pre-dictable observer mobility for power efficient design of a sensor network. Proc. International Workshop on Information Processing in Sensor Networks, 2003: 129-145.

[14] Jea D, Somasundara A, Srivastava M B. Multiple controlled mobile elements (data mules) for data collection in sensor networks. Proc. IEEE/ACM International Conference on Distributed Computing in Sensor Systems, 2005: 244-257.

[15] Ma M, Yang Y. Sencar: An energy-efficient data gathering mechanism for large-scale multihop sensor networks. IEEE Transactions on Parallel and Distributed Systems, 2007, 18(10):1476-1488.

[16] Ma M, Yang Y. Data gathering in wireless sensor networks with mobile collectors. Proc. IEEE International Symposium on Parallel & Distributed Processing, 2008: 1010-1019.

[17] Zhao W, Ammar M H, Zegura E W. Controlling the mobility of multiple data transport ferries in a delay-tolerant network. Proc. IEEE Infocom, 2005: 1407-1418.

[18] Somasundara A A, Ramamoorthy A, Srivastava M B. Mobile element scheduling for efficient data collection inwireless sensor networks with dynamic deadlines. Proc. IEEE International Real-time Systems Symposium, 2004: 296-305.

[19] Ekici E, Gu Y, Bozdag D. Mobility-based communicationin wireless sensor networks. IEEE Communications Magazine, 2006, 44(7):56-62.

[20] Luo J, Hubaux J P. Joint mobility and routing forlifetime elongation in wireless sensor networks. Proc. IEEE Infocom, 2005: 1735-1746.

[21] Nakayama H, Ansari N, Jamalipour A, et al. Fault-resilient sensing in wireless sensor networks. Computer Communications, 2007, 30(11-12):2375-2384.

[22] Nesamony S, Vairamuthu M K, Orlowska M E. On optimal route of a calibrating mobile sink in a wireless sensor network. Proc. ACM International Conference on Networked Sensing Systems. IEEE, 2007: 61-64.

[23] Basagni S, Carosi A, Melachrinoudis E, et al. Controlled sink mobility for prolonging wireless sensor networks lifetime. ACM Wireless Networks, 2008, 14(6):831-858.

[24] Xing G, Wang T, Jia W, et al. Rendezvous design algorithm for wireless sensor networks with a mobile base station. Proc. ACM MobiHoc, 2008: 231-240.

[25] Dantu K, Rahimi M, Shah H, et al. Robomote: Enabling mobility in sensor networks. Proc. IEEE International Symposium on Information Processing in Sensor Networks, 2005: 404-409.

[26] Manjeshwar A, Agrawal D P. Teen: A routing protocol for enhanced efficiency in wireless sensor networks. Proc. IEEE International Parallel & Distributed Processing Symposium, 2001: 2009-2015.

[27] Zhang Z, Ma M, Yang Y. Energy efficient multi-hop polling in clusters of two-layered heterogeneous sensor net-works. IEEE Transactions on Computers, 2008, 57(2): 231-245.

[28] Tse D N C, Viswanath P. Fundamentals of Wireless Communication. NewYork: Cambridge University Press, 2005.

[29] Thoen S, Perre L V D, Engels M, et al. Adaptive loading for OFDM/SDMA-based wireless networks. IEEE Transactions on Communications, 2002, 50(11): 1798-1810.

[30] Suard B, Xu G, Liu H, et al. Uplink channel capacity of space-division-multiple-access schemes. IEEE Transactions on Information Theory, 1998, 44(4):1468-1476.

[31] West D B. Introduction to Graph Theory. Englewod Cliffs: Prentice-Hall, 1996.

[32] Edmonds J. Paths, trees, and flowers. Canadian Journal of Mathematics, 1965, 17: 449-467.

[33] Gabow H N. An efficient implementation of edmonds'algorithm for maximum matching on graphs. Journal of the ACM, 1976, 23(2): 221-234.

[34] Gavish B. Formulations and algorithms for the capacitated minimal directed tree problem. Journal of the ACM, 1983, 30(1): 118-132.

[35] Cormen T H, Leiserson C E, Rivest R L, et al. Introduction to Algorithm. Cambridge: MIT Press, 2001.

[36] CPLEX Package. http://www.ilog.com/products/cplex/ 2010[2020-02-12].

第7章 基于优化的分布式移动数据收集算法

最近研究表明，移动数据收集算法在无线传感器网络中有着巨大的潜力，通过短距离通信，一个或多个移动收集器被用于从传感器网络收集数据。在众多的数据收集方案中，有一种称为锚式移动数据收集的典型方案。在该方案每个周期的数据收集过程中，移动收集器会在每个锚点停留一段时间，同时附近的传感器以多跳的方式向收集器传输数据。本章主要关注这种数据采集方案，并给出分布式算法来实现其最佳性能。根据移动收集器在每个锚点的停留时间是固定的还是可变的，本章考虑两种不同的情况。我们采用一个合适的网络效益函数来表征数据收集的性能，并在保证网络寿命和数据收集延迟约束的前提下，最大化网络效益问题。为了有效地解决这些问题，将它们分成几个子问题，并利用分布式的方式加以解决它们，从而促进优化算法的可扩展性。最后，我们通过提供大量的数值结果来证明该算法的效用，并补充相应的理论分析。

7.1 引　　言

无线传感器网络作为一种新的信息收集方式已应用于很多领域，如环境监测、工业控制等。除了需要周期性地从现实世界的现象中检测并提取数据，WSN最重要的任务是收集感知数据并传输数据到数据接收器。因为传感器通常由电池供电，且能量主要消耗于无线传输，所以设计高效的数据收集方案已经成为该领域研究的热点。通常，现有的数据收集方案主要有两个类别[1-20,21]。第一类是中继路由[1-10,21]，该类方法把传感器数据通过一些中继传感器路由到静态数据汇集点，达到最小化网络总能源消耗或平衡不同传感器间能量消耗的目的。因为接近静态数据汇集点的传感器比其他传感器更早地耗尽能量，这些方案通常导致有限的网络生命周期。第二类是移动数据收集[11-20]，在这类方案中，通过短距离通信，一个或多个移动收集器被用于从传感器收集数据。因为路由的工作被移动收集器部分或全部取代，所以可以极大地节省传感器的能量，并能够有效缓解传感器间能量的不均匀消耗。

考虑到移动数据收集的优势和前景，本书提出分布式算法来实现其最佳性能。特别地，我们考虑锚式移动数据收集，如图7.1所示。图中一个移动数据收集器定期启动数据巡回收集，访问一些预定义的位置(称为锚点)，并在每个锚点滞留一段时间，通过多跳传输从附近的传感器收集数据。移动收集器可以是一个配备了大功率收发器和电池的机器人或车辆。为了方便起见，我们简称为 Sencar。为了刻画数据收集的性能，我们引入“网络效益”这个函数，用于量化不同传感器在一次数据收集过程中收集的数据的总“值”。在实践中，“值”的测量是根据信息熵或收入进行的，其刻画了对每个传感器提供的数据的“满意度”。一般来说，一个好的数据收集方案应确保预期的网络生命周期，并有一个有限范围的数据收集延迟。因此，我们的整体目标是在保证网络生命周期和数据收集延迟的前提下，实现网络效益最大化。为了实现这一目标，我们将讨论以下三个严重影响数据收集性能的问题。第一，从一个传感器的角度来看，尽管 Sencar 可以在不同的锚点收集数据，但在一个特定的锚点，传感器应该发送多少数据给 Sencar？第二，就通信效率而言，考虑到能量和链接容量的约束，如何将数据路由到每个锚点？第三，从 Sencar 的角度来看，限制数据收集延迟实际上是限制所有锚点的总逗留时间在一个阈值之下。在这种情况下，每个锚点的最佳逗留时间是多少？

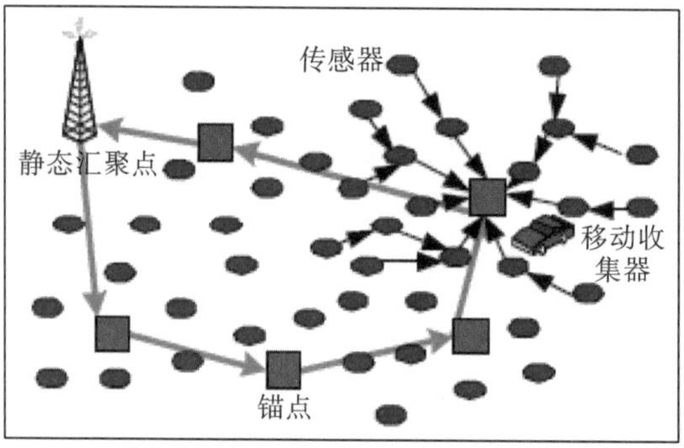

图 7.1　基于锚点的移动数据收集图解

(图片来源：Zhao M,Yang Y. Optimization-based distributed algorithms for mobile data gathering in wireless sensor networks. IEEE Transactions on Computers, 2012, 11(10): 1464-1477.)

综上，在本章中我们提出基于优化的分布式算法，寻找上述问题的最优解决方案，我们工作的主要贡献可以概括如下。

(1)在保证网络生命周期和数据收集延迟的前提下，将寻找最优的移动数据收集策略建模为解决网络效益最大化问题。

(2)针对 Sencar 在每个锚点的停留时间是固定的还是可变的问题，分别提出解决方案。前者本质上是速度控制和最优路由问题，而后者涉及数据控制、路由和逗留时间的综合分配的优化。

(3) 本章提出两种情况下的分布式算法，促进了算法的可扩展性，其中每个传感器都只需与它的直接邻居节点和 Sencar 交换有限的信息。

(4) 此外，本章提供了大量的数值结果，证明所提出分布式算法的有效性。

在目前的文献中，有一些基于优化中继路由和移动数据收集的工作。

对于中继路由，在文献[1]中，Madan 和 Lall 提出了基于对偶分解的分布式方法来计算最优路由，最大程度地延长了网络中第一个节点消耗完能量的时间。文献[3]中，Hou 等研究了词典编纂最大-最小(lexicographical max-min，LMM)速率的分配问题，并通过参数分析提出了一个多项式时间算法。他们还证明了 LMM 速率分配问题和 LMM 节点生命周期问题之间存在一种精妙的对偶性，且只要解决两个问题中的一个就足够了。文献[5]中，Hua 和 Yum 将数据汇集与最大生命周期路由一起考虑，其目的是减少网络流量和平衡流量，以避免瓶颈节点。文献[6]中，Zhang 等联合考虑了速度控制、数据路由和能量分配，以最大化系统效益。他们首先将联合的感知/路由问题映射成一个统一的路由问题，然后用补偿函数的方法来解决剩余的联合路由和能量分配问题。文献[7]中，Wu 等研究了数据收集树的构建，以最大程度地延长网络的生命周期。他们证明此问题是 NP 完全问题，并设计了一个可证明的近似最优的算法，该算法首先创建一棵任意树，然后迭代地减少瓶颈节点的负载。文献[8]中，Sadagopan 和 Krishnamachari 研究了能量有限传感器网络的最大化数据提取问题，并且同时关注了“节能意识”与“数据意识”，他们用一个线性函数来表示这个问题，提出了一个基于迭代的近似算法。文献[9]中，Chen 等研究了最大-最小的最优速率分配问题，并考虑了所有可能的转发路径。他们提出了一种迭代的线性规划解，该算法找出了最优速率分配和转发调度机制，并将其应用于低速传感器网络。文献[10]中，Liu 等研究了传感器监控系统的最大生存期调度问题。他们提出了一种最佳方案，用以寻找传感器监视目标的调度机制。在该方案中，通过线性规划技术获得的负载矩阵首先被分解成一系列调度机制矩阵，然后根据这些调度机制矩阵建立了监测树。

对于移动数据收集，在文献[14]中，Xing 等提出了近似算法，在巡回长度不超过一个阈值的约束下，减小了移动收集器局部多跳路由的距离。在文献[19]中，Zhao 等研究了数据采集延迟的最小化问题，并联合设计了移动性控制和空分多址(space division multiple address，SDMA)技术。他们对移动收集器的最短移动巡回路径和基于 SDMA 技术的数据传输进行了平衡折中，提出了不同情形下的算法。在文献[20]中，Gatzianas 和 Georgiadis 针对具有移动汇聚节点的传感器网络，提出了一种最大生命周期路由的分布式算法，其中每个传感器都具有一个恒定的传输速率，并定义网络生命周期为移动收集器的总逗留时间。

本章的工作重点是对基于锚点的移动数据采集方案进行性能优化，与前期工作的不同之处在于以下几个方面：①对比大多数现有文献(如文献[1]、文献[5]和文献[20])采用的固定数据速率，本章设计的每个传感器都采用可变数据速率，以实现系统级优化，从而有效避免了网络拥塞，并帮助传感器节约了能量。实际上，通过约束速度变量将其化为常数，我们提出的方案也可适用于固定速率的情况；②不同于具有静态数据汇集点的最优路由[1-10]，本章每个传感器都可以使用任何一组可能的途径到达 Sencar。这意味着，一方面，每个传感器都可以选择发送数据到不同的锚点，从而将数据发送给 Sencar；另一方面，对于每一个特定的传感器-锚点对，路由路径的能量应该是高效的；③除了以能量约束的方法确保网络的生命周期[1,3,5,19,20]，我们也给移动数据收集施加了时延约束，同时通过速率控制和路由选择优化了在每个锚点的逗留时间。据我们所知，这是首次研究这样的优化问题，并系统地予以解决。

本章其余部分安排如下：7.2 节介绍本章所提出的系统模型，并将两种情况下的优化问题转化为凸优化问题；7.3 节和 7.4 节通过给出基于优化的分布式算法来分别解决这两个问题；7.5 节给出了性能评价；7.6 节总结全章。

7.2 系统模型和问题形式化

7.2.1 系统模型

记一组静态传感器为 N，并记一组锚点为 A。在数据收集的一个周期中，Sencar（记为 s）按照一定顺序访问每个锚点，从而在网络内漫游并收集数据。目前，有几种方法可用于确定 Sencar 的访问顺序。例如，Sencar 可以简单地按锚点 ID 递增的方式[20]、或按最小化移动巡回路径顺序[14]或使巡回路径的长度不多于一个阈值[19]。本章提出的算法对 Sencar 给定的任何访问顺序均有效，如何选择顺序则不在本章的讨论范围内。

要获得 Sencar 在不同锚点运动的特点，用有向图 $G^a(V^a,E^a)$ 来建模 Sencar 位于锚点 $a(a\in A)$ 的传感器网络。V^a 代表节点的集合，它包括所有的传感器和锚点 a 处的 Sencar（记为 s^a），即 $V^a=N\bigcup\{S^a\}$。$E^a=\{(i,j)|i,j\in V^a\}$ 表示传感器及 Sencar 之间的有向链接。当 Sencar 移动到锚点 a 时，传感器 $i(i\in N)$ 向 Sencar 上传数据的速率为 q_i^a。Sencar 会在锚点停留一段时间 t^a 来收集其他传感器节点传递给它的数据。为了确保所有传感器都可以在数据采集巡回中以多跳的方式到达 Sencar，因此对于任意一个传感器，假设存在一条能够到达网络中至少一个锚点的路由路径。这可以通过适当设置锚点来实现，如让锚点分布在主导网络连通性的传感器的传输范围内[9]或以足够小的间隔均匀分布在传感器的感知区域内[14]。

假设传感器 i 具有不可再生的电池能量 E_i，当传感器发送其自身数据及为其他传感器节点中继数据时，这些能量将逐渐耗尽。为了保证网络特定的生命周期 T，

将能量支出预算 E_i' 作为传感器 i 在数据采集巡回中消耗的最大能量。如果在网络生命周期内有 K 个数据采集巡回，那么这个预算可以近似表达为 $E_i'=(E_i-P_{si}T)/K$，其中 P_{si} 为传感器 i 的感知能量。此外，预期数据采集的时间成本在一些应用中是有限的，这意味着所有锚点的总滞留时间不能超过一个阈值，即 $\sum_{a\in A}t^a\leqslant\Delta T$，其中 ΔT 为约束数据收集延迟。

为了便于研究，使用效益来刻画一个传感器数据对整个数据采集性能的影响。首先，定义传感器 i 的效用函数为 $U_i(\cdot)$，其为传感器在一个数据采集巡回过程中所收集总数据（即 $\sum_{a\in A}q_i^at^a$）的严格凹、且单调递增的二次可微函数。$U_i(\cdot)$ 有多个典型的表达形式，如 $U_i=\omega_i\log\left(1+\sum_{a\in A}q_i^at^a\right)$[22]或 $U_i=-\omega_i\left(\sum_{a\in A}q_i^at^a\right)^{-0.5}$[6]，其中 ω_i 为传感器 i 效益的权重，它反映了数据的重要性。效益的表达式可以根据具体的应用进行灵活设置。本书将 $U_i(\cdot)$ 作为效益函数的一般形式，在仿真中采用 $U_i=\omega_i\log\left(1+\sum_{a\in A}q_i^at^a\right)$。因此，网络效益定义为所有传感器效益的汇合。

在本书中，我们的目标是在同时保证给定的网络生命周期和数据收集延迟下，最大限度地提高网络效益。本章主要考虑两种情况，一种是 Sencar 在每个锚点的逗留时间是固定的，另一种是每个锚点的逗留时间是可变的。每种情况对应一个最优化问题。表 7.1 给出了公式中使用的符号。

表 7.1 公式中的符号列表

符号	定义
N	传感器集合
A	锚点集合
s^a	位于锚点 a 的 Sencar
t^a	Sencar 在锚点 a 的逗留时间
ΔT	数据收集延迟，即一个数据采集巡回中，在所有锚点处的最大逗留时间
E_i	网络生命周期 T 中传感器 i 在一个数据采集巡回中的能量预算
q_i^a	当 Sencar 位于锚点 a 时，传感器 i 的数据速率
Q_i	传感器 i 的最大数据速率
f_{ij}^a	当 Sencar 位于锚点 a 时，链接 (i,j) 的流量速率
F_{ij}	链接 (i,j) 的容量
e_{ij}	链接 (i,j) 发送一个单位流量所消耗的能量
x_{ij}^a	当 Sencar 位于锚点 a 时，链接 (i,j) 的流量
y_i	在一个数据采集巡回中，传感器 i 收集的总数据量
Y_i	在一个数据采集巡回中，传感器 i 收集的最大总数据量
ϕ_i^a	数据分割变量，即传感器 i 发送给锚点 a 处 Sencar 数据量的比例系数

7.2.2 NUM-FT 问题公式化

本节考虑第一种情况，即每个锚点 a（即 $\forall a \in A$）处 Sencar 花费的固定逗留时间 t^a 不变的情况。我们的目标是当 Sencar 经过不同的锚点时，为每个传感器找到合适的数据速率，并为每个链接找到合适的流量，使得网络效用最大化。事实上，这个问题在本质上是一种联合速率控制和路由的问题，它可以定义如下。此外，由于较长的逗留时间通常对应更多的数据收集，因此假设所有锚点的总逗留时间是最大的数据采集延迟时间。

定义 7.1 每个锚点固定逗留时间（NUM-FT）网络效益最大化问题。

给定一组传感器节点 N，一组锚点 A 和在每个定位点的逗留时间 $t^a\left(a \in A \text{且} \sum_{a \in A} t^a = \Delta T\right)$。①当 Sencar 在锚点 a 时，传感器 i 的数据传输速率为 q_i^a；②达到网络效益 $\sum_{i \in N} U_i\left(\sum_{a \in A} q_i^a t^a\right)$ 最大化是链接 $(i,j) \in E^a$ 以流量速率 f_{ij}^a 传输数据给锚点 a 的 Sencar。

该 NUM-FT 问题可以归结如下：

$$\text{NUM-FT}: \max \sum_{i \in N} U_i\left(\sum_{a \in A} q_i^a t^a\right) \tag{7.1}$$

满足：

$$\sum_{j:(i,j \in E^a)} f_{ij}^a = q_i^a + \sum_{j:(i,j \in E^a)} f_{ij}^a, \quad \forall i \in N, \forall a \in A \tag{7.2}$$

$$\sum_{a \in A} \sum_{j:(i,j \in E^a)} f_{ij}^a e_{ij} t^a \leqslant E_i, \quad \forall i \in N \tag{7.3}$$

$$0 \leqslant f_{ij}^a \leqslant F_{ij}, \quad \forall i \in N, \forall j:(i,j) \in E^a, \forall a \in A \tag{7.4}$$

NUM-FT 问题的约束可以解释如下。

(1) 流守恒约束。由式(7.2)可以看出，在每个锚点的各个传感器节点，其外向链接的流速汇合等于本地数据速率加上输入链接的流率。

(2) 能源约束。式(7.3)表示传感器 i 所消耗的总能量在数据采集巡回中不能超过能量收支 E_i'。

(3) 链接容量约束。由式(7.4)可以看出，链接流量 f_{ij}^a 受链接容量 F_{ij} 的限制。

因为约束式(7.2)～式(7.4)是一个凸集，目标函数相对于 q_i^a 是凹的，所以 NUM-FT 是一个凸优化问题。假设 Slater 条件[23]的约束特性得到满足，即存在 q 和 f 使严格不等式满足约束条件。在这个假设下，强对偶成立，这意味着原式和对偶问题的最优值是相等的。因此，可以通过提出和解决相应的 Lagrange 对偶问题得到关于 NUM-FT 问题的分布式算法，这将在 7.3 节描述。

7.2.3 NUM-VT 问题公式化

现在考虑第二种情况，即在每个锚点具有可变逗留时间的情况下，存在 $\forall a \in A$，t^a 是一个变量，为最大限度地提高网络效益，并把它定义为 NUM-VT 问题。它可以近似看作 NUM-FT 问题，除了数据采集延时约束体现在变量 t^a 上，即 $\sum_{a\in A} t^a \leqslant \Delta T$。然而，因为 t^a、q_i^a 和 f_{ij}^a 都是变量，所以目标函数和约束条件都包含耦合变量。此外，该目标函数相对于 q_i^a 和 t^a 不再是凹的，因为它的 Hessian 矩阵不是负半定的[24]。为了使 NUM-VT 问题可解，引入辅助变量并定义如下：

$$x_{ij}^a = f_{ij}^a t^a,\ \ y_i \phi_i^a = q_i^a t^a,\ \ \phi_i^a \geqslant 0,\quad \sum_a \phi_i^a = 1 \tag{7.5}$$

其中，x_{ij}^a 为链接 (i, j) 发送给锚点 a 处 Sencar 的数据总量；y_i 为由传感器 i 在数据采集巡回中产生的数据总量；ϕ_i^a 为数据分割变量，$\phi_i^a \geqslant 0$ 且 $\sum_a \phi_i^a = 1$，它控制传感器 i 路由到锚点 a 处 Sencar 的数据的比例。通过由 t^a 和流量约束变量、链路容量约束变量三者的乘积，可以重新定义 NUM-VT 问题，并将它分解成相对于 x、y、ϕ 和 t 的凸优化问题。因此，NUM-VT 问题实质上可看作是一个数据控制、路由和逗留时间分配的联合问题。

定义 7.2　在每个可变逗留时间锚点，网络效益最大化的问题(NUM-VT)。

给定一组传感器节点 N，一组锚点 A，数据采集延时 ΔT，发现：

(1) 每个锚点的逗留时间 t^a；

(2) 传感器 i 在数据采集巡回中产生的数据总量 y_i；

(3) 数据分割变量 ϕ_i^a；

(4) 链接 $(i, j) \in E^a$ 以流量速率 f_{ij}^a 传输数据给锚点 a 的 Sencar，可以使网络效益 $\sum_{i\in N} U_i \left(\sum_{a\in A} q_i^a t^a \right)$ 最大化。

该 NUM-VT 问题，现在可以表示为

$$\text{NUM-VT: } \max \sum_{j\in N} U_i(y_i) \tag{7.6}$$

满足：

$$\sum_{j:(i,j\in E^a)} x_{ij}^a = y_i \phi_i^a + \sum_{j:\,(i,j\in E^a)} x_{ij}^a,\ \ \forall i \in N, \forall a \in A \tag{7.7}$$

$$\sum_{a\in A} \sum_{j:(i,j\in E^a)} x_{ij}^a e_{ij} \leqslant E_i',\ \ \forall i \in N \tag{7.8}$$

$$0 \leqslant x_{ij}^a \leqslant F_{ij} t^a,\ \ \forall i \in N, \forall j:(i,j) \in E^a, \forall a \in A \tag{7.9}$$

$$\sum_{a\in A} \phi_i^a = 1,\ \ \forall i \in N \tag{7.10}$$

$$t^a \geqslant 0, \quad \forall i \in N \tag{7.11}$$

$$\sum_{a \in A} t^a \leqslant \Delta T \tag{7.12}$$

显然，因为目标函数 $\sum_i U_i(y_i)$ 关于 y_i 是严格凹的，所以 NUM-VT 问题现在是非线性约束条件下的严格凸优化问题[见约束式(7.7)]。为了分解耦合变量 y_i 和 ϕ_i^a 到流守恒约束中，本章将采取分层分解的方法，即将 NUM-VT 问题转化为一个重复的两级优化问题[25,26]，该问题首先保持 ϕ 固定，改变 x、y 和 t，然后通过更新 ϕ 最大化网络效益。这种方法将在 7.4 节中讨论。

7.3 NUM-FT 问题的分布式算法

7.3.1 Lagrange 函数及其对偶问题

本节给出了一个完全分布式的算法来解决 NUM-FT 问题[式(7.1)～式(7.4)]。使用基于对偶分解的子梯度算法[23]实现分布式，该算法是凸优化中一种有效的梯度算法。

我们通过引入流守恒约束的 Lagrange 乘子 $\lambda \in R^{|N| \times |A|}$ 给出对偶问题。由此可得 Lagrange 函数为

$$\begin{aligned} L(q,f,\lambda) &= \sum_i U_i\left(\sum_a q_i^a t^a\right) - \sum_a \sum_i \lambda_i^a \left(q_i^a + \sum_j f_{ij}^a - \sum_j f_{ij}^a\right) \\ &= \left[\sum_{i \in A} U_i\left(\sum_a q_i^a t^a\right) - \sum_{a \in A} \sum_{i \in N} \lambda_i^a q_i^a\right] + \left[\sum_{a \in A} \sum_{i \in N} \sum_{j:(i,j) \in E^a} (\lambda_i^a - \lambda_j^a) f_{ij}^a\right] \end{aligned} \tag{7.13}$$

在这里，Lagrange 乘子 λ_i^a 可以解释为传感器 i 的“阻塞价格”。在式(7.3)和式(7.4)的约束下，定义对偶函数 $D(\lambda) = \max_{q,f} L(q,f,\lambda)$，可得到对偶问题如下：

$$\min_{\lambda \geqslant 0} D(\lambda) = \min_{\lambda \geqslant 0} \max_{q,f} L(q,f,\lambda) \tag{7.14}$$

显然，对偶问题可以分解为两个子问题(见 Lagrange 函数的两个子式)。一个是求解速率变量 q 的速率控制子问题，而另一个是求解最优流量控制变量 f 的路由子问题。每一个子问题都可由一个传感器进行独立求解。我们采用子梯度算法解决对偶问题的各子问题，最终获得关于 NUM-FT 问题的联合速率控制和路由算法。

对所有的 $i \in N$ 和 $a \in A$，我们从一组初始非负 Lagrange 乘子 $\lambda_i^a(0)$ 开始；对于迭代 k，给定 Lagrange 乘子为 $\lambda_i^a(k)$，通过如下方式分别求解子问题。

7.3.2 速率控制子问题

对于一个传感器而言，对偶函数包含$|N|$个速率控制子问题。下面以传感器 i 为例，给出解决子问题的算法。由于$0\leqslant q_i^a\leqslant\sum_j f_{ij}^a\leqslant\sum_j F_{ij}^a$，可得各$q_i^a$在一个封闭的邻域之内，故为每个$q_i^a$定义一个宽松的上界 Q_i。因此，对于传感器 i，速率控制子问题表示如下：

$$\max_q U_i\left(\sum_{a\in A} q_i^a t^a\right)-\sum_{a\in A}\lambda_i^a q_i^a \tag{7.15}$$

$$0\leqslant q_i^a\leqslant Q_i,\quad \forall a\in A \tag{7.16}$$

这个子问题是一个凸优化问题。然而，目标函数相对于q_i^a并不是严格凹的，这使得该问题的解可能不唯一。这是因为函数$U_i(\cdot)$中的$\sum_a q_i^a t^a$是线性的，因此对偶函数及对偶问题并不是在每一点都可微[22]。克服不严格凹的一种简单方法是将原来的目标函数减去一个小的凸二次正则化项，如$\varepsilon\sum_i\sum_a (q_i^a)^2$ [27]，但这或多或少地改变了原来的问题，并会导致由较小值ε引起的振荡。而复杂的方法包括近端优化算法和增广 Lagrange 方法[28]，这些方法也可以有效地克服这样的问题，但却具有更高的复杂度。因此，我们提出了一个基于 Karush-Kuhn-Tucker (KKT) 条件[24]的更高效的搜索算法，从而找到一个最优的解。因为式(7.15)和式(7.16)的速率控制子问题是凹的，因此能满足 KKT 条件的解对本身和它的对偶问题都是最优的[23,24,28]。

定义$g(q_i)$为式(7.15)中的目标函数，$q_i^{a^*}=\{q_i^{a*}|a\in A\}$表示最优解。分别对约束条件$q_i^a\leqslant Q_i$和$q_i^a\geqslant 0$引入 Lagrange 乘子$\sigma_a$和$\sigma'_a$，那么对所有$a\in A$，KKT 条件可表示为

$$U_i\left(\sum_a q_i^{a*}t^a\right)-\lambda_i^{a*}-\sigma_a^*+\sigma_a^*=0 \tag{7.17}$$

$$\sigma_a^*(q_i^a-Q_i)=0 \tag{7.18}$$

$$\sigma_a'^* q_i^a=0 \tag{7.19}$$

$$\sigma_a^*\geqslant 0,\quad \sigma_a'^*\geqslant 0 \tag{7.20}$$

对于$0\leqslant q_i^{a*}\leqslant Q_i$，根据 KKT 条件，式(7.17)～式(7.20)有以下三种情况。

(1) 如果$\sigma_a^*>0$，那么$q_i^{a*}=Q_i$，$\sigma_a'^*=0$，且

$$\sigma_a^*=U_i\left(\sum_a q_i^{a*}t^a\right)-\lambda_i^a=\frac{\partial g(q_i^*)}{\partial q_i^a}>0 \tag{7.21}$$

(2) 如果$\sigma_a^*=0$且$\sigma_a'^*=0$，那么$q_i^{a*}\in[0,Q_i]$，且

$$U_i'\left(\sum_a q_i^{a*}t^a\right)t^a-\lambda_i^a=\frac{\partial g(q_i^*)}{\partial q_i^a}<0 \tag{7.22}$$

(3) 如果 $\sigma_a'^*>0$，那么 $q_i^{a*}=0$，$\sigma_a^*=0$，且

$$-\sigma_a'^*=U_i'\left(\sum_a q_i^{a*}t^a\right)t^a-\lambda_i^a=\frac{\partial g(q_i^*)}{\partial q_i^a}<0 \tag{7.23}$$

从上面的情形中，我们找到对应不同 $\partial g(q_i^*)/\partial q_i^a$ 的 q_i^{a*} 精确值或范围。为简便起见，用变量 z 表示 $U_i'\left(\sum_a q_i^{a^*}t^a\right)$。因为此处认为 t^a 和 λ_i^a 均是常数，所以 $\partial g(q_i^{a*})/\partial q_i^{a_i}$ 是 z 的线性函数。由于 U_i 是一个严格凹函数，所以 $z=U_i'\left(\sum_a q_i^{a^*}t^a\right)$ 随 $\sum_a q_i^{a*}t^a$ 的增大而减小。因为 q_i^{a*}、$t^a\geqslant 0$，所以 $z\leqslant U_i'(0)$。对于给定 z 的值 $\tilde{z}$，可以确定每个 $\partial g(q_i^{a*})/\partial q_i^{a_i}$，因此通过分析上述三种情况，可以找到每个 q_i^{a*} 相应的精确值或范围。此外，$q_i^{a*'}$ 也满足 $\sum_a q_i^{a*}t^a=U_i'^{-1}(\tilde{z})$，将它称为线性组合(LC 条件)。因此，寻找到最优的 $q_i^{a*'}$，相当于寻找 z 的一个合适的值 $\tilde{z}$，这样推导出来的 $q_i^{a*'}$ 同时满足 KKT 和 LC 条件。

下面用一个例子来描述搜索算法的基本思想。在图 7.2 中，有两个锚点，分别用 1 和 2 表示。假设 $\lambda_i^1>\lambda_i^2$，$t^1>t^2$，且 $U_i'(0)>\lambda_i^1/t^1>\lambda_i^2/t^2$。相应地，$\partial g(q_i^*)/\partial q_i^1$ 和 $\partial g(q_i^*)/\partial q_i^2$ 均是 z 的线性函数，因此可以绘制出图 7.2(a)。根据 z 的分割点，即 λ_i^1/t^1 和 λ_i^2/t^2，可以把 z 的域分为三个间距和两个分割点，即图 7.2(b) 中列举的 5 种情形。我们分别研究每一种情形以找到 $\tilde{z}$。对于其中 z 是在一个区间的情形(如情形 I、III 或 V)，$\partial g(q_i^*)/\partial q_i^1$ 和 $\partial g(q_i^*)/\partial q_i^2$ 都是非零的。q_i^{1*} 和 q_i^{2*} 的精确值可以通过 KKT 条件来确定。因此，只需要检查是否存在值 $\tilde{z}$ 在当前间距满足 LC 条件。例如，在情形 I 中，$z<\lambda_i^2/t^2$，$\partial g(q_i^*)/\partial q_i^1<0$ 且 $\partial g(q_i^*)/\partial q_i^2<0$，由 KKT 条件可得，$q_i^{1*}=0$ 且 $q_i^{2*}=0$。因此，$\sum_{a=1,2}q_i^{a*}t^a=0$。

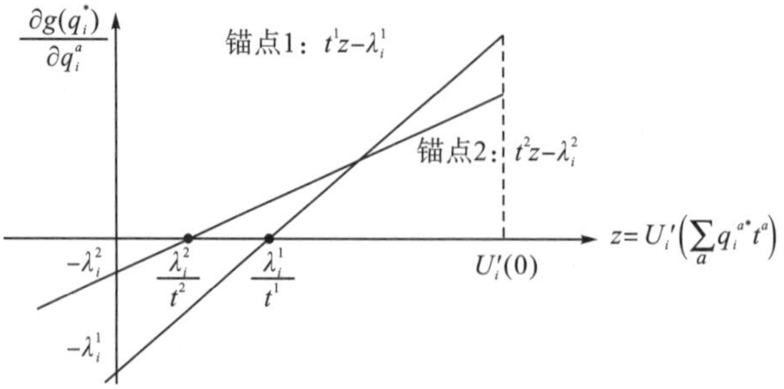

(a)

各种情形		由 KKT 条件得到的 q_i^{1*}	由 KKT 条件得到的 q_i^{2*}	由 LC 条件得到的 $\left(\sum_{a=1,2} q_i^{a*} t^a\right)$
I	$z < \lambda_i^2 / t^2$	0	0	
II	$z = \lambda_i^2 / t^2$	0	$[0,Q_i]$	
III	$\lambda_i^2 / t^2 < z$	0	Q_i	$U_i^{-1}(z)$
IV	$z = \lambda_i^2 / t^1$	$[0,Q_i]$	Q_i	
V	$\lambda_i^2 / t^2 < z$	Q_i	Q_i	

(b)

图 7.2　两个锚点的情况下，传感器 i 处速率控制子问题搜索算法的例子：(a) $\frac{\partial g(q_i^*)}{\partial q_i^1}$ 和 $\frac{\partial g(q_i^*)}{\partial q_i^2}$ 作为 z 的线性函数；(b) z 的 5 种情形

（图片来源：Zhao M,Yang Y. Optimization-based distributed algorithms for mobile data gathering in wireless sensor networks. IEEE Transactions on Computers, 2012, 11(10): 1464-1477.）

然而，由于 $z < \lambda_i^2 / t^2 < U_i'(0)$，所以 $U_i'^{-1}(z) > U_i'^{-1}(0) = 0$ 总是成立的。这意味着，不存在这样的 $\tilde{z}$ 在此间距满足 $\sum_{a=1,2} q_i^{a^*} t^a = U_i'^{-1}(\tilde{z})$。在其他情形下，$z$ 在分割点(如情形 II 或情形 IV)，由 KKT 条件可知，q_i^{1*} 和 q_i^{2*} 中的一个是确定值，另一个在域$[0,Q_i]$内。在这种情形下，由于 z 具有唯一的值，那么对于未确定的 q_i^{1*} (a=1 或 2) 可由 LC 条件求得。基于 z 的值，可以估算该解是否在有效域$[0,Q_i]$内。以情形 II 作为一个案例，因为 $z = \lambda_i^2 / t^2$，$\partial g(q_i^*) / \partial q_i^1 < 0$ 且 $\partial g(q_i^*) / \partial q_i^2 < 0$，所以由 KKT 条件可知，$q_i^{1*} = 0$ 且 $q_i^{2a} \in [0, Q_i]$；如果 $0 \leqslant U_i'^{-1}(z) \leqslant Q_i t^2$，$q_i^{2*}$ 的解为 $1/t^2$。由 LC 条件可得，$U_i'^{-1}(z)$ 在有效域$[0,Q_i]$内。这意味着存在 $\tilde{z}$，即 $\tilde{z} = \lambda_i^2 / t^2$。$q_i^{1*} = 0$ 和 $q_i^{1*} = 1/t^2 \cdot U_i'^{-1}(\lambda_i^2 / t^2)$ 是式(7.12)中速率控制子问题的最优解，否则，q_i^{2*} 没有任何有效解。在其他情形中，z 以类似的方式进一步检查，直到 $\tilde{z}$ 被发现。只有在极少数情形下，$z = \lambda_i^1 / t^1 = \lambda_i^2 / t^2$，由 KKT 条件可知，$q_i^{1*}, q_i^{2*} \in [0, Q_i]$。若 $0 \leqslant U_i'^{-1}(z) \leqslant Q_i(t^1 + t^2) = Q_i \Delta T$，则 q_i^{1*} 和 q_i^{2*} 存在有效值。然而在保证 LC 条件下，q_i^{1*} 和 q_i^{2*} 的值可能并不是唯一的。这种情形下可以随机选择一个值作为它们的解。为了清楚起见，将传感器 i 的搜索算法的细节总结在算法 7.1 中。显然，为了找到 q_i^{a*} 的解，传感器 i 只需要在 z 处检查最多 $|A|+1$ 个最大间隔和 $|A|$ 个交点。因此，该搜索算法是一种时间复杂度为 $O(|A|)$ 的线性算法。

算法 7.1　速率控制子问题的搜索算法

划分 z 的有效域，即把 $(-\infty, U_i'(0)]$ 根据 $\frac{\partial g(q_i^*)}{\partial q_i^1}$ (即 $\lambda_i^a / t^a, \forall a \in A$) 的 z 分割点分为各种情形；

```
For z 的每个情形 do
    对所有 a∈A，检查 ∂g(q_i^*)/∂q_i^1 的值；
    If 对所有 a∈A，∂g(q_i^*)/∂q_i^1 ≠ 0
    //z 在一个区间的情形
    每个 q_i^{a*} 确切的值由 KKT 条件决定；
    If z̃ = U'_i(∑_a q_i^* t^a) 落在当前区间
      每个 q_i^{a*} 的当前值是式(7.15)的最优解；
      Break;
     End if
  Else
    //z 在分割点的情形
    得到子集 B ⊆ A，其中 B = {b | ∂g(q_i^*)/∂q_i^b = 0, b ∈ A}；
    由 KKT 条件，q_i^{a*}(a ∈ A\B)的值可被确定，且 q_i^{b*} ∈ [0, Q_i], ∀ b ∈ B；
    计算 ∑_{b∈B} q_i^{b*} t^b = U'_i^{-1} - ∑_{a∈A\B} q_i^{a*} t^a ；
    If 0 ≤ ∑_{b∈B} q_i^{b*} t^b ≤ Q_i ∑_{b∈B} t^b
       // q_i^{b*} 存在有效值
       设 z̃ 为 z 的当前值；
       If 对所有 b ∈ B，|B|= 1
  q_i^{b*} = (1/t^b)(U'_i^{-1}(z̃) - ∑_{a∈A\B} q_i^{a*} t^a ,
     Else
        q_i^{b*}(b ∈ B)为满足 LC 条件的随机值；
     End If
     每个 q_i^{a*} 的当前值是式(7.15)的最优解；
     Break;
```

```
    End If
  End If
End For
```

7.3.3 路由子问题

对每一个传感器，对偶函数还包含$|N|$个路由子问题。传感器 i 的路由子问题表示如下：

$$\max_f \sum_{a\in A}\sum_{j:(i,j)\in E^a}(\lambda_i^a-\lambda_j^a)f_{ij}^a \tag{7.24}$$

满足：

$$\sum_{a\in A}\sum_{j:(i,j)\in E^a} f_{ij}^a e_{ij} t^a \leqslant E_i' \tag{7.25}$$

$$0\leqslant x_{ij}^a \leqslant F_{ij},\ \forall j:(i,j)\in E^a,\ \forall a\in A \tag{7.26}$$

显然，这个子问题是一个线性优化问题。如果考虑$(\lambda_i^a-\lambda_j^a)$是链接$(i,j)\in E^a$处的增益(当$j\in s^a$时，$\lambda_j^a=0$，$\forall a\in A$)，这个子问题可以通过算法 7.2 的贪婪算法迎刃而解。该方法可以直观地解释为：在能量和链接容量的约束下，每个传感器总是将最大可能的速率分配给这样一个链接，即该传感器到不同锚点所有外向链接中具有最大增益的链接。很显然，由于每个传感器都需要研究其所有不同锚点外向链接的增益，对于路由子问题，传感器 i 的贪婪算法的时间复杂度为$O\left(\sum_{a\in A}\deg_a^+(i)\right)$，其中$\deg_a^+(i)$为有向图$G^a(V^a,E^a)$中传感器的出度。

算法 7.2　路由子问题的贪婪算法

设f_{ij}^a为 0，$\forall j:(i,j)\in E^a,\forall a\in A$；

得到$X_j+\{(j,a)|\lambda_i^a-\lambda_j^a>0,\forall j:(i,j)\in E^a,\forall a\in A;\}$；

初始化剩余的可用能量：$E_r=E_i'$

While $(X_i\neq\phi\ \&\ E_r>0)$

　　$(\tilde{j},\tilde{a})=\arg\max_{(j,a)\in X_i}(\lambda_i^a-\lambda_j^a)$；

　　$f_{i,\tilde{j}}^{\tilde{a}}=\min\left\{\dfrac{E_r}{e_{ij}^{-t^{\tilde{a}}}},F_{ij}\right\}$；

　　根据移除$(\tilde{j},\tilde{a})_i$更新X_i；

　　令$E_r=E_r-f_{i,\tilde{j}}^{\tilde{a}}e_{ij}^{-t^{\tilde{a}}}$，从而更新$E_r$；

End While

7.3.4 Lagrange 乘子更新

在子梯度算法的每次迭代中，传感器 i 根据当前的 Lagrange 乘子 $\lambda_i^a(k)$ 求解式(7.15)和式(7.24)中的子问题。然后，传感器 i 按如下公式更新 Lagrange 乘子，并将它们分配到它的直接邻居节点，计算下一次迭代中 q 和 f：

$$\lambda_i^a(k+1)=\left[\lambda_i^a(k)+\theta(k)\left(q_i^a(k)+\sum_j f_{ji}^a(k)-\sum_j f_{ij}^a(k)\right)\right]^+ \tag{7.27}$$

其中，$[\,\cdot\,]^+$为投射到非负象限；$\theta(k)$ 为第 k 次子梯度迭代时的步长。在所提算法中，我们选择了递减步长，即 $\theta(k)=d/(b+ck)$，$\forall k,c,d>0,b>0$，其中 b、c 和 d 是调节收敛速度的可调参数。不管λ的初始值如何，递减步长可以保证收敛[23]。

7.3.5 原问题的解

值得注意的是，式(7.15)和式(7.24)中的子问题不是严格凹的，这意味着对偶问题的最优解不能直接应用于 NUM-FT 原问题。鉴于此，我们采用文献[29]中提出的方法恢复原问题的解。对于第 k 次梯度迭代，我们组成一个可行的 $\tilde{f}_{ij}^a(k)$，表示如下：

$$\tilde{f}_{ij}^a(k)=\frac{1}{k}\sum_{h=1}^{k}f_{ij}^a(h)=\begin{cases}f_{ij}^a(1), & k=1\\ \dfrac{k-1}{k}\tilde{f}_{ij}^a(k-1)+\dfrac{1}{k}\tilde{f}_{ij}^a(k), & k>1\end{cases} \tag{7.28}$$

文献[29]证明了在使用递减步长的情况下，由式(7.28)产生该序列的任何积累点$\{\tilde{f}_{ij}^a\}$对原问题是可行的，且$\{\tilde{f}_{ij}^a\}$能收敛到原问题的一个最优解。因此，当$\{\tilde{f}_{ij}^a\}$收敛于 $\tilde{f}_{ij}^{a*}$ 时，可以得到传感器 i 的每个外向链接的最优流量，再通过使每个 $\tilde{f}_{ij}^{a*}$ 满足流量守恒约束，传感器 i 就可以重新获得最优的数据速率。我们总结了 NUM-FT 问题的分布式算法，从算法 7.3 中可以看到，只需要在每个传感器进行有限次计算和在直接邻居节点之间进行 Lagrange 乘子的局部交换，每个子问题就可以以分布式的方式得到有效解决。

算法 7.3 NUM-FT 问题的分布式算法

```
For 每个传感器 i∈N do
    初始化 Lagrange 乘子 λ_i^a(0)
    Repeat:对所有j : (i,j) ∈ E^a, a ∈ A
        由算法 7.2 确定q_i^a(k);
```

```
        由算法7.3确定 f_ij^a(k)；
        由式(7.27)更新 Lagrange 乘子；
        由式(7.28)计算 f̃_ij^a(k)；
        发送更新的 Lagrange 乘子给它的邻居节点；
Unitil  序列{λ(k)}收敛于λ*，序列{f(k)}收敛于f̃*；
与邻居节点交换 f̃_ij^a，并由 q_i^a* = ∑_j f̃_ij^a*(k) − ∑_j f̃_ji^a*(k), a ∈ A 计算最优值；
End For
```

7.4　NUM-VT 问题的分布式算法

7.4.1　NUM-VT 问题的分解

本节重点讨论 NUM-VT 问题。正如前面提到的，采取分层分解的方法将 NUM-VT 问题分解成两层优化问题[25,26]来求解流约束中的耦合变量 y_i 和 ϕ_i^a。在低层，考虑在 ϕ 固定的情况下，变量 x、y 和 t 最大限度地提高网络效益的问题，该问题记为 NUM-VT(a)，即

$$\text{NUM-VT(a)}: \max \sum_{i \in N} U_i(y_i) \tag{7.29}$$

受限于

$$\sum_j x_{ij}^a = y_i \phi_i^a + \sum_j x_{ji}^a, \quad \forall i \in N, \forall a \in A \tag{7.30}$$

$$\sum_{a \in A} \sum_{j:(i,j) \in E^a} x_{ij}^a e_{ij} \leqslant E_i', \quad \forall i \in N \tag{7.31}$$

$$0 \leqslant x_{ij}^a \leqslant F_{ij}, \quad \forall i \in N, \forall j:(i,j) \in E^a, \quad \forall a \in A \tag{7.32}$$

$$t^a \geqslant 0, \quad \forall a \in A \tag{7.33}$$

$$\sum_{a \in A} t^a \leqslant \Delta T \tag{7.34}$$

在高层，考虑更新数据分割变量的问题，记为 NUM-VT(b)，即

$$\text{NUM-VT(b)}: \max_{\phi \geqslant 0} U(\phi) \tag{7.35}$$

满足：

$$\sum_{a \in A} \phi_i^a = 1, \quad \forall i \in N \tag{7.36}$$

$$\phi_i^a \geqslant 0, \quad \forall i \in N, \forall a \in A \tag{7.37}$$

其中，$U(\phi)$ 为问题 NUMVT(a) 在 x、y 和 t 的最优目标值。

7.4.2 低层最优化

由于 NUM-VT(a) 问题是一个严格凹的最优化问题，因此可以使用偶分解和次梯度算法来求解。相对于约束式(7.30)和式(7.32)，考虑其 Lagrange 函数，即

$$\begin{aligned} L(\phi,x,y,\lambda,\mu) &= \sum_i U_i(y_i) - \sum_a \sum_i \lambda_i^a \left(y_i \phi_i^a + \sum_j x_{ji}^a \right) - \sum_a \sum_i \sum_j \mu_{ij}^a (x_{ij}^a - F_{ij} t^a) \\ &= \left[\sum_{i\in N} U_i(y_i) - \sum_{a\in A} \sum_{i\in N} \lambda_i^a \phi_i^a y_i \right] + \sum_{a\in A} \sum_{i\in N} \sum_{j:(i,j)\in E^a} \mu_{ij}^a F_{ij} t^a \\ &\quad + \left[\sum_{a\in A} \sum_{i\in N} \sum_{j:(i,j)\in E^a} (\lambda_i^a - \lambda_j^a - \mu_{ij}^a) x_{ij}^a \right] \end{aligned} \tag{7.38}$$

在约束式(7.31)、式(7.33)和式(7.34)的约束下，定义 $D(\phi,\lambda,\mu) = L(\phi,a,y,t,\lambda,\mu)$。通过对偶性可知，对偶问题可表示为

$$U(\phi) = \max_{\lambda\geqslant 0,\mu\geqslant 0} D(\phi,\lambda,\mu) = \max_{x,y,t} L(\phi,a,y,t,\lambda,\mu) \tag{7.39}$$

根据数据变量 y、流量变量 x 和时间变量 t，对偶函数 $D(\phi,\lambda,\mu)$ 可以单独求解。我们把它分解成三个子问题，即数据控制、路由和逗留时间分配子问题。

数据控制子问题 该对偶函数包含 $|N|$ 个数据控制子问题，每一个传感器确定一个数据采集巡回产生的数据量。因为 $y_i = \sum_a y_i \phi_i^a \leqslant \sum_a \sum_j x_{ij}^a \leqslant \sum_a \sum_j F_{ij}^a t^a = \Delta T \sum_j F_{ij}^a$，所以 y_i 有一个封闭的邻域。因此，设 y_i 的一个宽松上限为 Y_i。给出当前次梯度迭代的 Lagrange 乘子 λ_i^a，传感器 i 通过调整 y_i 可实现如下优化目标：

$$\max_{0\leqslant y_i \leqslant Y_i} U_i(y_i) - \sum_{a\in A} \lambda_i^a \phi_i^a y_i \tag{7.40}$$

因为它是严格凹的，所以传感器 i 可以得到唯一的最优 y_i 为

$$y_i = \begin{cases} 0, & U_i'(0) < \sum_a \lambda_i^a \phi_i^a \\ (U_i')^{-1}\left(\sum_a \lambda_i^a \phi_i^a \right), & U_i'(Y_i) \leqslant \sum_a \lambda_i^a \phi_i^a \\ Y_i, & \text{其他} \end{cases} \tag{7.41}$$

路由子问题 该对偶函数包含 $|N|$ 个路由子问题，每一个传感器调节外向链接发送数据给每个锚点的流量总量。传感器 i 的路由子问题是

$$\max_{x\geqslant 0} \sum_{a\in A} \sum_{j:(i,j)\in E^a} (\lambda_i^a - \lambda_j^a - \mu_{ij}^a) x_{ij}^a \tag{7.42}$$

满足：

$$\sum_{a\in A} \sum_{j:(i,j)\in E^a} x_{ij}^a \leqslant E_i' \tag{7.43}$$

其中，$(\lambda_i^a - \lambda_j^a - \mu_{ij}^a)$ 为每个锚点 a（当 $j = s^a$，$\lambda_j^a = 0$）的链接增益。显然，传感器 i

应该在具有最大链接增益的链接上消耗所有的能量预算 E_i'，以得到式(7.42)的最优解。如果分别用 $\tilde{j}$ 和 $\tilde{a}$ 来表示一个外向传输的邻居节点和一个确定的锚点，那么 $(\tilde{j},\tilde{a})_i = \arg\max_{j,a}[\lambda_i^a - \lambda_j^a - \mu_{ij}^a]^+$。从数学上来说，采用该分配策略的原因是，传感器 i 在 $\{x_{ij}^a\}$ 的优化是线性规划，总是可以选择一个极点作为解，使得

$$x_{ij}^a = \begin{cases} \dfrac{E_i'}{e_{ij}}, & (j,a) = (\tilde{j},\tilde{a})_i(\lambda_i^a - \lambda_j^a - \mu_{ij}^a) > 0 \\ 0, & \text{其他} \end{cases} \tag{7.44}$$

逗留时间分配子问题　Sencar 负责为每个锚点分配逗留时间，以满足优化目标：

$$\max_{t\geqslant 0} \sum_{a\in A}\sum_{i\in N}\sum_{j:(i,j)\in E^a} \mu_{ij}^a F_{ij} t^a, \quad \sum_{a\in A} t^a \leqslant \Delta T \tag{7.45}$$

同样地，因为这是一个线性规划，且每个 t^a 在目标函数中有一个非负系数，所以可以简单地将 ΔT 分配给具有最大系数的 t^a，其中，

$$t^a = \begin{cases} \Delta T, & a = \arg\max_a \sum_i \sum_j \mu_{ij}^a F_{ij} \\ 0, & \text{其他} \end{cases} \tag{7.46}$$

值得注意的是，为确定 Sencar 的逗留时间，在每次的次梯度迭代中，Lagrange 乘子 μ_{ij}^a 的值需要被路由到 Sencar。为了减少通信开销，也可以让每个传感器交替地确定在每个定位点的逗留时间。具体来说，因为每一个 t^a 是传感器的全局变量，所以需要为每个传感器引入局部变量 t_i^a，使每个锚点 a 处的 $t^{a'}$ 相等，并将这一条件作为 NUM-VT 问题的附加约束，即 $t_i^a = t_j^a, \forall i\in N, \forall j:(i,j)\in E^a, \forall a\in A$。然后，利用 Lagrange 函数放松这些限制，并通过传感器 i 解决关于 t_i^a 的子问题。这种方法只要求每个传感器与直接邻居节点进行通信，交换相应的 Lagrange 乘子。然而，在实践中发现，相比于由 Sencar 决定 $\{t^a\}$ 的方法，这种方法会导致较慢的收敛。因此，通信开销和收敛速度之间存在折中[1]。实际中，一个应用可以自主选择让传感器或 Sencar 决定这些值。

Lagrange 乘子的更新：根据

$$\lambda_i^a(k+1) = \left[\lambda_i^a(k) + \theta(k)\left(y_i(k)\phi_i^a + \sum_j x_{ij}^a - \sum_j x_{ij}^a(k)\right)\right]^+ \tag{7.47}$$

$$\mu_{ij}^a(k+1) = \left[\mu_{ij}^a(k) + \theta(k)\left(x_{ij}(k) + F_{ij} t^a(k)\right)\right]^+ \tag{7.48}$$

传感器 i 更新其 Lagrange 乘子 λ_i^a 和 μ_{ij}^a。其中，k 为次梯度迭代指数；$\theta(k)$ 为在 NUM-FT 问题中讨论的递减步长。如果有必要，传感器 i 会发送更新的 Lagrange 乘子给直接邻居节点，并路由 $\mu_{ij}^a(k+1)$ 到 Sencar。

原问题的解：由于路由和逗留时间分配的子问题是线性的，所以需要恢复原

问题的主变量 x_{ij}^a 和 t^a 的值。在高层最优化中，当数据分割变量 ϕ_i^a 达到其最优 $(\phi_i^a)^*$ 时，在低层次梯度迭代中，可以使用文献[29]中的方法构建主问题的可行序列 $\{\tilde{x}_{ij}{}^a(k)\}$ 和 $\{\tilde{t}^a(k)\}$，即 $\tilde{x}_{ij}^a(k)=\dfrac{1}{k}\sum_{h=1}^{k}x_{ij}^a(h)$ 和 $\tilde{t}^a(k)=\dfrac{1}{k}\sum_{h=1}^{k}t^a(h),$。以这种方式，从序列 $\{\tilde{x}_{ij}^a(k)\}$ 和 $\{\tilde{t}^a(k)\}$ 收敛值可以得到最终的最优 x_{ij}^a 和 t^{a*}。

7.4.3 高层最优化

上述低层最优化算法假定每个 ϕ_i^a 都是一个常数。在更高的层面上，将考虑如何调整传感器 i 的 ϕ_i^a 以获得 NUM-VT 问题的最优解。

$U(\phi)$ 是低层最优化的目标值。对于给定的 ϕ，令 λ^* 和 μ^* 表示最小化 $D(\phi,\lambda,\mu)$ 的 Lagrange 乘子，$U(\phi)$ 可表示如下：

$$\begin{aligned}U(\phi)=\max_{\lambda\geqslant 0,\mu\geqslant 0}D(\phi,\lambda,\mu)&=\sum_i U_i(y_i(\lambda^*))\\&-\sum_a\sum_i\lambda_i^{a^*}\left(y_i(\lambda^*)\phi_i^a+\sum_j x_{ij}^a(\lambda^*,\mu^*)\right)\\&-\sum_a\sum_i\sum_j\mu_{ij}^{a^*}(x_{ij}^a(\lambda^*,\mu^*)-F_{ij}t^a(\mu^*))\end{aligned}\tag{7.49}$$

然后，ϕ_i^a 的边际效益为 $\partial U(\phi)/\partial\phi_i^a=-\lambda_i^{a^*}y_i(\lambda^*)$，这反映了从传感器 i 发送到锚点 a 的数据增益。直观地说，为最大化网络效益 $U(\phi)$，传感器 i 应该总是转移它的一些数据并发送到其他锚点以达到最高的边际效益，直到 ϕ_i 达到一个平衡。令 $\phi^*=\{\phi_i^{a^*}\}$ 为最优数据分割矩阵。我们通过下面的最优性条件来刻画式(7.35)中问题的最优解 ϕ^*。

对于每个传感器 i，有

$$\phi_i^{a^*}>0\Rightarrow\frac{\partial U(\phi^*)}{\partial\phi_s^a}\leqslant\frac{\partial U(\phi^*)}{\partial\phi_i^a},\quad a\in A\tag{7.50}$$

即传感器 i 只在具有最大边际效益的锚点处才将数据发送给 Sencar。这类似于 Wardrop 平衡问题[30]。

对于传感器 i，令 $\tilde{a}_i$ 是具有最大边际效益的锚点，即 $\tilde{a}_i=\arg\max\limits_{a\in A}\partial U(\phi)/\partial\phi_i^a$。传感器 i 可以根据以下原则更新 ϕ_i^a：

$$\phi_i^a(n+1)=\phi_i^a(n)+\delta_i^a(n)\tag{7.51}$$

$$\delta_i^a(n)=\begin{cases}-\min\left\{\phi_i^a(n),\dfrac{k(n)}{y_i}\left(\dfrac{\partial U(\phi)}{\partial\phi_i^{\tilde{a}_i}}(n)\leqslant\dfrac{\partial U(\phi)}{\partial\phi_i^a}(n)\right)\right\}, & a\neq\tilde{a}_i\\-\sum\limits_{a\neq\tilde{a},a\in A}\delta_i^a(n), & a=\tilde{a}_i\end{cases}\tag{7.52}$$

其中，n 为高层最优化的迭代指数；$k(n)$ 为一个小的正标量迭代步长。

通过使用文献[26]中类似的方法，可以证明这个更新算法可以保证 NUM-VT 问题最优解的收敛，可直接简单验证式(7.51)中的更新算法满足：

$$\sum_a \delta_i^a(n)=0\text{，且}\sum_a \frac{\partial U(\phi)}{\phi_i^a}\phi_i^a \geqslant 0,\ \forall i\in N \tag{7.53}$$

对于传感器 i，只有当 $\sum_a \delta_i^a(n)=0$ 时，$\sum_a \frac{\partial U(\phi)}{\phi_i^a}\phi_i^a \geqslant 0$，对所有的 $a\in A$，要求 $\phi_i^a(n)(\partial U(\phi)/\partial\phi_i^{\tilde{a}_i}-\partial U(\phi)/\partial\phi_i^a)=0$。如果考虑版本的连续性，对于每个传感器，有

$$\sum_a \dot{\phi}_i^a=0,\ \sum_a \phi_i^a=0 \quad \text{且} \quad \sum_a \frac{\partial U(\phi)}{\phi_i^a}\phi_i^a \geqslant 0 \tag{7.54}$$

式(7.51)的更新算法可以认为是式(7.54)在特定离散时间的实现。由式(7.49)可知，$U(\phi)=\min\limits_{\lambda,\mu} D(\phi,\lambda,\mu)$ 及 $D(\phi,\lambda,\mu)$ 均为 λ 和 μ 的非光滑函数，因此 $U(\phi)$ 的微分可以表示为

$$\begin{aligned}\mathrm{d}U(\phi)=&\left(\lim_{h\to0^+}\frac{\partial D(\phi,\lambda^*+h\mathrm{d}\lambda,\mu^*)}{\partial\lambda}\right)\mathrm{d}\lambda\\&+\left(\lim_{h\to0^+}\frac{\partial D(\phi,\lambda^*+\mu^*+h\mathrm{d}\mu)}{\partial\mu}\right)\mathrm{d}\mu+\frac{\partial D(\phi,\lambda^*,\mu^*)}{\partial\phi}\mathrm{d}\phi\end{aligned} \tag{7.55}$$

其中，$(\lambda^*,\mu^*)=\arg\min\limits_{\lambda,\mu} D(\phi,\lambda,\mu)$。对于给定的 ϕ，因为 λ^* 和 μ^* 最小化 $D(\phi,\lambda,\mu)$，$\lim\limits_{h\to0^+}\frac{\partial D(\phi,\lambda^*,\mu^*+h\mathrm{d}u)}{\partial\mu}$ 和 $\lim\limits_{h\to0^+}\frac{\partial D(\phi,\lambda^*+hd\lambda,\mu^*)}{\partial\lambda}$ 不在一个下降方向，即式(7.55)中的前两项都是非负的。因此，有

$$\mathrm{d}U(\phi)\geqslant\frac{\partial D(\phi,\lambda^*,\mu^*)}{\partial\phi}\mathrm{d}\phi=\sum_i\sum_a\frac{\partial U(\phi)}{\partial\phi_i^a}\mathrm{d}\phi_i^a \tag{7.56}$$

由式(7.54)和式(7.56)可知，$\mathrm{d}U(\phi)\geqslant\sum_i\sum_a\frac{\partial U(\phi)}{\partial\phi_i^a}\mathrm{d}\phi_i^a\geqslant 0$，这意味着通过式(7.51)更新 ϕ 提高了整体网络效益，并且对于每个传感器，当所有的边际效益接近相同时，ϕ 会达到一个平衡 ϕ^*，使得 $U(\phi^*)=0$。

最后，我们总结了 NUM-VT 问题的分布式算法，如算法 7.4 所示。

算法 7.4　NUM-VT 问题的分布式算法

For 每个传感器 i∈N do

　对所有满足 $\sum_a \phi_i^a(0)=1$ 的 a∈A，初始化数据分割变量 $\phi_i^a(0)$；

　Repeat: 对 所 有 i : (i, j) ∈ E^a j : (i, j) ∈ E^a, a ∈ A 初 始 化 Lagrange 乘子 $\lambda_i^a(0)$；

Repeat:对所有 $j:(i,j)\in E^a, a\in A$

由式(7.41)计算 $y_i(k)$;

由式(7.44)计算 $x_{ij}^a(k)$;

由式(7.46)计算 $t^a(k)$;

由式(7.47)更新 Lagrange 乘子 $\lambda_i^a(k+1)$ 和 $\mu_{ij}^a(k+1)$;

发送更新的 Lagrange 乘子给它的邻居节点，并路由 $\mu_{ij}^a(k+1)$ 到 Sencar;

If 外循环迭代中 $\{\phi(n)\}$ 达到 ϕ^*

由 $\tilde{x}_{ij}^a(k)=\frac{1}{k}\sum_{h=1}^{k}x_{ij}^a(h)$ 计算 $\tilde{x}_{ij}^a(k)$，并由 $\tilde{t}^a(k)=\frac{1}{k}\sum_{h=1}^{k}t^a(h)$ 计算 $\tilde{t}^a(k)$

end If

Until 序列 $\{\lambda(k)\}$ 收敛于 λ^*，序列 $\{f(k)\}$ 收敛于 $\tilde{f}^*$;

由式(7.51)调整数据步长变量 $\phi_i^a(n+1)$ $(\forall a\in A)$;

Until 达到平衡，即序列 $\{\phi(n)\}$ 收敛于 ϕ^*;

end For

7.5 性 能 评 价

7.5.1 网络配置及参数设置

本节提供了一些数值结果，以证明所提分布式算法的性能，同时与其他数据收集策略进行性能比较。我们采用以下效益函数：$U_i=\omega_i\log\left(1+\sum_a q_i^a t^a\right)$ 或等价 $U_i=\omega_i\log(1+y_i)$，该函数表明一个具有较大权重 ω_i 的传感器的数据会对整体性能产生较大影响。很显然，该效益函数通常用于平衡网络效率和用户公平性。在加权比例公平中，这样的对数效益函数已经在文献[21]和文献[22]中得到定义和讨论。从物理的角度，这意味着每个传感器在数据采集巡回中，将根据其自身效益的权重上传数据到 Sencar。

仿真主要关注算法的收敛性能和相关性能，并且为便于描述，在实验图中采用了一些无量纲量符号。值得指出的是，只有能量预算被更新或拓扑发生变化时，每个分布式算法才会被执行，因此传感器不必频繁地执行该过程。此外，本章所提算法能快速收敛，这有助于进一步减小传感器计算的开销。另外，由于该算法在迭代中不断运行，因此每个传感器只需要记录最近两次迭代的数据传输速率、外向链接速率和 Lagrange 乘子。由于这些信息的量是有限的，故传感器的空间开销并不是一个很大的问题。最后，值得注意的是，如果采用集中式执行，本章所提出的算法也可以通过一个中央控制器以多线方式被执行。例如，我们可以使用 Sencar 来收集整个网络的必要信息，执行所提出的算法并把方案传送到传感器。

7.5.2 收敛性

首先研究 NUM-FT 问题和 NUM-VT 问题的算法收敛性。为了便于说明，我们用一个如图 7.3 所示小的通用网络展示算法的工作过程。事实上，由于其具有分布式性质，所以算法可以适用于大规模网络。图 7.3 中有 10 个传感器和两个锚点分布在感知区域。假定网络中的链接是有方向的，方向由箭头指示，所有链接具有相等的容量。在链接 (i,j) 处，用于发送一个单元流量的能量消耗 e_{ij} 正比于 d_{ij} 的平方，在这里 d_{ij} 为传感器 i 和 j 之间的物理距离。为了清楚起见，我们列出了图中所有的参数设置，如图 7.3(b) 所示。

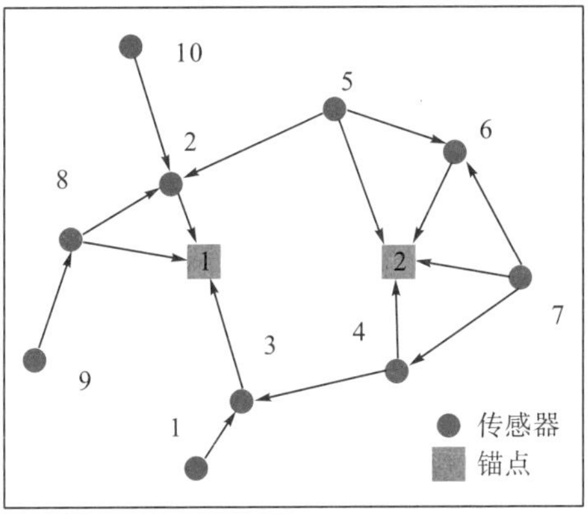

(a)

符号	值	符号	值
$E_i' \ \forall i$	1.25×10^4	ΔT	50
$e_{ij} \ \forall(i,j)$	0.007	$\omega=\{\omega_i\}$	$10^3\times\{10,10,5,5,5,5,5,5,5,5\}$
$F_{ij} \ \forall(i,j)$	250	$\theta(k)$ (NUM-FT)	$\frac{1}{1+10k}$
$Q_i \ \forall i$	750	$\theta(k)$ (NUM-VT)	$\frac{1}{1+20k}$
$Y_i \ \forall i$	2×10^5	$k(n)$ (NUM-VT)	0.005

(b)

图 7.3 10 个传感器和两个锚点组成的网络：(a) 网络配置；(b) 参数配置

（图片来源：Zhao M,Yang Y. Optimization-based distributed algorithms for mobile data gathering in wireless sensor networks. IEEE Transactions on Computers, 2012, 11(10): 1464-1477.）

图 7.4 给出了 NUM-FT 问题的算法迭代次数，即原问题的流量速率 $\tilde{f}_{ij}^{a}$ 和 Lagrange 乘子 λ_i^a 之间的关系。这里把 $t^1=t^2=25$ 作为一个例子，该网络中每个锚点的逗留时间均为固定的。在图 7.4(a)中，我们检查一些选择链接的流量速率，链接(1,3)、链接(9,8)和链接(10,2)发送数据给锚点 1，链接$(5,s^2)$发送数据给锚点 2。从图中可以看出，在 100 次迭代后，恢复的流动速率与最优值的差距在 5%以内。这种观察结果还适用于如图 7.4(b)所示的 Lagrange 乘子。此外，我们也注意到，由于传感器 1 具有较大的权重效益，相比于传感器 9 和传感器 10，外向链接发送数据给锚点 1 的流量能获得更高的网络效益。由于当 Sencar 在锚点 2 时，传感器 5 与 Sencar 之间有直接的路径，最佳流速超过链接$(5,s^2)$并能够达到容量上限。最后，在表 7.2 和表 7.3 中，分别列出了针对所有传感器原问题可行的最优流量速率和最优数据速率。值得注意的是，这些值是执行 500 次迭代获得的，在表 7.2 中没有给出的流速约为零。从表中可以发现，每个传感器的流守恒约束是成立的，并且每个传感器的数据速率与它的效益权重、链接容量和路由到相关锚点的路径有关。

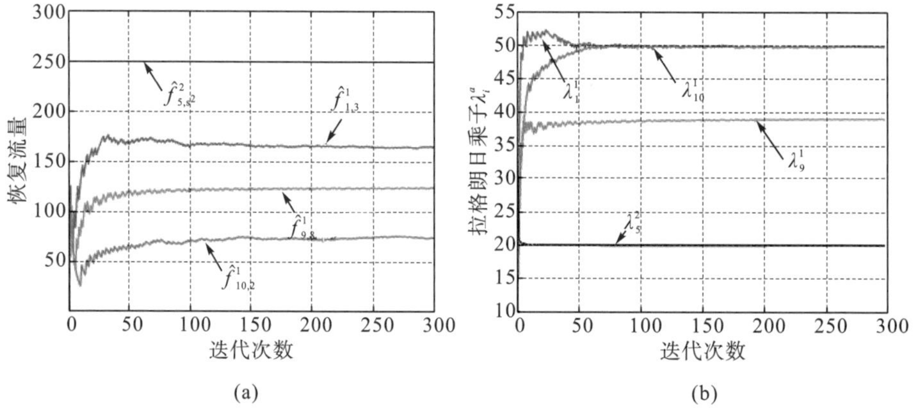

图 7.4 NUM-FT 问题算法的数值结果：(a)恢复流量 $\tilde{f}_{ij}^{a}$ 随子梯度迭代次数的变化；(b) Lagrange 乘子 λ_i^a 随次梯度迭代次数的变化

(图片来源：Zhao M,Yang Y. Optimization-based distributed algorithms for mobile data gathering in wireless sensor networks. IEEE Transactions on Computers, 2012, 11(10): 1464-1477.)

表 7.2 NUM-FT 问题的最优流速 $\tilde{f}_{ij}^{a*}$

锚点 1		锚点 2	
$\tilde{f}_{1,3}^{1*}$	167	$\tilde{f}_{4,s^2}^{2*}$	250
$\tilde{f}_{3,s^1}^{1*}$	250	$\tilde{f}_{5,s^2}^{2*}$	250
$\tilde{f}_{2,s^1}^{1*}$	250	$\tilde{f}_{6,s^2}^{2*}$	250

续表

锚点 1		锚点 2	
$\tilde{f}_{10,2}^{1*}$	80	$\tilde{f}_{7,s^2}^{2*}$	250
$\tilde{f}_{9,8}^{1*}$	124		
$\tilde{f}_{8,s^1}^{1*}$	250		

表 7.3　NUM-FT 问题的最优数据速率 $q_i^{a^*}$

锚点 1		锚点 2	
q_1^{1*}	167	q_1^{2*}	0
q_2^{1*}	170	q_2^{2*}	0
q_3^{1*}	83	q_3^{2*}	0
q_4^{1*}	0	q_4^{2*}	250
q_5^{1*}	0	q_5^{2*}	250
q_6^{1*}	0	q_6^{2*}	250
q_7^{1*}	0	q_7^{2*}	250
q_8^{1*}	126	q_8^{2*}	0
q_9^{1*}	124	q_9^{2*}	0
q_{10}^{1*}	80	q_{10}^{2*}	0

现在考虑在同一网络中的 NUM-VT 问题。算法的性能如图 7.5 所示。对于每一个传感器，不同锚点的数据分割变量具有相同的初始值，即 $\phi_i^1 = \phi_i^2 = 0.5$ 。在高层迭代中采用恒定步长，即 $k(n) = 0.005$ 。在仿真中，每次对数据分割变量进行较高层更新之前，低层的最优化运行 5000 次迭代。为减少低层迭代次数，可以设置 Lagrange 乘子 λ_i^a 和 μ_{ij}^a 的初始值为其在上次高层优化运行时得到的最终值。当低层迭代的次数低至几百时，可以观察到对比的性能。从图 7.5(a) 可以看到，最开始网络效益先急剧增加，然后缓慢增加，直至大约 100 次迭代后达到最佳值。它有效地验证了更新 ϕ 总是能提高整体的网络效益，并保证其收敛达到最优。图 7.5(b) 给出了迭代次数与 $\phi_i^a s$ 之间的关系，从图中可以清楚地看到，当到达锚点 1 时，传感器 1～传感器 3 和传感器 8～传感器 10 只将数据发送到 Sencar；当到达锚点 2 时，传感器 5～传感器 7 交替地将数据上传到 Sencar。图 7.5(c) 和图 7.5(d) 分别给出了传感器 i 在数据采集巡回中收集的数据总量 y_i 和 Lagrange 乘子 λ_i^a 与迭代次数之间的关系。对 NUM-FT 问题，可以得到类似的观察结果。在数据采集巡回中，当传感器 1 相对于其他传感器具有较大的权重效益时，Sencar 优先收集更多的数据。与此相反，

Sencar 收集数据量最少的是传感器 10，因为它具有一个小的权重效益，在锚点 1 其数据由传感器 2 的中继到达 Sencar。由于与传感器 10 相比，传感器 2 具有一个较大的权重效益，所以传感器 10 能避免产生更多的数据，以避免普通链接和传感器 2 出现拥塞。此外，为了从具有大权重效益的传感器收集更多的数据，Sencar 在锚点 1 比锚点 2 的逗留时间更长。由本章算法得出两个锚点的最佳逗留时间分别是 t^1=33.37 和 t^2=16.63。最后，分别在表 7.4 和表 7.5 中给出最优数据总量 y_i^* 和最优链接流量 $\tilde{x}_{ij}^{a*}$ 。值得注意的是，表中的数值是执行 250 次高层迭代的平均结果，未在表 7.5 中列出的所有最优链接流量约为零。从表中可以看出，随着在不同锚点间的动态分配逗留时间增加，Sencar 可以从具有较大权重效益的传感器中收集更多的数据。例如，当传感器 1 和传感器 2 相对于其他传感器具有其效益的 2 倍时，Sencar 会从它们那里多收集 33%～105%的数据。

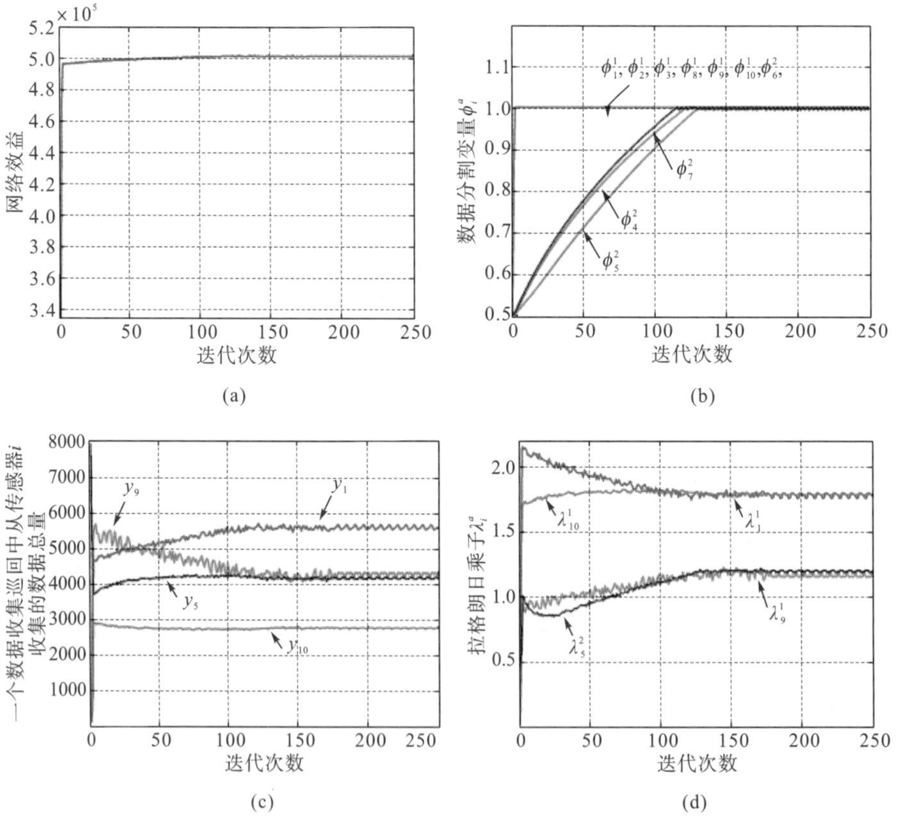

图 7.5　NUM-VT 问题算法的数值结果：(a)网络效益与高层迭代；(b)数据分割变量 ϕ_i^a 与高层迭代；(c)一个数据采集巡回中从传感器 i 收集的数据总量 y_i 与高层迭代；(d)Lagrange 乘子 λ_i^a 与高层迭代

（图片来源：Zhao M,Yang Y. Optimization-based distributed algorithms for mobile data gathering in wireless sensor networks. IEEE Transactions on Computers，2012, 11(10): 1464-1477.）

表 7.4　NUM-VT 问题的最优数据总量 y_i^*

传感器最优数据			
y_1^*	5630	y_6^*	4087
y_2^*	5497	y_7^*	4252
y_3^*	2742	y_8^*	4149
y_4^*	4110	y_9^*	4192
y_5^*	4206	y_{10}^*	2810

表 7.5　NUM-VT 问题的最优链接流量 $\tilde{x}_{ij}^{a*}$

锚点 1		锚点 2	
$\tilde{x}_{1,3}^{1*}$	5620	$\tilde{x}_{4,s^2}^{2*}$	4018
$\tilde{x}_{3,s^1}^{1*}$	8311	$\tilde{x}_{5,s^2}^{2*}$	4131
$\tilde{x}_{5,s^1}^{2*}$	8243	$\tilde{x}_{6,s^2}^{2*}$	4090
$\tilde{x}_{10,2}^{1*}$	2787	$\tilde{x}_{7,s^2}^{2*}$	4133
$\tilde{x}_{9,8}^{1*}$	4565		
$\tilde{x}_{8,s^1}^{1*}$	8310		

7.5.3　NUM-FT 和 NUM-VT 的性能比较

本节比较了 NUM-FT 问题和 NUM-VT 问题算法的性能。我们仍然使用相同的网络和参数设置，如图 7.3 所示。现在考虑 NUM-FT 问题的三个实例，$t^1:t^2$ 分别固定为 1∶1、1∶3 和 1∶4。与此相反，NUM-VT 问题算法动态地为每个锚点分配了最佳的逗留时间。图 7.6(a)给出了网络效益关于 ΔT 的函数，从结果来看，首先，随着 ΔT 的增加，在达到最大值前，所有情形的网络效益都会增加。这是显然的，因为 Sencar 在每个锚点的逗留时间越长，收集的数据越多。一旦 ΔT 足够大，有些传感器将为当前数据采集巡回而耗尽其能量预算。最终网络效益保持不变，因为没有更多的数据可以被 Sencar 提取；其次，对于一个给定的 ΔT，可以发现，由 NUM-VT 实现的网络效益总是大于 NUM-FT。这是因为对于本情形，固定逗留时间的效益区域是可变逗留时间的子集。对一个小 ΔT 的例子，这样的优势是特别值得注意的，这意味着对于低延迟的数据收集效率，适当的逗留时间分配尤为关键。此外，图 7.6(b)给出了 NUM-VT 问题的最优逗留时间分配情况。

从图中可以注意到，在初始阶段 t^1 的最优值比 t^2 大，它们之间的差值随 ΔT 的增加而逐渐变小，最后 t^1 和 t^2 达到相同的值。出现这种趋势的原因是，当 ΔT 较小时，传感器的能量基本上是充足的，并且从每个传感器收集的数据总量主要取决于 ΔT 。然而，传感器 1 和传感器 2 具有更大的效益权重，这可能将数据仅路由到锚点 1，因此 Sencar 更倾向于在锚点 1 逗留，即 $t^1>t^2$。随着 ΔT 逐渐增加，锚点 1 周围一些传感器的能量受限，Sencar 就会从锚点 1 转移到锚点 2 以收集更多的数据，直至当 ΔT 足够大时，无论 Sencar 再逗留多长时间，都不能再获得更多的数据。在仿真中，当 $t^1>120$ 和 $t^2>110$ 时，从各传感器所收集的数据将不再发生变化。因此，当 $\Delta T\geqslant 240$ 时，最佳的逗留时间分配可以有多种选择。一种选择就是如图 7.6 所示的将 ΔT 等分为 t^1 和 t^2。

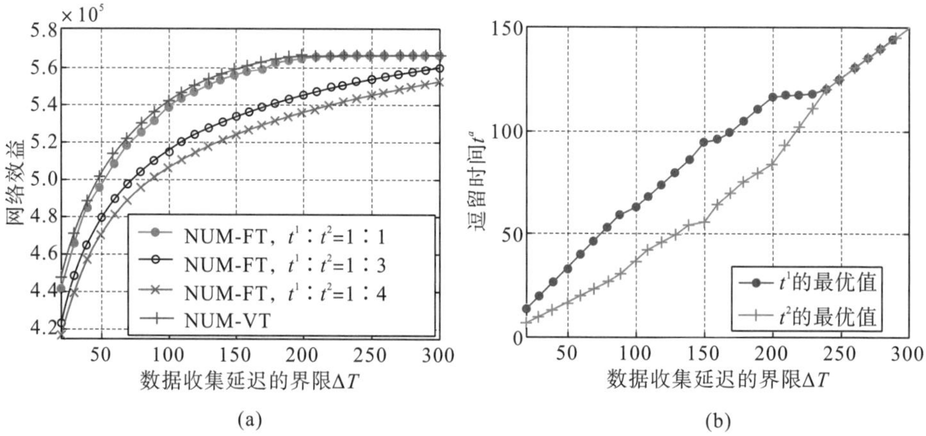

图 7.6 NUM-FT 和 NUM-VT 之间的比较：(a) 网络效益与 ΔT ；(b) NUM-VT 问题适当的逗留时间分配与 ΔT

（图片来源：Zhao M,Yang Y. Optimization-based distributed algorithms for mobile data gathering in wireless sensor networks. IEEE Transactions on Computers, 2012, 11(10): 1464-1477.）

7.5.4 与其他策略的性能比较

本节研究了 NUM-FT 和 NUM-VT 在大型传感器网络中获得的网络效益，并与其他两种策略进行比较。用于比较的第一种策略采用最优的数据速率和随机路由，记为 Rand_Route，其中每个传感器随机选择一个路由路径，并将数据发送到一个可到达锚点的 Sencar。另一种用于比较的策略采用固定数据速率和最短路径路由，记为 Fixed_Rate，其中所有传感器都具有均匀数据速率，且它通过优先选择到锚点的最短路径来传输数据。为了公平比较，假设每个传感器在 Fixed_Rate 中的数据速率是网络中可避免流量拥塞的最大可能速率。

在仿真中使用的参数设置如下：在 200×200 的领域随机地分布 50 个传感器，两个锚点分别位于(66.7，100)和(133.3，100)。每个传感器的传输距离均设定为 40。1/5 的传感器具有较大的效益权重，其值为 10^4，其余的则具有较小的效益权重，其值为 5×10^3。在网络中有 100 个定向链接，它们有相同的链接容量，为 250。这些链接在邻居节点之间是随机分布的，它们可确保每个传感器都至少到达一个锚点。假设每个传感器都有 3×10^4 的能量预算，且 $e_{ij}=0.002d_{ij}^2$。此外，在 NUM-FT、Rand_Route 和 Fixed_Rate 中，两个锚点的逗留时间是固定的并设置为相同的值，即 $t^1:t^2=1:1$。

图 7.7 给出了ΔT 从 20～600 变化时，NUM-VT、NUM-FT、Rand_Route 和 Fixed_Rate 的网络效益。考虑拓扑结构的随机性，图中所示的各性能点是 20 次模拟的平均值。结果表明，NUM-VT 始终优于其他策略。例如，当ΔT =100 时，相比 Rand_Route 和 Fixed_Rate，NUM-VT 的网络效益分别高了 10%和 20%。NUM-VT 有这样的优势可归因于对速率的控制及路由和逗留时间分配的联合设计，这使得整个系统的最优值得以实现。与此相反，Rand_Route 可能导致对许多路由路径的共享链接，因为链接容量的约束，这极大地限制了传感器在路径上的数据传输速率。同样，在 Fixed_Rate 中，传感器通常使用相对低的数据速率以确保网络中的所有链接都不发生拥塞。此外，由于所有传感器在 Fixed-Rate 中都有一个相同的数据速率，这阻碍了具有较大效益权重的传感器发送更多的数据到 Sencar，从而导致网络效益远低于完全提取的值。如图 7.7 所示，当 ΔT 足够大时，所有这些策略的网络效益将达到各自的稳定状态。这是因为当接近锚点的传感器耗尽其能量时，Sencar 不能从远离它们的传感器收集更多的数据，这使得网络效益也不能被进一步增大。

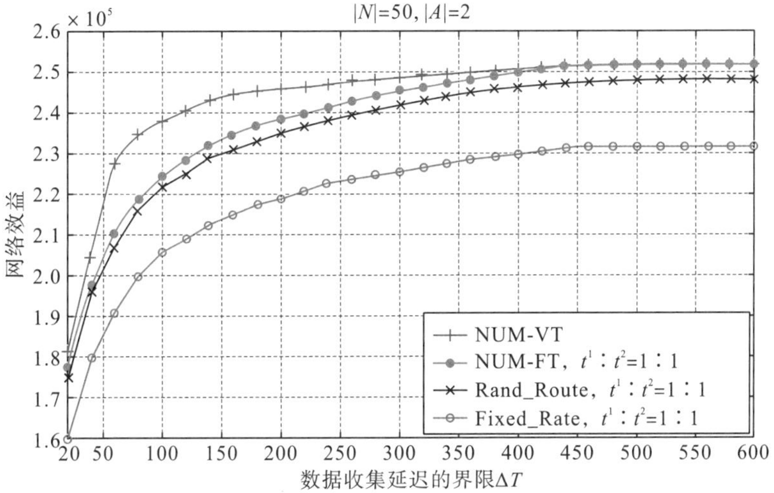

图 7.7　NUM-VT、NUM-FT、Rand_Route 和 Fixed_Rate 性能比较

（图片来源：Zhao M,Yang Y. Optimization-based distributed algorithms for mobile data gathering in wireless sensor networks. IEEE Transactions on Computers, 2012, 11(10): 1464-1477.）

7.6 本章小结

本章为无线传感器网络中基于锚点的移动数据收集寻找最优策略。我们把问题形式化为两个凸优化问题，即 NUM-FT 和 NUM-VT，分别考虑 Sencar 在每个锚点固定和可变的逗留时间的情况。NUM-FT 和 NUM-VT 这两个问题的目标是在保证给定网络生命周期和数据收集延迟的情况下，最大限度地提高网络的整体效益。NUM-FT 问题主要涉及速率控制和最优路由的联合设计，而 NUM-VT 问题是数据的控制、路由和逗留时间分配问题的集成。根据其可分解性，本章相应地提出了两个高效的分布式算法进行求解。最后，本章提供了广泛的数值结果验证了该算法的有效性，补充了我们的理论分析。

参考文献

[1] Madan R, Lall S. Distributed algorithms for maximum lifetime routing in wireless sensor networks. IEEE Transactions on Wireless Communications, 2004, 5(8): 2185-2193.

[2] Madan R, Cui S, Lall S, et al. Modeling and optimization of transmission schemes in energy-constrained wireless sensor networks. IEEE/ACM Transactions on Networking, 2007, 15(6): 1359-1372.

[3] Hou Y T, Shi Y, Sherali H D. Rate allocation and network lifetime problems for wireless sensor networks. IEEE/ACM Transactions on Networking, 2008, 16(2):321-334.

[4] Zhang Z, Ma M, Yang Y. Energy-efficient multihop polling in clusters of two-layered heterogeneous sensor networks. IEEE Transactions on Computers, 2008, 57(2):231-245.

[5] Hua C, Yum T S P. Optimal routing and data aggregation for maximizing lifetime of wireless sensor networks. IEEE/ACM Transactions on Networking, 2008, 16(4):892-903.

[6] Zhang C, Kurose J, Liu Y, et al. A distributed algorithm for joint sensing and routing in wireless networks with non-steerable directional antennas. IEEE Computer Society, 2006: 218-227.

[7] Wu Y, Fahmy S, Shroff N B. On the construction of a maximum-lifetime data gathering tree in sensor networks: NP-completeness and approximation algorithm. The 27th Conference on Computer Communications, 2008: 1-10.

[8] Sadagopan N, Krishnamachari B. Maximizing data extraction in energy-limited sensor networks. Joint Conference of the IEEE Computer & Communications Societies, 2004: 1717-1727.

[9] Chen S, Fang Y, Xia Y. Lexicographic maxmin fairness for data collection in wireless sensor networks. IEEE Transactions on Mobile Computing, 2007, 6(7): 762-776.

[10] Liu H, Jia X, Wan P J, et al. Maximizing lifetime of sensor surveillance systems. IEEE/ACM Transactions on Networking, 2007, 15(2): 334-345.

[11] Shah R C. Data mules: Modeling a three-tier architecture for sparse sensor networks. IEEE International Workshop on Sensor Network Protocols and Applications, 2003: 30-41.

[12] Ma M, Yang Y. SenCar: An energy-efficient data gathering mechanism for large-scale multihop sensor networks. IEEE Transactions on Parallel and Distributed Systems, 2007, 18(10): 1476-1488.

[13] Zhao M, Yang Y. An optimization based distributed algorithm for mobile data gathering in wireless sensor networks. Infocom IEEE International Conference on Computer Communications, 2010: 1-5.

[14] Xing G, Wang T, Jia W, et al. Rendezvous design algorithms for wireless sensor networks with a mobile base station. Proceedings of the 9th ACM Interational Symposium on Mobile Ad Hoc Networking and Computing, 2008: 231-240.

[15] Zhao M, Yang Y. Bounded relay hop mobile data gathering in wireless sensor networks. IEEE Transactions on Computers, 2012, 61(2): 265-277.

[16] Jea D, Somasundara A, Srivastava M. Multiple controlled mobile elements (data mules) for data collection in sensor networks. Proc. First IEEE Int'l Conf. Distributed Computing in Sensor Systems(DCOSS), 2005: 244-257.

[17] Luo J, Hubaux J P. Joint mobility and routing for lifetime elongation in wireless sensor networks. Infocom Joint Conference of the IEEE Computer & Communications Societies IEEE, 2005: 1735-1746.

[18] Wang W, Srinivasan V, Chua K C. Extending the lifetime of wireless sensor networks through mobile relays. IEEE/ACM Transactions on Networking, 2008, 16(5):1108-1120.

[19] Zhao M, Ma M, Yang Y. Mobile data gathering with space-division multiple access in wireless sensor networks. Infocom 2008. The 27th Conference on Computer Communications, 2008: 1283-1291.

[20] Gatzianas M, Georgiadis L. A distributed algorithm for maximum lifetime routing in sensor networks with mobile sink. IEEE Transactions on Wireless Communications, 2008, 7(3): 984-994.

[21] Ma C, Yang Y. A battery-aware scheme for routing in wireless ad hoc networks. IEEE Transactions on Vehicular Technology, 2011, 60(8): 3919-3932.

[22] Lin X, Shroff N B. Utility maximization for communication networks with multi-path routing. IEEE Transactions on Automatic Control, 2006, 51(5): 766-781.

[23] Boyd S, Vandenbergh L. Convex Optimization. Cambridge univ.http://www.stanford.edu/boyd/cvxbook, 2004.

[24] Bertsekas D P, Nedić A O , Asuman E. Convex Analysis and Optimization. Boston: Pitman Advanced Pub., 1982.

[25] Chiang M, Low S H, Calderbank A R, et al. Layering as optimization decomposition: a mathematical theory of network architectures. Proceedings of the IEEE, 2007, 95(1): 255-312.

[26] Chen L, Ho T, Low S H, et al. Optimization based rate control for multicast with network coding. IEEE Infocom 2007——26th IEEE International Conference on Computer Communications. IEEE, 2007: 1163-1171.

[27] Xiao L, Johansson M, Boyd S P. Simultaneous routing and resource allocation via dual decomposition. IEEE Transactions on Communications, 2004, 52(7): 1136-1144.

[28] Bertsekas D P, Tsitsiklis J N. Parallel and Distributed Computation: Numerical Methods, Massachusetts: Athena Scientific, 1989.

[29] Sherali H D, Choi G. Recovery of primal solutions when using subgradient optimization methods to solve Lagrangian duals of linear programs. Operations Research Letters, 1996, 19(3): 105-113.

[30] Wardrop J G. Some theoretical aspects of road traffic research. OR, 1953, 4(4): 72-73.

[31] Kelly F P, Maulloo A K, Tan D K H. Rate control for communication networks: Shadow prices, proportional fairness and stability. Journal of the Operational Research Society, 1998, 49(3): 237-252.

[32] Hou I H, Kumar P R. Utility maximization for delay constrained QoS in wireless. 2010 Proceedings IEEE Infocom, 2010: 1-9.

第 8 章　基于代价最小化的移动数据收集算法

最近研究表明，在无线传感器网络中，通过使用移动收集器来收集短距离的数据有很明显的好处。这种方案的一个典型应用是在传感区域内设置一个移动收集器，并让它停靠在移动路径中的某些锚点，这样它可以遍历感知区域内所有传感器的传输范围，并直接从每个传感器收集数据。本章通过将移动数据收集建模为一个成本最小化问题，并研究这种移动数据收集的性能，其中建模的最优化问题受信道容量、从各传感器所采集的最小数据量及在所有锚点的总逗留时间等的约束。假设在逗留时间内一个传感器在一个固定锚点的开销是传感器在此锚点上传数据量的函数。为了提供一种有效的分布式算法，可将这个全局优化问题分解成两个子问题，并通过各个传感器和移动收集器分别解决。研究表明，这种分解可以表征为一个定价机制，每个传感器可以根据不同锚点的影子价格，独立地调整其将数据上传给锚点的支付代价。相应地，本章给出了一个有效的算法来同时解决这两个子问题。理论分析表明，该算法可以实现对每个传感器最优速率的控制和对移动收集器最佳逗留时间的分配，以最大限度地减少网络的整体成本。仿真结果进一步验证了与其他数据收集方法相比，本章所提算法降低了总的成本开销。

8.1　引　　言

近年来，无线传感器网络作为一种新的信息收集模式已广泛应用于各个领域如野外勘探、环境监测及安全监控。无线传感器网络除了活跃式地(通过原位观察)或被动式地(通过遥感技术)感知自然现象[1]，它的首要任务是从分散的传感器节点收集数据。传统的方法也称为静态数据的采集，通常是通过选择动态路由中的中继传感器，让感知数据通过选择的中继传感器发送到一个静态数据汇集点[2]。在更复杂的方案中，可以将一些网内处理如时空相关的数据汇集和压缩合并到路由设计中[3,4]。虽然这些方案可以在某些应用中进行有效的数据转发，但它存在性能瓶颈，即传感器之间越来越严重的不均匀的能量消耗，这归因于多跳无线通信的固有性质。最近的研究提出了一个很有前景的方法：利用控制流动性来解决这些困难[5-11]。具体地说，就是让移动收集器足够靠近传感器并在感知区域内漫游，从而让移动收集器通过短距离通信来收集数据。由于路由负担已从传感器本身转移到移动收集器，所以网络中需要的无线传输量大幅减少，同时传感器的能耗降低且变得更加均匀[7]。从而，无线传感器网络可以在有限的能源供应下得以长期运行。

在众多的移动数据采集方案中，典型的方案是基于锚点的遍历数据收集[8-10]。具体地，选择感知区域中的一组位置作为锚点。移动收集器通过访问每个锚点周期性地执行数据收集巡视，使得它可以遍历网络中所有传感器的传输范围。当移动收集器到达锚点时，它将从附近的传感器收集数据。因为每个传感器将不再为其他传感器传递数据，所以通过传感器和移动收集器之间的直接数据传输可以实现均匀的能量消耗。通过引入代价函数来描述数据收集的性能，这个函数量化了在不同锚点收集数据的汇总代价。这里的“代价”指的是在特定锚点收集一定数量的数据所消耗的能量或开支。在这种方式中，优化数据采集性能等同于解决相应的成本最小化问题。为了找到这个问题的最优解决方案，考虑在约束条件下对两个参数进行调节。其中一个参数是在特定锚点上传到移动收集器的数据量。由于需要在数据收集过程中可以收集到足够量的数据，所以要求在所有锚点从传感器上传到移动收集器的聚合数据应不小于一定数量。另一个参数是在每个锚点进行移动数据收集的逗留时间。要求在所有锚点的总逗留时间应该存在一个约束，使得数据采集过程的延迟是有界的。

成本最小化问题在本质上是传感器在哪里及怎样与移动收集器通信这个问题，因而可以把它定义为一个定价机制，其中可通过移动数据收集器设置不同锚点的影子价格，传感器独立调整它们的支付代价来争夺数据上传机会。利用这个特征，将成本最小化问题分解为两个更简单的子问题，这些子问题描述了传感器和移动收集器的行为[12]。这样，通过求解子问题得到原始最小化问题的解，而不是直接求解原始最小化问题。通过反复调整传感器与移动数据收集器之间的开销及影子价格[12,13]，可以达到这两个子问题的均衡，使得整个网络开销最小。

本章工作的贡献大致可以描述为以下几个方面：①用网络消费描述数据收集的性能，并将优化数据采集性能问题构造为凸优化问题；②研究表明，凸优化问题可以描述为一个定价机制，这样就可以将其相应地分解为两个子问题；③提供了一个基于定价的算法并以分布式的方式来解决这些子问题；④展示了一个理论分析和仿真结果来验证该算法的收敛性。结果表明，本章所提算法与其他数据收集方法相比可以实现更低的网络成本。

目前，已有一些在无线传感器网络中优化数据收集方面的文章。但是大部分研究的内容是静态数据收集与通过最优路径最大化网络生存时间。例如，Madan 和 Lall 在文献[14]中提出了一个基于对偶分解方法的算法来计算最优路径，从而减少能耗，使网络节点的生存时间最大化。在文献[15]中，Madan 等对电路能量耗损及传统的物理层、MAC 层和路由层进行了建模。他们通过最大化网络生命周期的策略，考虑了各个层的优化及跨层优化。在文献[1]中，Zhang 等研究了感知速率控制、数据路由和能量分配等联合问题，以最大化系统效用。他们通过将问题转换为等效的路由问题来简化问题，并提出了一个基于梯度的分布式算法，通过迭代调整每个节点的感知和通信之间的能量分配以达到系统范围的最优值。在文献[16]中，Hua 和 Yum 共同研究了基于传感器和最大生命周期路由的相关性最佳数据汇集，旨在减少网络流量并平衡流量，以避开具有严重瓶颈的节点。

关于移动数据收集方案优化的文献也很少。Gatzianas 和 Georgiadis[17]的研究内容与本章的工作相关。在文献[17]中假设数据速率不变，寻找一条从传感器到每个锚点的最佳路径，从而最大限度地提高网络寿命。相比之下，与文献[17]不同的是，本章关注的是每个传感器的数据控制和移动收集器的逗留时间分配，而不是路由问题。此外，在我们的模型中，对从每个传感器收集的数据量和所有锚点的总逗留时间施加了约束。这些考虑因素解决了移动数据收集应用程序中的重要实际问题，并且这些问题在现有工作中并未考虑。

与此同时，近年来定价机制[12,18-20]引起了很多关注。这些机制针对资源分配问题提出，资源提供者按照价格向用户收取费用，以便规范用户自私的行为并实现社会福利最大化[13]。特别是在文献[18]和文献[19]中，Kelly 等在有线网络中提出了一种弹性流量的方案，网络提供商根据各个链路上的流量负载向用户收费，用户根据价格选择其传输速率。Qiu 和 Marbach 在文献[20]中将 Kelly 的工作拓展到 Ad Hoc 网络的分配问题，用户可以向其他用户收取数据包中继费用。在最近的工作中，Hou 和 Kumar 在文献[12]中研究了无线局域网中基于延迟服务质量(QoS)需求的效用最大化问题。他们将问题描述为竞价博弈，其中客户从接入点竞标服务时间，并且接入点根据他们的出价向客户分配传送比率。相比之下，本章的工作就是在不同锚点尽可能以最低的成本将数据从传感器上传到移动收集器。我们尝试使用定价机制作为调节传感器和移动收集器之间通信的手段，移动收集器为每个锚点设置一个影子价格，并且每个传感器根据这些影子价格获得从自身到相邻锚点的链路价格，然后确定在不同锚点向移动收集器进行数据上传的支付代价。

8.2　系统模型和问题公式化

假设一个传感器网络包含 N 个静态传感器节点，A 个锚点。本章研究了基于锚点范围内的遍历数据采集方案，其中移动收集器通过周期性数据采集巡视访问每个锚点，从传感器直接收集数据。确定锚点位置的方法有几种，一种方法是将传感范围视为网格，并且锚点可以均匀地分布在网格交叉点上[21]；一种替代的方法是将传感器子集的位置作为锚点的位置[7,8]。本节将遵循第二种，它不仅简化了锚点的设置，而且有利于分布式算法的实现，这将在后面的内容中进行介绍。

如图 8.1 所示，其中七个传感器的位置被选作锚点，移动收集器从静态数据汇集点开始访问并且按顺序访问每一个锚点以数据采集。移动收集器可以是一个机器人或配备了强大收发器和电池的车辆。为方便起见，在下面的内容中把它称为 Sencar。

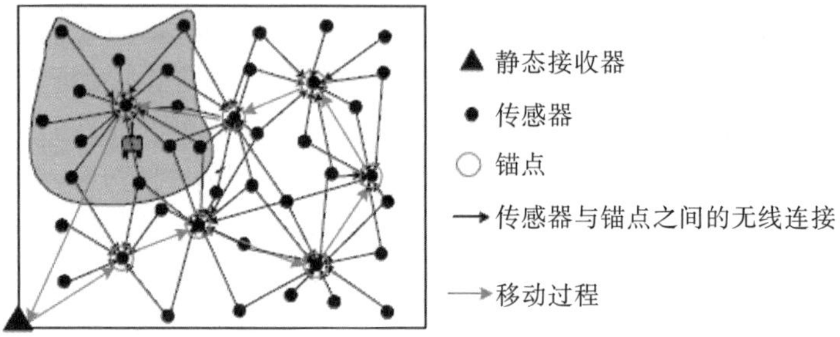

图 8.1 在无线传感器网络中基于锚点范围传输的数据收集模型(其中传感器一个子集的位置被用来作为锚点)

(图片来源：Zhao M , Gong D , Yang Y. A cost minimization algorithm for mobile data gathering in wireless sensor networks. 2010 IEEE 7th International Conference on Mobile Ad-Hoc and Sensor Systems, 2010.)

由于 Sencar 在不同的锚点间移动，我们现在定义两个集合来描述 Sencar 与传感器之间的关系。一个集合为 N^a, 表示在锚点 a 覆盖区域内的传感器节点的集合。当 Sencar 到达锚点 a 时，这些传感器节点就可以将数据上传到 Sencar；另一个集合为 A_i，其中包含能在一跳范围内到达锚点的传感器。为了确保每个传感器都有将数据上传到 Sencar 的机会，假设 A_i 是非空的，这可以通过找到传感器的一组邻居集合来得到保证，从而使得所选择的集合包含所有传感器。

假设每个传感器都具有足够的缓冲来感知数据，当 Sencar 在锚点停留时，传感器节点 i 将数据 x_i^a 上传到 Sencar。为了确保 Sencar 能够在数据采集的过程中从每个传感器获取足够数量的数据，我们为每个传感器假设一个最小的数据量 M_i。Sencar 在锚点 a 停留 t^a 的时间来收集附近传感器的数据。在某些对时间敏感的应用中，数据收集任务预计将在有限时间内完成，这相当于将所有锚点的逗留时间限制在一定范围内。我们定义一个有限时间 T，称作总逗留时间。此外，考虑到不可靠信道的普遍存在[22]，假设传感器节点 i 和在锚点 a 的 Sencar 之间的数据传输在一个有损连接下的成功上传率为 p_i^a。因此，为了确保 Sencar 接收的数据量为 x_i^a，传感器 i 需要输出的数据量为 x_i^a/p_i^a。

为了表征在特定锚点上，数据从传感器上传到 Sencar 对整体数据采集性能的影响，这里引入了成本函数 $C_i^a(\cdot)$，它对于传感器 i 到锚点 a 的上传数据量是严格凸且递增的，并且是二次可微的函数。在实践中，可以根据能量消耗、货币成本等建模用户应用需求的标注来评估“成本”。开销函数 $C_i^a(\cdot)$ 量化了从传感器 i 到锚点 a 上传数据的合适度。相应地，网络成本被定义为在所有锚点收集全部传感器感知数据的成本总和。本小节的工作是通过调度传感器和 Sencar 之间的通信和动态调节 Sencar 在不同锚点的逗留时间，来最小化网络代价。

网络成本最小化问题可以形式化如下。

定义 8.1　无线传感器网络中移动数据采集的网络成本最小化(network cost minimization，NCM)问题给定一个传感器集合 N，锚点集合 A，传感器节点 $i(i\in N)$ 的最小数量 M_i 及所有锚点的总逗留时间 T。可得：

(1) 在锚点 a，从传感器 i 上传到 Sencar 锚点的数据量为 x_i^a；

(2) Sencar 在锚点 a 的滞留时间为 t^a，以最小化整个网络的代价。

符号如表 8.1 所示，NCM 问题可以建模为如下凸优化问题:

$$\text{Minimize}\sum_{a\in A_i}\sum_{i\in N^a}C_i^a(x_i^a) \tag{8.1}$$

满足：

$$\sum_{a\in A_i}x_i^a\geqslant M_i,\quad \forall i\in N \tag{8.2}$$

$$\sum_{i\in N^a}\frac{x_i^a}{p_i^a}\leqslant B\cdot t^a,\quad \forall a\in A \tag{8.3}$$

$$\sum_{a\in A}t^a\leqslant T \tag{8.4}$$

$$x_i^a,t^a\geqslant 0,\quad \forall i\in N^a,\quad \forall a\in A \tag{8.5}$$

表 8.1　符号列表

符号	表示的意义
N	传感器集合
A	锚点集合
N^a	锚点 a 覆盖范围内的传感器集合，$N^a\subseteq N$
A_i	传感器节点 i 周围的锚点集合，$A_i\subseteq A$
t^a	Sencar 在锚点 a 的逗留时间
T	数据收集过程中所有锚点逗留时间的上限
x_i^a	数据收集过程中传感器节点 i 在锚点 a 时，上传至 Sencar 的数据量
p_i^a	在锚点 a 时从传感器节点 i 到 Sencar 上传数据的发射功率
B	系统的信道带宽
M_i	数据传输过程中传感器 i 上传至 Sencar 的最小数据总量

NCM 问题的约束解释如下：

(1) 由数据约束式(8.2)可以看出，对于每个传感器，其在所有锚点聚合上传的数据量应不小于指定的最小量。

(2) 链路容量约束式(8.3)指出，当 Sencar 位于锚点 a 时，附近传感器传输的总数据量受信道带宽 B 和逗留时间 t^a 的限制。

(3) 总逗留时间约束式(8.4)强调 Sencar 在所有锚点的总逗留时间不能超过限度 T。

8.3 问题分解和基于代价的算法

8.2 节解决了 NCM 问题。由于这个问题的目标函数相对于 $x_i^a(a \in A, i \in N^a)$ 是一个严格凸函数，且该问题具有一个凸可行域，因此 NCM 问题在数学上是可以求解的。但是，直接对其求解存在一些困难。

(1) 开销函数 $C_i^a(\cdot)$ 对于所有 λ_i^a 而言是与传感器相关的，因为该函数不太可能被网络提供商或一个中央控制器获取。

(2) 由于无线信道的不对称性，在传感器端很难获得由传感器到 Sencar 上传数据的成功率 p_i^a，但是，通过执行接收估计，这些信息可以在 Sencar 端获取。

(3) 可调变量 x_i^a 和 t^a 实际上体现了不同的行为，x_i^a 反映的是每个传感器的数据上传调度，相反，t^a 刻画的是 Sencar 的移动。

(4) 在无线传感器网络中以任何集中式的方式实现数据收集都是非常困难的。为了避免这些困难，本章将 NCM 问题分成两个更为简单的子问题[18,2]。

当 Sencar 在数据采集的过程中停留在锚点 a 时，传感器 i 选择支付 q_i^a 以获取数据上传的机会，并且允许上传与 q_i^a 成比例的数据量 x_i^a，有 $q_i^a = \lambda_i^a x_i^a$，其中 λ_i^a 为在锚点 a 从传感器 i 到 Sencar 上传一单位数据的代价。本节称 λ_i^a 为链路价格，且将传感器 i 的最小花费函数表示如下：

SENSOP_i

$$\text{Minimize} \sum_{a \in A_i} C_i^a \left(\frac{q_i^a}{\lambda_i^a} \right) + \sum_{a \in A_i} q_i^a \tag{8.6}$$

满足：

$$\sum_{a \in A_i} \frac{q_i^a}{\lambda_i^a} \geqslant M_i$$

$$\text{变量} \quad q_i^a \geqslant 0, \ \forall a \in A_i$$

综上，我们考虑了传感器 i 两方面的开销。$\sum_{a \in A_i} C_i^a \left(\frac{q_i^a}{\lambda_i^a} \right)$ 为传感器 i 相对于其周

围所有邻居锚点的数据上传总开销，$\sum_{a\in A_i} q_i^a$ 为在竞争数据上传机会时消耗的代价。

在优化问题 SENSOR _i 中，对于给定的链路价格 λ_i^a，传感器 i 在上传数据量不少于 M_i 的约束条件下独立且最大限度地减少自身的开销。注意，为了解决这个问题，每个传感器 i 都没有必要知晓链路状况 $p_i^a(a\in A_i)$ 的信息。

另一方面，给定所有传感器的总开销，Sencar 尝试在信道容量和总逗留时间的约束下最大化其收益。换句话说，Sencar 需要解决如下的优化问题。

SENCAR：

$$\text{Maximize}\sum_{a\in A_i}\sum_{i\in N^a} q_i^a \log(x_i^a) \tag{8.7}$$

满足：

$$\sum_{i\in N^a}\frac{x_i^a}{p_i^a}\leqslant B\cdot t^a,\quad \forall a\in A$$

$$\sum_{a\in A} t^a \leqslant T$$

$$\text{变量}\quad x_i^a, t^a\geqslant 0\quad \forall i\in N^a,\ \forall a\in A$$

上面的最大化问题不需要 Sencar 知晓代价函数 $C_i^a(\cdot)(a\in A, i\in N^a)$ 的信息。定理 8.1 表明，通过求解 SENSOR _i 和 Sencar 问题，可以得到总成本最小化问题 (NUM) 的最优数据控制和逗留时间分配。

定理 8.1　存在非负矩阵 $\boldsymbol{x}=\{x_i^a \mid a\in A, i\in N^a\}$，$\boldsymbol{q}=\{q_i^a \mid a\in A, i\in N^a\}$，$\boldsymbol{\lambda}=\{\lambda_i^a \mid a\in A, i\in N^a\}$ 和非负向量 $\boldsymbol{t}=\{t^a \mid a\in A\}$，其中，$q_i^a=\lambda_i^a x_i^a$，$\forall i\in N$，$a\in A_i$。

(1) 对于任意 $i\in N$，当 $\lambda_i^a>0(a\in A_i)$ 时，SENSOR _i 问题的解是 $\boldsymbol{q}_i=\{q_i^a \mid a\in A_i\}$。

(2) 当 Sencar 位于锚点 a 时，给定传感器 i 将数据上传到 Sencar 的开销是 q_i^a，那么 Sencar 问题的解是 $(\boldsymbol{x},\boldsymbol{t})$。

除此之外，给定 $\boldsymbol{x}$、$\boldsymbol{\lambda}$、$t>0$，矩阵 $\boldsymbol{x}$ 和向量 $\boldsymbol{t}$ 是 NCM 问题的解。

证明　首先指出存在 $\boldsymbol{x}$、$\boldsymbol{q}$ 和 $\boldsymbol{\lambda}$ 满足 (1) 和 (2)，然后证明对应的 $(\boldsymbol{x},\boldsymbol{t})$ 是 NCM 问题的解。假设对参数 M_i 和 T 做适当设置后，总存在可行的矩阵变量 $\boldsymbol{x}$、$\boldsymbol{q}$ 和向量 $\boldsymbol{t}$ 满足 NCM 问题、SENSOR _i 和 Sencar 问题，且其中不等式严格成立，这意味着它们是相应问题可行区域中的内点。因此，Slater 约束条件得到满足[14,23]。因为 SENSOR _i、Sencar 和 NCM 问题都是凸优化问题，所以每个问题的解都应该满足 KKT 条件才能达到各自问题的最优解[23]。

对于 NCM 问题，为约束式 (8.2)～式 (8.4) 引入非负的拉格朗日乘子 σ^a、μ_i 和 γ，这时 NCM 问题的拉格朗日函数可以表示为

$$L_{\text{sys}}(\boldsymbol{x},\boldsymbol{t},\boldsymbol{\sigma},\boldsymbol{\mu},\gamma)=\sum_{a\in A}\sum_{i\in N^a} C_i^a(x_i^a)+\sum_{a\in A}\sigma^a\left(\sum_{i\in N^a}\frac{x_i^a}{p_i^a}-Bt^a\right)-\sum_{i\in N^a}\mu_i\left(\sum_{a\in A}x_i^a-M_i\right)+\gamma\left(\sum_{a\in A}t^a-T\right) \tag{8.8}$$

假设 $\boldsymbol{x}^* = \{x_i^{a^*} | a \in A, i \in N^a\}, \boldsymbol{t}^* = \{t^{a^*} | a \in A\}$ 是 NCM 问题的最优解，那么可以获得以下的 KKT 条件：

$$\frac{\partial L_{\mathrm{sys}}}{\partial x_i^a} = C_i^{a'}(x_i^{a^*}) + \frac{\sigma^{a^*}}{p_i^a} - \mu_i^* = 0 \tag{8.9}$$

$$\frac{\partial L_{\mathrm{sys}}}{\partial t^a} = -\sigma^{a^*} B + \gamma^* = 0, \quad \forall a \in A \tag{8.10}$$

$$\sigma^{a^*}\left(\sum_{i \in N^a} \frac{x_i^a}{p_i^a} - B \cdot t^{a^*}\right) = 0, \quad \forall a \in A \tag{8.11}$$

$$\mu_i^*\left(\sum_{i \in N^a} x_i^{a^*} - M_i\right) = 0, \quad \forall i \in N \tag{8.12}$$

$$\gamma^*\left(\sum_{a \in A} t^{a^*} - T\right) = 0 \tag{8.13}$$

$$x_i^{a*} \geqslant 0, \quad t^{a^*} \geqslant 0, \quad \forall a \in A, \quad \forall i \in N^a \tag{8.14}$$

$$\sigma^{a^*}, \mu_i^*, \gamma^* \geqslant 0, \quad \forall a \in A, \quad \forall i \in N \tag{8.15}$$

引入 v_i 作为 SENSOR _i 数据量约束条件的拉格朗日乘子，从而其拉格朗日函数如下：

$$L_{\mathrm{sen\_}i}(\boldsymbol{q}, \boldsymbol{v}, \varepsilon) = \sum_{a \in A_i} C_i^a\left(\frac{q_i^a}{\lambda_i^a}\right) + \sum_{a \in A_i} q_i^a - v_i\left(\sum_{a \in A} \frac{q_i^a}{\lambda_i^a} - M_i\right) \tag{8.16}$$

根据 KKT 条件，如果 $\boldsymbol{q}_i^* = \{q_i^{a^*} | a \in A_i\}$ 是 SENSOR _i 的最优解，那么 v_i^* 应当满足：

$$\frac{\partial L_{\mathrm{sen\_}i}}{\partial q_i^a} = \frac{1}{\lambda_i^a} \cdot C_i^{a'}\left(\frac{q_i^a}{\lambda_i^a}\right) + 1 - \frac{v_i^*}{\lambda_i^a} = 0, \quad \forall a \in A_i \tag{8.17}$$

$$v_i^*\left(\sum_{\alpha \in A_i} \frac{q_i^a}{\lambda_i^a} - M_i\right) = 0 \tag{8.18}$$

$$q_i^{a^*} \geqslant 0, \quad \forall a \in A_i \tag{8.19}$$

$$v_i^* \geqslant 0 \tag{8.20}$$

同样，引入 α^a 和 β 作为 Sencar 问题约束条件的乘子，Sencar 问题的拉格朗日函数可以表示如下：

$$L_{\mathrm{car}}(\boldsymbol{x}, \boldsymbol{t}, \boldsymbol{\alpha}, \beta, \rho, \eta) = -\sum_{a \in A} \sum_{i \in N^a} q_i^a \log x_i^a + \sum_{a \in A} \alpha^a\left(\sum_{i \in N^a} \frac{x_i^a}{p_i^a} - Bt^a\right) + \beta\left(\sum_{a \in A} t^a - T\right) \tag{8.21}$$

对于给定的 q，通过 KKT 条件，可以得到矩阵 $\boldsymbol{x}^*$ 和矢量 $\boldsymbol{t}^*$ 是 Sencar 问题的最优解，当且仅当 $\boldsymbol{\alpha}_i^* = \{\alpha^{a^*} | a \in A\}$ 和 β^* 满足：

$$\frac{\partial L_{\text{car}}}{\partial x_i^a}=\frac{-q_i^a}{x_i^{a^*}}+\frac{\alpha^{a^*}}{p_i^a}=0,\ \forall a\in A,\ i\in N^a \tag{8.22}$$

$$\frac{\partial L_{\text{car}}}{\partial t^a}=-\alpha^{a^*}B+\beta^*=0,\ \forall a\in A \tag{8.23}$$

$$\alpha^{a^*}\left(\sum_{i\in N^a}\frac{x_i^{a^*}}{p_i^a}-Bt^{a^*}\right)=0,\ \forall a\in A \tag{8.24}$$

$$\beta^*\left(\sum_{a\in A}t^{a^*}-T\right)=0 \tag{8.25}$$

$$x_i^{a^*}\geqslant 0,\ t^{a^*}\geqslant 0,\ \forall a\in A,\ i\in N^a \tag{8.26}$$

$$\alpha^{a^*}\geqslant 0,\ \beta^*\geqslant 0,\ \forall a\in A \tag{8.27}$$

令$(\boldsymbol{x}^*,\boldsymbol{t}^*)$为 NCM 问题的最优解，$\sigma^*$、$\mu^*$和$\gamma^*$均是满足 KKT 条件式(8.9)～式(8.15)的相应乘子。令$x_i^a=x_i^{a*}$、$t_i^a=t_i^{a^*}$、$\lambda_i^a=\dfrac{\sigma^{a^*}}{p_i^a}$和$q_i^a=\dfrac{\sigma^{a*}}{p_i^a}x_i^{a*}$，可以看出，$x_i^a$、$t^a$、$t_i^a$、$q_i^a$是非负的。通过定义$\alpha^a=\sigma^{a*}$和$\beta=\gamma^*$，发现$\boldsymbol{x}$、$\boldsymbol{t}$、$\boldsymbol{\alpha}$、$\beta$满足 Sencar 问题的 KKT 条件式(8.22)～式(8.27)。因此，$(\boldsymbol{x},\boldsymbol{t})$是 Sencar 问题的解，这意味着满足 NCM 问题的 KKT 条件的解也同样是 Sencar 问题的解。对于 SENSOR_i 问题，定义$v_i^a=u_i^*$和$\lambda_i^a=\dfrac{\sigma^{a*}}{p_i^a}$，因而该问题的 KKT 条件得到满足，所以$\boldsymbol{q}_i^a=\dfrac{\sigma^{a*}}{p_i^a}x_i^{a*}$是 SENSOR_$i$ 问题的最优解。这种分析建立在存在$\boldsymbol{x}$、$\boldsymbol{\lambda}$和$\boldsymbol{t}$的情况下。

另一方面，假设给定满足 8.1 的$\boldsymbol{x}$、$\boldsymbol{\lambda}$和$\boldsymbol{t}$。我们将指出$(\boldsymbol{x},\boldsymbol{t})$就是 NCM 问题的解。通过式(8.22)并定义$\boldsymbol{\lambda}_i^a$，可以得到$\boldsymbol{\lambda}_i^a=\dfrac{\sigma^a}{p_i^a}$。令$\sigma^a=\alpha^a$和$\mu^i=v_i$，可以得到$\boldsymbol{\lambda}_i^a=\dfrac{\sigma^a}{p_i^a}$且 NCM 问题的条件(8.17)成立[由式(8.9)推导得出]。另外，令$\gamma=\beta$，那么式(8.10)～式(8.15)中的条件与式(8.18)～式(8.20)及式(8.23)～式(8.27)中的条件等价。因此，$\boldsymbol{x}$、$\boldsymbol{t}$、$\boldsymbol{\sigma}$、μ和γ满足式(8.9)～式(8.15)中给出的 KKT 条件。由此，可以得出$(\boldsymbol{x},\boldsymbol{t})$是 NCM 问题的解。

定理 8.2　通过联合求解子问题 SENSOR_i 和 Sencar 得到 NUM 问题的解，而不是直接求解 NCM 问题，这些子问题的复杂度更低，并且能够使用分布式算法。当传感器的支付代价q、Sencar 的数据控制x和链路价格λ达到一个平衡，即$q_i^a=\lambda_i^a x_i^a,\forall a\in A,i\in N^a$时，系统性能的最优化得以实现。

Sencar 问题需要所有传感器的支付代价信息。如果 Sencar 问题是通过一个集中式方法解决的话，就可能导致较高的通信开销[19]。因此，本章考虑了该问题的对偶问题，将它分解为关于每个锚点的一系列子问题[24,25]。通过利用每个锚点处存在传感器的事实，可以借助这些传感器解决这些子问题。为清楚起见，我们称它们为帮助节点。为了申明支付代价 q_i^a，传感器 i 只需要局部地通知锚点 a 处的帮助节点。

通过引入容量约束的拉格朗日乘子 $\alpha^{a\prime}$ s $(a\in A)$，可构造 Sencar 的对偶问题。由此得到其拉格朗日函数为

$$\begin{aligned}L'_{\text{car}}(x,\boldsymbol{t},\boldsymbol{\alpha})&=-\sum_{a\in A}\sum_{i\in N^a}q_i^a\log x_i^a+\sum_{a\in A}\alpha^a\left(\sum_{i\in N^a}\frac{x_i^a}{p_i^a}-Bt^a\right)\\&=-\sum_{a\in A}\sum_{j\in N^a}\left(-q_i^a\log x_i^a+\alpha^a\frac{x_i^a}{p_j^a}\right)-\sum_{a\in A}\alpha^aBt^a\end{aligned}\tag{8.28}$$

其中，α^a 为锚点 a 的影子价格，对于给定的价格 λ，当 $x_i^a=\dfrac{q_i^a}{\lambda_i^a}$ 时，可以获得最小的 L'_{car}。因此，对偶方程定义为

$$g(\alpha)=\inf_t\left\{L'_{\text{car}}\left(\frac{q}{\lambda},t,\alpha\right)\middle|\sum_{\alpha\in A}t^\alpha\leqslant T\right\}\tag{8.29}$$

相应地，对偶问题是为了找到一个影子价格矢量 $\boldsymbol{\alpha}^*$ 来实现对偶函数 $g(\alpha)$ 的最大化。

另外，基于拉格朗日函数 L'_{car}，有

$$\frac{\partial L'_{\text{car}}}{\partial x_i^a}=-\frac{q_i^a}{x_i^a}+\frac{\alpha^a}{p_i^a}=-\lambda_i^a+\frac{\alpha^a}{p_i^a}\tag{8.30}$$

对于 Sencar 问题的最优解，有 $\dfrac{\partial L'_{\text{car}}}{\partial x_i^a}=0$，即 $\lambda_i^a=\dfrac{\alpha^a}{p_i^a}$。这个可以理解为从传感器 i 到锚点 a 的链路价格 λ_i^a 实际上是由该锚点的影子价格及传感器 i 到锚点 a 之间的链路质量确定的。

通过上面的分析，我们可以看出只要存在求解 Sencar 问题中对偶问题的最优影子价格矢量 $\boldsymbol{\alpha}^*$，那么数据矩阵 $\boldsymbol{x}^*$ 就是 NCM 问题的最优解，其中对于任意 $a\in A,i\in N^\alpha$，有 $x_i^{a*}=\dfrac{q_i^a}{\lambda_i^a}$，这里 $\lambda_i^a=\dfrac{\alpha^{a*}}{p_i^a}$ 且 $\boldsymbol{q}_i^a$ 是给定 $\boldsymbol{\lambda}_i^a$ 时 SENSOR _ i 问题的解。基于这个结果，为了得到最优解，我们将逐渐改变锚点的影子价格α，由此求得链路代价λ并给出作为链路代价λ函数的数据量 x 的值。当影子价格矢量$\boldsymbol{\alpha}$迭代地收敛于它的最优解 $\boldsymbol{\alpha}^*$ 时，就能获取 NCM 问题的最优解。注意，影子价格是与锚点相关联的。因此，寻找最优矢量 $\boldsymbol{\alpha}^*$ 可以在每个锚点的帮助下通过分布式算法完成。下面将提出一个基于价格的算法来同时求解 Sencar 问题和 SENSOR _ i 问题。

算法 8.1　基于价格的算法(pricing-based algorithm)

对于所有的 $a \in A$，帮助节点独立地初始化锚点 a 的影子价格 $\alpha^a > 0$。重复迭代直到影子价格矢量 $\boldsymbol{\alpha}$ 收敛于 $\boldsymbol{\alpha}^*$，在第 n 次迭代中，有以下结论。

- 对于所有的 $a \in A$，锚点 a 的帮助节点决定链路价格 $\lambda_i^a(n)$，即

$$\lambda_i^a(n) = \frac{\alpha^a(n)}{p_i^a} \tag{8.31}$$

其中，$i \in N^a$。
然后，此帮助节点将这些信息传递给周围的传感器节点。

- 对于所有的 $i \in N$，在获知所有 $a \in A_i$ 的链路价格为 $\lambda_i^a(n)$ 后，传感器 i 通过求解 SENSOR_i 问题来决定它向邻居锚点的支付代价 $q_i^a(n)$，从而最小化局部代价，即

$$q_i^a(n) = \arg\min_{q_i^a \geqslant 0} \left\{ \sum_{a \in A_i} C_i^a \left(\frac{q_i^a}{\lambda_i^a(n)} \right) + \sum_{a \in A_i} q_i^a \left| \sum_{a \in A_i} \frac{q_i^a}{\lambda_i^a(n)} \geqslant M_i \right. \right\}, \quad \lambda_i^a(n) > 0 \tag{8.32}$$

然后，将这些支付通知给相邻锚点处的帮助节点。

- 帮助节点交换影子价格的信息。在帮助节点不连通的情况下，假设它们可以使用稍高的传输功率来确保它们之间最小程度的连接。为了最小化 L'_{car}，每一个帮助节点都根据如下规则为它的锚点设置一个逗留时间，其中规则如下：

$$t^a(n) = \begin{cases} T, & a = \arg\max\limits_{a \in A} \alpha^a(n) \\ 0, & \text{其他} \end{cases} \tag{8.33}$$

- 在从其所有邻域传感器接收到支付信息并且已经知晓逗留时间后，每个帮助节点为其定位处的锚点更新影子价格，规则如下所示：

$$\alpha^a(n+1) = \left[\alpha^a(n) + \theta(n) \left(\sum_{i \in N^a} \frac{x_i^a(n)}{p_i^a} - Bt^a(n) \right) \right]^+ \tag{8.34}$$

其中，$x_i^a(n) = \dfrac{q_i^a}{\lambda_i^a(n)}$；$[\cdot]^+$ 为在正象限上的投影；$\theta(n)$ 为 n 次迭代的步长。在本章所提的算法中，选择逐渐缩小步长，即 $\theta(n) = \dfrac{d}{b+cn}, \forall n, c, d > 0, b \geqslant 0$，其中 b、c、d 都是可调参数，它们可以控制收敛速率。不管 α^a 的初始值是多少，不断减小的步长都可以保证其绝对收敛[23]。

- 注意 Sencar 问题对于逗留时间 t^a 不是严格凹的，所以拉格朗日对偶的最优解 t^a 的值不能直接用于原始的 Sencar 问题。鉴于此，通过文献[26]介绍的方法来恢复 Sencar 问题的解。对于第 n 次迭代，我们组成了一个原始的可行的 $\hat{t}^a(n)$ 如下：

$$\hat{t}^a(n)=\frac{1}{n}\sum_{n=1}^{n}t^a(h)=\begin{cases}t^a(1), & n=1\\ \dfrac{n-1}{n}\hat{t}^a(n-1)+\dfrac{1}{n}\hat{t}^a(n), & n>1\end{cases} \tag{8.35}$$

文献[26]证明，当逐渐缩小步长时，由式(8.35)产生的序列$\left\{\hat{t}^a(n)\right\}$的聚点对原始问题是可行的，并且$\left\{\hat{t}^a(n)\right\}$可以收敛到原问题的最优解。

8.4 Sensor 处的局部代价最小化

本节考虑了基于价格算法的第二步：即对于给定的链路价格矢量$\lambda_i=\{\lambda_i^a \mid a\in A_i\}$，考虑每个传感器如何求解 SENSOR_$i$ 问题。如上所述，C_i^a 是一个单调递增的函数。因此，式(8.6)中目标函数的最小化可以在$\sum_{a\in A_i}\frac{q_i^a}{\lambda_i^a(n)}=M_i$时实现，根据这个条件，SENSOR_$i$ 问题可以用如下方式进行重构。

SENSOR_i：

$$\text{Minimize}\sum_{a\in A_i}C_i^a\left(\frac{q_i^a}{\lambda_i^a}\right)+\sum_{a\in A_i}q_i^a$$

满足：

$$\sum_{a\in A_i}\frac{q_i^a}{\lambda_i^a}=M_i$$

$$\text{变量 } q_i^a\geqslant 0,\forall a\in A_i \tag{8.36}$$

令 f_i 为 SENSOR_i 的目标方程。因为

$$f_i=\sum_{a\in A_i}C_i^a\left(\frac{q_i^a}{\lambda_i^a}\right)+\sum_{a\in A_i}q_i^a=\sum_{a\in A_i}C_i^a\left(\frac{q_i^a}{\lambda_i^a}\right)+\sum_{a\in A_i}\frac{q_i^a}{\lambda_i^a} \tag{8.37}$$

所以，f_i 是一个关于可变向量 $\boldsymbol{x}_i=\left\{x_i^a=\frac{q_i^a}{\lambda_i^a(n)}\middle| a\in A_i\right\}$ 的函数，其中 $\boldsymbol{x}_i$ 可视为传感器 i 的数据上传矢量。

对于每个传感器 i，令 $\hat{a}_i$ 为传感器 i 取得最小边际代价的锚点指示变量，即

$$\hat{a}_i=\arg\min_{a\in A_i}\left\{\frac{\partial f_i(x_i)}{\partial x_i}\right\}=\arg\min_{a\in A_i}\left\{C_i^{a'}\left(\frac{q_i^a}{\lambda_i^a}\right)+\lambda_i^a\right\} \tag{8.38}$$

如果存在多个具有最小边际代价的锚点，那么可以随机选取一个这样的锚点。因为 SENSOR_i 是一个凸优化问题，可以通过如下的最优条件来求得 $\boldsymbol{q}_i^*$[27-29]：

$$\sum_{a\in A_i}\frac{\partial f_i(x_i)}{\partial x_i}(x_i^a-x_i^{a^*})=\sum_{a\in A_i}\left(C_i^{a'}\left(\frac{q_i^a}{\lambda_i^a}\right)+\lambda_i^a\right)\left(\frac{q_i^a-q_i^{a^*}}{\lambda_i^a}\right)\geqslant 0 \tag{8.39}$$

这个最优条件可以等价表达为 $q_i^{a^*}\geqslant 0$，当且仅当 $\dfrac{\partial f_i(x_i^*)}{\partial x_i^{a'}}\geqslant\dfrac{\partial f_i(x_i^*)}{\partial x_i^a}(\forall a'\in A_i)$，即对于任何锚点 $a\in A_i$，传感器节点 i 只需要向位于最小边际代价锚点处的 Sencar 进行支付。这直观地表明传感器应该逐渐将支付从其他相邻的锚点转移到具有最小边际代价的锚点，并最终达到均衡，其中为数据上传选择的锚点的总边际代价小于或等于未选定的锚点[30]。下面提出一个可以达到平衡点的适应算法。

算法 8.2　适应算法

(1) 条件 I：如果 $|A_i|=1$，那么 $q_i^a=\lambda_i^a M_i$；

(2) 条件 II：如果 $|A_i|>1$，那么传感器 i 首先初始化自身的支付代价向量为 $\boldsymbol{q}_i(0)=\{q_i^a(0)\geqslant 0|a\in A_i\}$，其中 $\sum\limits_{a\in A_1}\dfrac{q_i^a(0)}{\lambda_i^a}=M_i$。例如，可以让 $q_i^a(0)=\dfrac{M_i\lambda_i^a}{|A_i|}$，其中 $|A_i|$ 为集合 A_i 的基数。然后，根据下面的公式，迭代更新系数 $q_i(k)$：

$$q_i^a(k+1)=\varphi(k)q_i^{-a}(k)+[1-\varphi(k)]q_i^a(k),\ \forall a\in A_i \tag{8.40}$$

$$q_i^{-a}(k)=\begin{cases}\left[q_i^a(k)-\delta(k)\lambda_i^a\left(\dfrac{\partial f_i(x_i(k))}{\partial x_i^a}-\dfrac{\partial f_i(x_i(k))}{\partial x_i^{\hat{a}_i}}\right)\right]^+, & a\in A_i,a\neq\hat{a}_i,q_i^a(k)\geqslant 0\\ \lambda_i^{\hat{a}_i}\cdot\left(M_i-\sum\limits_{a\in A_i,a\neq\hat{a}_i}\dfrac{\bar{q}_i^a(0)}{\lambda_i^a}\right), & a=\hat{a}_i\end{cases} \tag{8.41}$$

其中，$[\cdot]^+$ 为投影到非负象限；k 为迭代次数；$\delta(k)$ 为一个小的正标量步长；$\varphi(k)$ 为区间$[a,1]$中的一个标量，$0<a\leqslant 1$。换句话说，每个锚点的新支付是前一次迭代的支付和当前导出的最优值的加权平均值。

适应算法可用如下方式进行解释。如果传感器 i 没有选择锚点 a 作为最小边际代价锚点，并且仍然存在正的支付代价，那么应该减少该支付；相反地，如果 a 被选作最小边际代价锚点，那么应该增加其支付，增加部分与从传感器所有其他相邻锚点转移总支付的线性组合成比例，从而确保 $\sum\limits_{a\in A_i}\dfrac{q_i^a(0)}{\lambda_i^a}=M_i$。

可通过以下的定理来证明该适应算法的收敛性。

定理 8.3　当步长 $\delta(k)$ 足够小时，适应算法收敛于 SENSOR_i 问题的唯一最优解为 q_i^*。

证明　首先我们可以得到，当 $\delta(k)$ 不超过一个特定值时，可以通过式(8.40)和式(8.41)调整支付代价向量 $\boldsymbol{q}_i$ 来减少传感器 i 的本地开销，即 $f_i(x_i(k+1))\leqslant f(x_i(k))$。然后证明这种适应可以达到平衡，并可以实现唯一的最优解 $\boldsymbol{q}_i^*=\{q_i^{a^*}|a\in A_i\}$。

$$\sum_{a\in A_i}\frac{\overline{q}_i^a-q_i^a}{\lambda_i^a}=0 \tag{8.42}$$

$$\left(\frac{\overline{q}_i^{\hat{a}_i}-q_i^{\hat{a}_i}}{\lambda_i^{\hat{a}_i}}\right)^2=\left(\sum_{a\in A_i,a\neq\hat{a}_i}\frac{q_i^a-q_i^{-a}}{\lambda_i^a}\right)^2\leqslant\left(\left|A_i\right|-1\right)\cdot\sum_{a\in A_i,a\neq\hat{a}_i}\left(\frac{q_i^a-q_i^{-a}}{\lambda_i^a}\right)^2 \tag{8.43}$$

很明显，$f_i(x_i)$是定义在紧集$X=\left\{x_i^a\in x_i\left|\sum_{a\in A_i}x_i^a=M_i,x_i^a\geqslant 0\right.\right\}$上的。由于$\nabla^2 f_i$在$X$上连续，故假设它的范数限制在$L>0$内[31]。定义连续迭代之间代价的差值为$\Delta_{x_i}$，同时应用中值定理[28,31]，有

$$\begin{aligned}\Delta_{x_i}&=f_i(x_i(k+1))-f_i(x_i(k))\\&\leqslant\left\langle\nabla f_i\left(x_i(k),x_i(k+1)-x_i(k)\right\rangle+\frac{L}{2}\left|x_i(k+1)-x_i(k)\right|^2\end{aligned} \tag{8.44}$$

基于式(8.44)和由式(8.40)得到的等式$q_i^a(k+1)-q_i^a(k)=\varphi(k)(q_i^a(k+1)-q_i^a(k))$，可以将$\Delta_{x_i}$重新记为

$$\begin{aligned}\Delta_{x_i}&\leqslant\sum_{a\in A_i}\frac{\partial f_i(x_i(k))}{\partial x_i^a}\varphi(k)\left(\frac{\overline{q}_i^a-q_i^a}{\lambda_i^a}\right)+\frac{L}{2}\varphi^2(k)\left(\sum_{a\in A_i}\frac{\overline{q}_i^a-q_i^a}{\lambda_i^a}\right)^2\\&=\sum_{a\in A_i}\left(\frac{\partial f_i(x_i(k))}{\partial x_i^a}-\frac{\partial f_i(x_i(k))}{\partial x_i^{\hat{a}_i}}\right)\varphi(k)\left(\frac{\overline{q}_i^a-q_i^a}{\lambda_i^a}\right)\\&\quad+\frac{\partial f_i(x_i(k))}{\partial x_i^{\hat{a}_i}}\varphi(k)\sum_{a\in A_i}\left(\frac{\overline{q}_i^a-q_i^a}{\lambda_i^a}\right)^2+\frac{L}{2}\varphi^2(k)\left(\sum_{a\in A_i}\frac{\overline{q}_i^a-q_i^a}{\lambda_i^a}\right)^2\\&=\sum_{a\in A_i,a\neq\hat{a}_i}\left(\frac{\partial f_i(x_i(k))}{\partial x_i^a}-\frac{\partial f_i(x_i(k))}{\partial x_i^{\hat{a}_i}}\right)\varphi(k)\sum_{a\in A_i}\left(\frac{\overline{q}_i^a-q_i^a}{\lambda_i^a}\right)^2+\frac{L}{2}\varphi^2(k)\left(\sum_{a\in A_i}\frac{\overline{q}_i^a-q_i^a}{\lambda_i^a}\right)^2\\&\leqslant-\sum_{a\in A_i,a\neq\hat{a}_i}\frac{a}{\delta(k)}\left(\frac{\overline{q}_i^a-q_i^a}{\lambda_i^a}\right)+\frac{L}{2}\cdot\left[\left(\frac{\overline{q}_i^{\hat{a}}(k)-q_i^{\hat{a}_i}(k)}{\lambda_i^{\hat{a}_i}}\right)^2+\sum_{a\in A_i,a\neq\hat{a}_i}\left(\frac{\overline{q}_i^a-q_i^a}{\lambda_i^a}\right)^2\right]\\&\leqslant\sum_{a\in A_i,a\neq\hat{a}_i}-\left(\frac{a}{\delta(k)}-\frac{L}{2}\left|A_i\right|\right)\left(\frac{\overline{q}_i^a-q_i^a}{\lambda_i^a}\right)^2\end{aligned} \tag{8.45}$$

第一个等式是由加上和减少相同的项$\frac{\partial f_i(x_i(k))}{\partial x_i^a}\varphi(k)\sum_{a\in A_1}\left(\frac{\overline{q}_i^a-q_i^a}{\lambda_i^a}\right)$得到的；第二个等式是由式(8.42)得到的；第二个不等式是由$a\leqslant\varphi\leqslant 1$和由式(8.41)得到的，即由$\frac{\partial f_i(x_i(k))}{\partial x_i^a}-\frac{\partial f_i(x_i(k))}{\partial x_i^{\hat{a}_i}}\geqslant\frac{q_i^a(k)-\overline{q}_i^a(k)}{\delta(k)\lambda_i^a}(a\in A_i,a\neq\hat{a}_i)$得到的；第三个等式由式(8.43)得到。因此，当$\delta(k)\leqslant\frac{2a}{L\left|A_i\right|}$，式(8.45)的右边为非正值，从而得到

$f_i(x_i(k+1)) \leqslant f_i(x_i(k))$ 总是成立的。这表明通过适应算法更新 $\{q_i^a(k)\}$ 总是可以减少传感器 i 的本地开销。

由 SENSOR_i 问题在式(8.17)～式(8.20)中列出的 KKT 条件，可以得到 $C_i^{a'}\left(\dfrac{q_i^{a^*}}{\lambda_i^a}\right)+\lambda_i^a=v_i^*$。因为 $C_i^{a'}$ 是严格凸的、增的且两次可微的，所以 $C_i^{a'}(\cdot)$ 的逆函数 $C_i^{a'-1}(\cdot)$ 存在且连续。因此，对所有的 $a\in A_i$，在象限 $q_i^{a^*}\geqslant 0$，可得

$$q_i^{a^*}=\begin{cases}0, & v_i^*<C_i^{a'}(0)+\lambda_i^a\\ \lambda_i^a C_i^{a'-1}(v_i^*-\lambda_i^a), & v_i^*>C_i^{a'}(0)+\lambda_i^a\end{cases} \tag{8.46}$$

在自适应算法中，为了获得最优解，我们总是增加最小边际代价，即 $C_i^{a_i'}\left(\dfrac{q_i^{\hat{a}_i}}{\lambda_i^{\hat{a}_i}}\right)+\lambda_i^{\hat{a}_i}$，这是通过增加锚点 $\hat{a}_i$ 相应的支付代价 $q_i^{\hat{a}_i}$ 并减少其他锚点即 $a\in A_i$且$a\neq\hat{a}_i$ 的代价 $C_i^{a'}\left(\dfrac{q_i^a}{\lambda_i^a}\right)+\lambda_i^a$ 来实现的。在这种方式下，对于 $a\in A_i$ 且 $q_i^{a^*}\geqslant 0$ 的所有锚点，我们促使它们的边际代价趋向于同一值 v_i^*。因此，在平衡点的最优唯一解可以通过式(8.46)得到。

8.5　性能评价

本节提供了仿真结果来证明所提出的算法的性能，并与其他数据收集策略进行性能比较。

8.5.1　收敛性

本小节通过数值案例研究了基于定价的算法收敛性。在图 8.2 中，考虑一个包含 12 个传感器的 WSN，传感器 3、传感器 4 和传感器 5 的位置被选作锚点，这些传感器将作为计算各个锚点的帮助节点。在该图中，一个锚点和它的每一个相邻传感器之间都是连通的。定义成本函数为 $C_i^a(x_i^a)=\omega_i^a x_i^{a^2}$，其中 ω_i^a 为锚点 a 处传感器 i 上传数据到 Sencar 的代价权重。显然，较大的权重 ω_i^a 将对整个网络成本的影响更大。为了更好地进行阐述，在表 8.2 中列出了所有的参数设置。

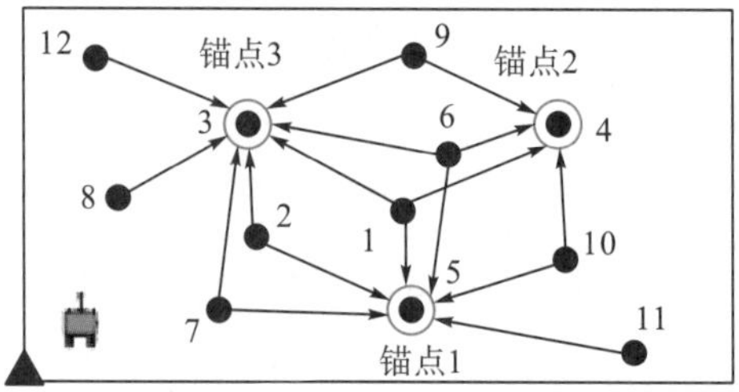

图 8.2　12 个传感器和 3 个锚点的网络实例

（图片来源：Zhao M, Gong D, Yang Y. A cost minimization algorithm for mobile data gathering in wireless sensor networks. 2010 IEEE 7th International Conference on Mobile Ad-Hoc and Sensor Systems, 2010.）

表 8.2　参数设置

符号	值	符号	值
w_i^a	0.01～0.08	T	42s
B	250 Kbps	$\theta(n)$	$\dfrac{1}{1+20n}$
p_i^a	0.7～1.0	$\delta(k)$	0.03
M_i	800 kb	$\varphi(k)$	0.8

图 8.3 显示了网络成本、影子价格α^a、恢复逗留时间变量$\hat{t}^a$和数据变量x_i^a随基于定价的算法的迭代次数演变。从图 8.3(a)可以看出，该网络成本在最初的几次迭代中，先急剧下降，后略有降低，直到达到最佳。在 40 次迭代之后，其与最优值相差在 2%以内。图 8.3(b)显示出了三个锚点的影子价格收敛得非常快，最终在平衡点处几乎达到相同的值。因为所有的影子价格都远大于零，这表明传感器与所有锚点处的 Sencar 之间的通信机会被充分利用。通过调整影子价格，当 T 足够大且能够满足从传感器到每个锚点所有数据的上传需求时，相应的影子价格可以降低到几乎为零。图 8.3(c)给出了恢复逗留时间在不同锚点的收敛性。它进一步验证了在任何迭代步骤中，恢复的逗留时间对于原始 Sencar 问题是可行的，即满足总逗留时间的限制，同时当步长递减时，恢复过程能保证逗留时间收敛到最优值。在图 8.3(d)～图 8.3(f)中，研究了传感器 1、传感器 6 和传感器 10 上传到其相邻锚点的数据量的变化。从图中可以看到，在 200 次迭代后，它们都趋于稳定状态。对于一个特定的传感器，如传感器 1 中，锚点 1 的成本权重比其他两个锚点要小，因此更多的数据将被上传到锚点 1 处的 Sencar，以便最小化成本。图 8.4 给出两个实例来证明自适应算法的收敛性，该算法通过使用步长$\delta(k)$=0.03 来求解 SENSOR_i 问题。我们关注传感器 1 的两种情况，即链路价格向量 λ_1 分别为{1.11,2,3}和{124.6,112.3,111.97}。在这两种情况下，我们发现向每个相邻锚点的支付可以在大

约 1000 次迭代中得以确定。显然，步长越小，收敛得越慢，越平滑地趋向最优解。在实际应用中，除仿真中使用的固定步长外，每个传感器都可以动态地先选择一个较大的步长，然后一旦周围有一些值振荡，就降低步长，以确保更快的收敛。

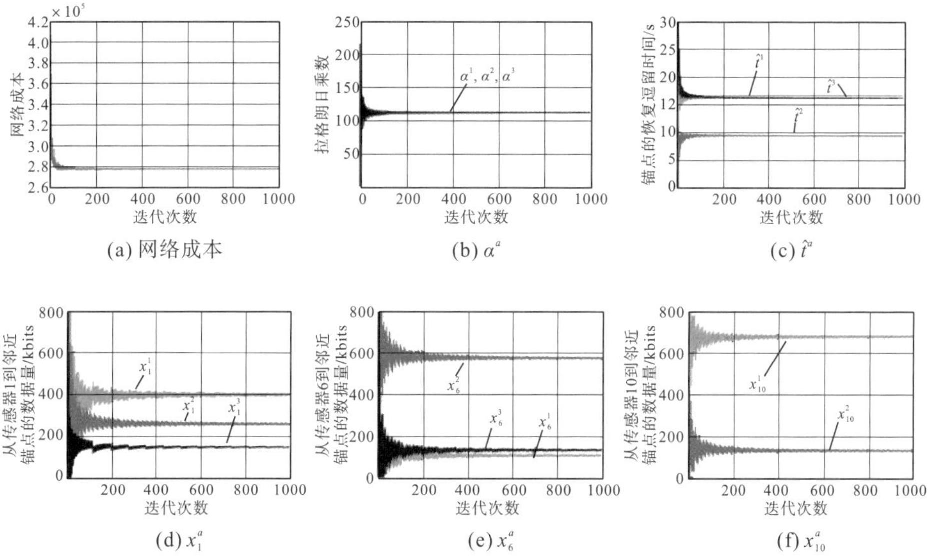

(a) 网络成本　(b) α^a　(c) $\hat{t}^a$

(d) x_1^a　(e) x_6^a　(f) x_{10}^a

图 8.3　基于定价的算法中，网络成本的演变、不同锚点的影子价格、Sencar 在不同锚点停留的恢复逗留时间及从传感器 1、传感器 6 和传感器 10 上传的数据量随迭代次数的变化

（图片来源：Zhao M , Gong D , Yang Y . A cost minimization algorithm for mobile data gathering in wireless sensor networks. 2010 IEEE 7th International Conference on Mobile Ad-Hoc and Sensor Systems, 2010.）

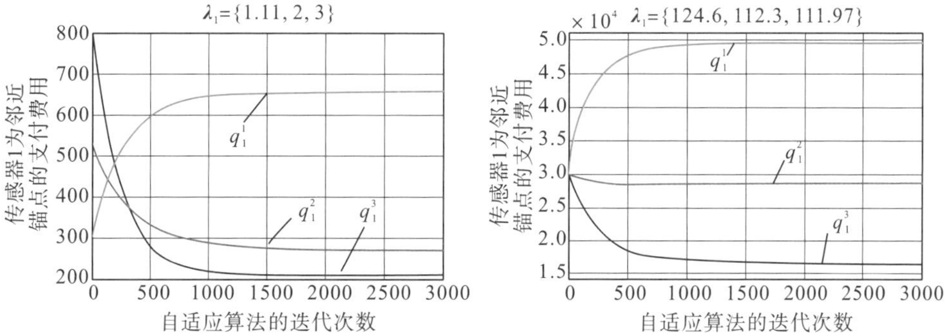

图 8.4　基于定价的算法中，传感器 1 向不同锚点的支付随迭代次数的演变

（图片来源：Zhao M, Gong D, Yang Y. A cost minimization algorithm for mobile data gathering in wireless sensor networks. 2010 IEEE 7th International Conference on Mobile Ad-Hoc and Sensor Systems, 2010.）

8.5.2 网络代价

本节进行一系列仿真，通过基于定价的算法来评价网络代价，并将结果与另一种数据收集策略进行比较，该策略称为基于聚类的算法，其中传感器实际上是聚类的，即每个传感器随机地与一个锚点相关联，并且只有当 Sencar 到达该锚点时才将数据上传到 Sencar。对于基于锚点的遍历数据采集[8,9]，该算法通常被认为是一个简单有效的策略。我们考虑一个通用的传感器网络，有$|N|$个传感器随机地分布在传感范围。这里仍假设 3 个锚点可以覆盖所有的传感器。对于所有$a\in A$，$i\in N^a$，代价函数定义为$C_i^a(x_i^a)=\omega_i^a x_i^{a2}$，其中成本权重$\omega_i^a$（0.01～0.10）是离散且均匀分布的随机数。每个传感器的最小数据量M_i设置为 800kb，信道带宽B为 250kbps。如果未指定，一个传感器和一个锚点之间的成功传递率p_i^a的取值范围为 0.7～1.0。考虑网络拓扑结构的随机性，图 8.5 是 100 次仿真实验中每个性能点的平均结果。

图 8.5 给出了当总逗留时间T从 175～220s 时，基于定价的算法的网络成本。传感器的数量$|N|$为 50，引入$\bar{p}$表示所有链路的平均成功传递率，并用它来表征网络的物理条件。我们在四种情况中研究网络成本，即$\bar{p}$分别等于 0.85、0.90、0.95 和 1.00。从图中可以看出，在大多数情况下，网络成本随T的增加而降低。这个结果是合理的，并且可进行如下解释：由于函数$C_i^a(\cdot)$是凸的，因此预计每个传感器将其部分数据发送到不同锚点的 Sencar，以便最小化聚合成本。当放宽总

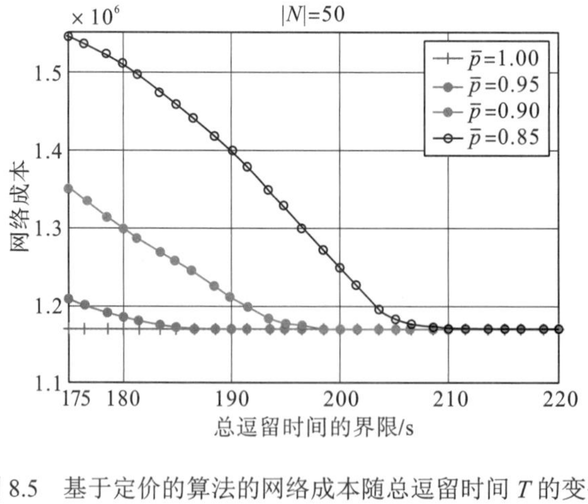

图 8.5 基于定价的算法的网络成本随总逗留时间T的变化

（图片来源：Zhao M, Gong D, Yang Y. A cost minimization algorithm for mobile data gathering in wireless sensor networks. 2010 IEEE 7th International Conference on Mobile Ad-Hoc and Sensor Systems, 2010.）

逗留时间的约束时，每个传感器都可以更自由地向位于不同锚点的 Sencar 发送数据，否则为了确保总逗留时间的界限，传感器将被限制向位于某些特定锚点的 Sencar 发送更多数据，以便在更短的时间内完成数据上传。我们还注意到，对于一个给定的 T，相比较小的 $\bar{p}$，在 $\bar{p}$ 较大的情况下总是可以达到较低的网络成本。例如，当 T=180s 时，相比于 $\bar{p}$=0.85，$\bar{p}$=0.95 可以在网络成本方面有 22%的改进。当 T 变得足够大时，如 T>205s，所有情况下都将达到相同的最小网络成本，这意味着 T 不再影响网络性能，同时在任何情况下，调度传感器和不同锚点的 Sencar 之间通信的数据控制可以得到充分利用。

图 8.6 给出了当传感器的数量从 10～200 时，基于定价的算法和基于簇的算法之间的网络成本比较。逗留时间 T 设为 $4.5|N|$ s，可保证所有传感器上传数据。由图 8.6 可以得出一些结论。首先，随着传感器数量的增加，两种算法的网络成本都会增加，这很直观。由于每个传感器需要将 800kb 数据上传到 Sencar，因此增加传感器会产生更大的成本；其次，基于定价的算法总是有较低的网络成本。例如，当 $|N|$=100 时，相对于基于簇的算法，基于定价的算法的网络成本要少 32%。基于定价的算法具有优势的根本原因是每个传感器可以自适应地分割其数据，并将数据发送到位于不同相邻锚点的 Sencar，使其成本最小化。

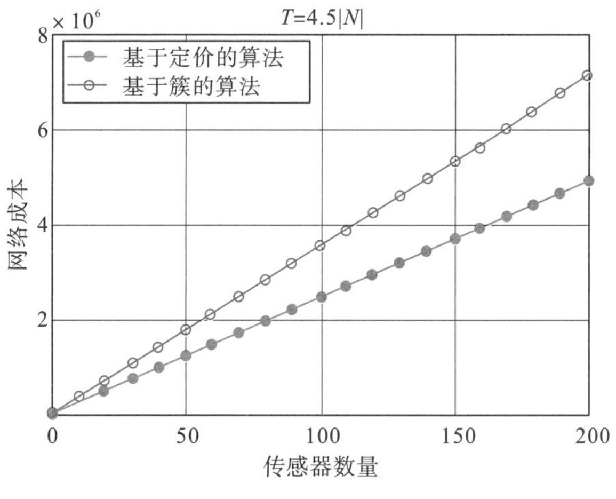

图 8.6　基于定价的算法和基于簇的算法的网络成本随传感器数量的变化

（图片来源：Zhao M, Gong D, Yang Y. A cost minimization algorithm for mobile data gathering in wireless sensor networks. 2010 IEEE 7th International Conference on Mobile Ad-Hoc and Sensor Systems, 2010.）

8.6 本章小结

本章研究了无线传感器网络中移动数据收集的性能优化。我们把问题构建为一个成本最小化问题，其受信道容量、每个传感器上传的最小数据量及所有锚点总逗留时间的约束。我们把这个问题看作一个定价机制问题，并将其分解成两个简单的子问题，即 SENSOR_i 和 Sencar 子问题。我们证明可以通过共同解决两个子问题达到最小化网络成本。相应地，我们给出了一个基于定价的算法，迭代求解 SENSOR_i 和 Sencar 子问题。在每次迭代中，帮助节点为它的锚点设置影子价格，并导出相邻传感器和锚点之间的链路价格。然后，每个相邻的传感器确定其支付代价，从而降低成本。当两个子问题联合达到平衡时，可以实现网络代价最小化。我们还提出了一种有效的自适应算法来求解每个传感器的 SENSOR_i 子问题。最后，通过仿真结果验证该算法的有效性和相应性能，并与其他数据收集策略进行了比较。

参考文献

[1] Zhang C, Kurose J, Liu Y, et al. A distributed algorithm for joint sensing and routing in wireless networks with non-steerable directional antennas. Proceedings of the 2006 IEEE International Conference on Network Protocols (ICNP), 2006: 218-227.

[2] Cheng W C, Chou C F, Golubchik L, et al. A coordinated data collection approach: Design, evaluation, and comparison. IEEE Journal on Selected Areas in Communications, 2004, 22(10): 2004-2018.

[3] Scaglione A, Servetto S. On the interdependence of routing and data compression in multi-hop sensor networks. Wireless Networks, 2005, 11(1-2): 149-160.

[4] Liu C, Wu K, Pei J. An energy-efficient data collection framework for wireless sensor networks by exploiting spatiotemporal correlation. IEEE Transactions on Parallel and Distributed Systems, 2007, 18(7): 1010-1023.

[5] Shah R C. Data mules: Modeling a three-tier architecture for sparse sensor networks. First IEEE International Workshop on Sensor Network Protocols and Applications (IWSNPA), 2003, 1: 215-233.

[6] Jea D, Somasundara A, Srivastava M. Multiple controlled mobile elements (data mules) for data collection in sensor networks. International Conference on Distributed Computing in Sensor Systems (ICDCS), 2005: 244-257.

[7] Xing G, Wang T, Jia W, et al. Rendezvous design algorithms for wireless sensor networks with a mobile base station. Proceedings of the 9th ACM International Symposium on Mobile Ad Hoc Networking and Computing (ISMNC), 2008: 231-240.

[8] Ma M, Yang Y. Data gathering in wireless sensor networks with mobile collectors. 2008 IEEE International Symposium on Parallel and Distributed Processing (ISPDP), 2008: 1010-1019.

[9] Nakayama H, Ansari N, Jamalipour A, et al. Fault-resilient sensing in wireless sensor networks. Computer Communications, 2007, 30(11-12): 2375-2384.

[10] Nesamony S, Vairamuthu M K, Orlowska M E. On optimal route of a calibrating mobile sink in a wireless sensor network. 4th International Conference on Networked Sensing Systems (ICNSS), 2007: 61-64.

[11] Wang W, Srinivasan V, Chua K C. Extending the lifetime of wireless sensor networks through mobile relays. IEEE/ACM Transactions on Networking (TON), 2008, 16(5): 1108-1120.

[12] Hou I H, Kumar P R. Utility maximization for delay constrained QoS in wireless. IEEE Infocom, 2010: 1-9.

[13] Wu C, Li B. Strategies of conflict in coexisting streaming overlays. IEEE Infocom 2007——26th IEEE International Conference on Computer Communications (ICCC), 2007: 481-489.

[14] Madan R, Lall S. Distributed algorithms for maximum lifetime routing in wireless sensor networks. IEEE Transactions on Wireless Communications, 2006, 5(8): 2185-2193.

[15] Madan R, Cui S, Lall S, et al. Modeling and optimization of transmission schemes in energy-constrained wireless sensor networks. IEEE/ACM Transactions on Networking, 2007, 15(6): 1359-1372.

[16] Hua C, Yum T S P. Optimal routing and data aggregation for maximizing lifetime of wireless sensor networks. IEEE/ACM Transactions on Networking, 2008, 16(4): 892-903.

[17] Gatzianas M, Georgiadis L. A distributed algorithm for maximum lifetime routing in sensor networks with mobile sink. IEEE Transactions on Wireless Communications, 2008, 7(3): 984-994.

[18] Kelly F. Charging and rate control for elastic traffic. European transactions on Telecommunications, 1997, 8(1): 33-37.

[19] Kelly F P, Maulloo A K, Tan D K H. Rate control for communication networks: Shadow prices, proportional fairness and stability. Journal of the Operational Research society, 1998, 49(3): 237-252.

[20] Qiu Y, Marbach P. Bandwidth allocation in ad hoc networks: A price-based approach. IEEE Infocom, 2003. Twenty-second Annual Joint Conference of the IEEE Computer and Communications Societies (JCCS), 2003, 2: 797-807.

[21] Zhao M, Ma M, Yang Y. Mobile data gathering with space-division multiple access in wireless sensor networks. IEEE Infocom 2008——The 27th Conference on Computer Communications (CCC), 2008: 1283-1291.

[22] Zhao J, Govindan R. Understanding packet delivery performance in dense wireless sensor networks. Proceedings of the 1st International Conference on Embedded Networked Sensor Systems (ICENS), 2003: 1-13.

[23] Boyd S, Vandenbergh L. Convex Optimization. New York: Cambridge University Press, 2004.

[24] Xiao L, Johansson M, Boyd S P. Simultaneous routing and resource allocation via dual decomposition. IEEE Transactions on Communications, 2004, 52(7): 1136-1144.

[25] Chiang M, Low S H, Calderbank A R, et al. Layering as optimization decomposition: A mathematical theory of network architectures. Proceedings of the IEEE, 2007, 95(1): 255-312.

[26] Sherali H D, Choi G. Recovery of primal solutions when using subgradient optimization methods to solve Lagrangian duals of linear programs. Operations Research Letters: A Journal of the Operations Research Society of America, 1996, 19(3): 105-113.

[27] Bertsekas D P, Tsitsiklis J N. Parallel and Distributed Computation: Numerical Methods. Englewood Cliff: Prentice Hall, 1989.

[28] Madan R, Luo Z Q, Lall S. A distributed algorithm with linear convergence for maximum lifetime routing in wireless networks. Proceedings of the Allerton Conference on Communication, Control, and Computing(ACCCC), 2005: 896-905.

[29] Zheng X, Cho C, Xia Y. Optimal peer-to-peer technique for massive content distribution. IEEE Infocom 2008——The 27th Conference on Computer Communications(CCC), 2008: 151-155.

[30] Chen L, Ho T, Low S H, et al. Optimization based rate control for multicast with network coding. IEEE Infocom 2007——26th IEEE International Conference on Computer Communications(ICCC), 2007: 1163-1171.

[31] Luo Z Q, Tseng P. On the rate of convergence of a distributed asynchronous routing algorithm. IEEE Transactions on Automatic Control, 1994, 39(5): 1123-1129.

第 9 章　基于并发数据上传的移动数据收集架构

本章主要考虑在无线传感器网络中进行移动数据采集，主要采用具有多根天线的移动采集器。考虑到无线链路容量和每个传感器的功率控制，本章首先提出具有并发数据上传功能的数据采集成本最小化(data gather costs minimized，DaGCM)框架，它受数据流守恒、能量消耗、链路容量、传感器兼容性及移动采集器在所有锚点总逗留时间的约束。此外，该框架的主要特点是允许从传感器并行上传数据到移动采集器，因为使用了多根天线和空分多址(space division multiple access，SDMA)技术，可以大幅度缩短数据采集延迟并显著降低能源消耗。然后，我们使用拉格朗日二元化放宽了 DaGCM 问题，并用梯度迭代算法求解。此外，本章提出了一个分布式算法，它由跨层数据控制、路由、功率控制和具有显式消息传递的兼容性决策子算法组成。我们还给出了用于求解移动采集器在不同锚点最佳逗留时间的子算法。最后，我们提供的数值结果表明，在数据采集延迟和能量消耗方面，该 DaGCM 算法的收敛性及其优点超过了没有并发数据上传和功率控制的算法。

9.1　引　　言

近年来传感器技术和无线通信技术的发展使得无线传感器网络的用途愈发广泛，如对远程栖息地和战场的监控。在这些用途中，成百上千个配备能量有限的电池低成本传感器分散在监控区域中，而这些节点可以自组织成一个无线网络，每个传感器节点会定期报告其感知的数据到汇聚节点[1]。因此，如何以最低能耗有效地聚合分散传感器感知的数据，是大规模有限资源传感器网络应用中的一个重要挑战。

近年来，许多研究工作一直致力于无线传感器网络的高效数据采集和在大规模传感器网络中提出各种类型的数据采集机制。其中大部分集中在基于高效中继路由[2,3]和分层设施[4,5]的静态数据采集。中继路由的核心理念是数据包在传感器中通过单跳或多跳中继转发到数据接收器。在分层设施中，分层或基于集群路由的方法，通常是采用组织成簇和簇头的传感器负责转发数据到外部数据接收器。虽然这两种方法在某些用途中可以有效地执行数据转发，但其主要缺点是诱导和增加了传感器之间能耗的不均匀性[4]。因此，数据接收器的邻近节点会发生高度拥堵和包丢失的现象，从而严重降低网络性能。

为了克服这两种机制的缺点，文献[5]～文献[11]提出了移动数据采集方案。移动数据采集方案的思想是：布置一种特殊类型的移动节点(通常称为移动采集器)以低成本通过短程通信网络收集来自传感器的数据。移动采集器可能是移动机器人或配备强大收发器(天线)和电池的车辆，本章称为 Sencar。这种方法的优点是可以减少能量消耗和流量负荷，减小靠近数据接收器的传感器节点的负担，从而提高网络的生命周期，以便采集连通网络和不连通网络的数据。

现有的移动数据采集方案可以在无线传感器网络中执行有效的数据采集，但效率不高。具体而言，一些移动数据采集方案可能会导致长时间的数据采集延迟，这是由于移动采集器使用的是单根天线且一次只从一个传感器采集数据。实际上，一个移动采集器可以配备多个收发器或天线，且能够同时接收来自多个传感器的数据。显然，这可以极大地缩短数据采集时间。为使移动采集器获得更加灵活的数据采集过程，Ma 和 Yang 在文献[7]中提出了一种启发式算法，用于规划移动采集器的移动路径并在多跳网络中平衡流量负载。此外，文献[8]将单跳数据采集问题(single-hop data gather problem，SHDGP)建模为混合整数规划问题，并为移动采集器提出了一个启发式过程规划算法。

一些文献对在无线传感器网络中使用MIMO以减少数据传输时间并提高空间多样性进行了广泛的研究。文献[12]已经证明，当传输距离大于一定阈值(如 25m)时，MIMO 的性能优于 SISO 的性能。文献[13]研究了联合 MIMO 和数据收集策略的静态网络，并提出了一个包含每个节点的树状拓扑结构和路由协议的分布式近似算法。文献[14]介绍了分布式分簇，这样可以在每个簇选择最佳合作节点以平衡能源消耗。这些工作都是基于静态的传感器节点。为了从 MIMO 多元化受益，在静态网络中找到合适的发射和接收节点对可能相当困难，即一对传播节点对在具有良好分集增益的位置处可能没有接收节点。在文献[9]和文献[11]中，Zhao 等提出了基于优化的数据采集分布式算法，算法的背景为移动采集器在每个锚点逗留一段时间，通过多跳通信从邻近的传感器采集数据。在文献[10]中，移动数据采集问题被转化为成本最小化问题，它的约束有通道容量、从每个传感器收集的最低数据量和在所有锚点的总逗留时间。然而，这些工作并没有考虑传感器的并发数据上传到 Sencar 中的情况。

另外，文献[9]～文献[11]讨论了移动数据采集优化的链路容量约束，并将它看作一个常数。事实上，链路容量是“有弹性的”，因为它取决于传输功率和无线信道条件，如链接增益和热噪声。因此，这些方案并不适于合衰落信道的无线传感器网络。此外，该方案是通过改善数据包的路由路径或减少采集的数据量来节约能源，而不是考虑功率控制。实际上，功率控制可以通过要求每个传感器给予一个恒定的信号与干扰加噪声比(signal to interference plus noise ratio，SINR)来降低整体的传输功率。这些观察结果促使我们通过考虑多根天线和集成功率控制去设计一个并发数据上传的低延迟移动数据采集方案。

实践中，我们在 Sencar 上布置两根天线以确保自由衰落[11]。Sencar 停留在一些预先计算的位置，称为锚点。在一段逗留时间内安排从一对传感器节点并发上传数据，一旦完成数据采集，Sencar 返回到汇聚节点并重新计算锚点准备下一轮数据上传。这里有几个需要解决的问题。首先，在流量守恒和有限能量的约束下，传感器自身应该生成多少数据并转发多少给其他传感器；其次，在能量和弹性的链接容量约束下，传感器需要上传多少数据给不同锚点；再次，在保证空间的兼容性时，传感器应该使用多大的功率同时传输数据；最后，不同于文献[9]～文献[11]中在每个锚点对应一个固定的时间，本章考虑了 Sencar 在每个锚点处进行数据采集时应该逗留多长时间。

为了减少和平衡传感器之间的能耗并缩短数据上传时间，本章采用在某些特定位置(即锚点)配备两根天线的 Sencar 来采集传感器的数据，在感知区域利用 SDMA 技术实现数据传输。通过使用配备两根天线的 Sencar 和 SDMA 技术，我们首先根据每个传感器的链路容量和功率控制的弹性性质，提出一个 DaGCM 框架，这是文献[10]和文献[11]与本书工作的一个主要差异。数据采集成本(即能量源消耗成本)可以看作传感器在锚点的逗留期间上传到移动采集器的数据量的一个函数。然后通过引入辅助变量，将原来的非凸 DaGCM 问题转化为一个凸优化问题。最后，将凸 DaGCM 问题分解为多个独立的优化子问题，并为数据控制、路由、功率控制和逗留时间分配子问题提供了最优算法和解决方案，这是文献[11]和本书工作的另一个主要区别。在文献[11]中，虽然使用了 SDMA 技术，但只给出了启发式算法和近似解，这是因为移动数据采集问题被制定成一个 NP 难的整数线性问题。

本章其余部分安排如下：9.2 节概述算法的框架并将非凸问题转换成凸问题；9.3 节进一步提出分布式算法；9.4 节提供数值和仿真结果；9.5 节总结本章。

9.2　系统模型和问题公式化

9.2.1　网络模型和假设

一个无线传感器网络由一组静态传感器(用 N 表示)和一组锚点(用 A 表示)组成。假设 Sencar 表示为 s，配备两根天线，而每个传感器都只有一根天线且静态地分散在整个传感区域。当 Sencar 移动到锚点 a 处时，它会在锚点处逗留一段时

间 t^a 来采集数据，而邻近节点则以多跳的形式上传数据。在锚点覆盖区域内的所有传感器形成了锚点的相邻集，如图 9.1 所示。有几种方法来确定 Sencar 访问锚点的顺序，如文献[6]中简单地沿递增的锚点标识符的顺序或文献[15]中移动路程总长最小化的顺序，而本章所提出的算法可以在任何给定的访问顺序下工作。

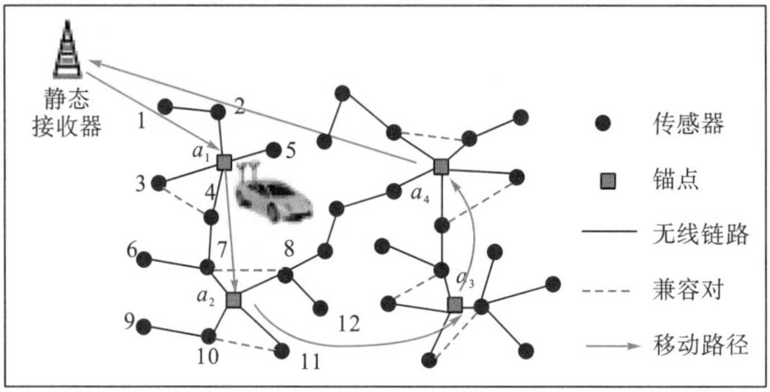

图 9.1　两根天线的移动数据收集图解

（图片来源：Guo S T, Yang Y, Wang C. DaGCM: A concurrent data uploading framework for mobile data gathering in wireless sensor networks. IEEE Transactions on Computers, 2016, 15(3): 610-626.）

我们模拟 Sencar 位于一个锚点 $a(a\in A)$ 的传感器网络为一个有向图 $G^a(V^a,E^a)$，其中 $V^a=N\cup\{s^a\}$ 为节点集合，包括所有的传感器节点和 Sencar 所处的锚点；$a(S^a)$ 为传感器和 Sencar 间的定向链路集合。若 $d_{ij}\leqslant r_{tx}$，则一个定向链路 $(i,j)\in E^a$ 存在，其中 d_{ij} 为节点 i 和节点 j 之间的距离；r_{tx} 为传感器节点的传输范围。每条链路与权重 $e_{ij}=d_{ij}^2$ 有关，$e_{i,j}$ 为链路 (i, j) 每单位流的能耗[16]。所有的链路都是对称的，即 $e_{ij}=e_{ji}$。此外，f_{ij}^a 代表在锚点 a 时通过链路 (i,j) 的流量。当 Sencar 移动到锚点 a 时，传感器 $i\in N$ 以 R_i^a 的速率生成数据给 Sencar。在这里，认为速度矢量 $[\boldsymbol{R}_i^a]_{\forall i\in V^a}$ 和流矢量 $[\boldsymbol{f}_{ij}]_{\forall(i,j)\in E^a}$ 是可以调节最小化优化目标的变量。

显而易见，在系统中引入 MIMO 会增加通信开销，然而为了成功进行并发传输，传感器需要合作建立一个虚拟 MIMO 系统。这需要调度传感器兼容对和 Sencar 之间的传输。文献[17]给出了关于 MIMO 系统调度算法的概述。实践中，我们可以采取现有的解决方案来调度最小化传输的开销。文献[18]表明通过优化传输时间并调制参数，电路的能量消耗可以得到补偿。因此，可以将这些策略应用于减少传感器的开销。

假设每个传感器 i 实现数据采集的成本函数为 $NC_i(\cdot)$，对于在数据收集过程中从传感器 i 收集的数据总量，它是二次可微、递增和严格凸的（如 $\sum_{a\in A}R_i^a t^a$）。因此，成本函数 $NC_i(\cdot)$ 可以视为在数据采集过程中的能量消耗函数[10]。本章的工作旨在通过动态调整传感器 i 的数据率 R_i^a 、链路 (i, j) 的流速 f_{ij}^a 和在不同锚点的逗留时间 t^a 来最小化数据采集成本，它受数据流量守恒、能量消耗、链路容量和传感器之间的兼容性约束。下面将详细说明这些约束。

9.2.2 数据流量守恒约束

任意传感器转发的数据流有两个来源：从其他传感器传入的数据和传感器本身感知的数据。对于在锚点 $a \in A$ 的每个节点 $i \in V^a$，总的传出流量 $f_{i,\text{out}}^a = \sum_{j:(i,j)\in E^a} f_{ij}^a$ 必须等于传感器 i 产生的数据流 R_i^a 和聚合的传入流量 $f_{i,\text{in}}^a = \sum_{j:(j,i)\in E^a} f_{ji}^a$ 的总和，即

$$f_{i,\text{out}}^a = R_i^a + f_{i,\text{in}}^a, \quad \forall i \in N, \quad \forall a \in A \tag{9.1}$$

以上流量守恒约束可以确保流出和流入的数据量平衡。

在无线传感器网络中，因为传感器接近彼此重叠的感知范围，故其生成的数据可能是冗余相关的，但是传输冗余数据消耗了不必要的能量，降低了网络的吞吐量。因此，在网络中需要减少冗余。基于文献[19]的模型，我们将 $\boldsymbol{W}$ 作为关联参数矩阵来表示空间数据之间的相关性。对于节点 i 和 j 的距离 $d_{i,j}$，有

$$\mathfrak{R}_{ij} = \boldsymbol{W}^{d_{ij}^2} \tag{9.2}$$

其中，$\mathfrak{R}$ 为一个半正定的相关矩阵，且 $\boldsymbol{W}$ 中所有元素都小于 1。表达式可以解释如下：彼此接近的传感器生成的数据具有一定的相关性，当距离增加时，通过传感器观察到的不同地理事件的相关性会很小，这种相关性将随距离呈指数下降。例如，如果 W_{12}=0.5，d_{12}=3m，那么 $\mathfrak{R}_{12}=0.5^3=0.125$；如果 W_{13}=0.5，d_{13}=5m，那么 $\mathfrak{R}_{13}=0.5^5=0.031$。我们可以看到，随着距离由 3m 增长到 5m，$\mathfrak{R}$ 从 0.125 降低到 0.031，故使用该模型，两节点的数据相关性随着空间距离的增加呈指数递减。

为了减少数据相关带来的冗余，我们使用一种在文献[20]中称为 Slepian-Wolf 编码的分布式空间编码技术。该技术可以将传感器节点的感知数据进行编码并在 Sencar 将它们解码。为了在无线传感器网络中应用这个技术，我们首先需要计算节点的联合熵。根据式(9.2)中的相关矩阵，可以通过把 $\mathfrak{R}_{ij}$ 作为联合概率来计算两个传感器生成相同内容消息时的数据信息。在式(9.2)的联系下，这种联合概率(相关性)应该关于两传感器间距离呈指数下降。由 Slepian-Wolf 定理[20]可知，只要满足 Slepian-Wolf 约束，那么节点就可以通过联合熵独立地以一个低速率传输数据。换句话说，每个节点只需要根据其附近空间数据样本之间的相关性用低速率传输数据。通过这种方式，可以削减在数据信息驻留的冗余，进一步降低数据收集成本。

9.2.3 能量约束

确保并发数据流的数量不超过天线的数量需要更好地利用 SDMA 技术。由于 Sencar 配备了两根天线，故最多允许两个传感器同时发送数据到 Sencar。因此，如果具有相同锚点的两个传感器希望同时上传它们的数据给 Sencar，并且能够兼容，那么称这两个节点为一个兼容对(在 9.3.5 节中定义)。

假设传感器 i 的电池能量是不可再生的，为保证一个特定的网络生命周期，我们加入一个传感器 i 的能耗预算 W_i，即传感器在数据采集过程中所消耗的最大能量。令 $\rho(i,m)$ 为兼容对 (i,m) 的时间花费率或孤立传感器 i 和 m 上传数据到锚点 a 时 Sencar 的逗留时间。请注意，此处的节点 i 和节点 m 为以单跳方式上传数据到 Sencar 的传感器节点，而不是锚点 a 处 Sencar 的邻近集 V^a 的所有传感器。传感器 i 传输数据所消耗的能量假定为 $\sum_{n(m,n)\in E^a} f_{mn}^a e_{mn}\rho(i,m)t^a$。显而易见，兼容对 (i,m) 在锚点 a 的能耗不会超过它们的能量预算，即

$$\sum_{j:(i,j)\in E^a} f_{ij}^a e_{ij}\rho(i,m)t^a \leqslant W_i \tag{9.3}$$

$$\sum_{n:(m,n)\in E^a} f_{mn}^a e_{mn}\rho(i,m)t^a \leqslant W_m \tag{9.4}$$

9.2.4 链路容量约束

定义衰落信道的容量为在信道上传输的最大速率。设 p_{ij} 为分配给链路 $(i,j)\in E^a$ 的传输功率，且 $p_{ij}^{\min}\leqslant p_{ij}\leqslant p_{ij}^{\max}$，$p_{ij}^{\min}$ 和 $p_{ij}^{\max}$ 分别为最小和最大传输功率；γ_{ij} 为链路 $(i,j)\in E^a$ 的 SINR。为使链路 (i,j) 成功传输，节点 j 接收到的信号不受其他节点信息传输的影响。为了描述不干涉的条件，链路 (i,j) 的平均信干噪比[21]为

$$\gamma_{ij}(p)=\frac{h_{ij}p_{ij}}{\theta\sum_{i_1\in s_{ij}}\sum_{(i_1,j_1)\in E^a} h_{i1j}p_{i1j1}+\sigma_{ij}^2} \tag{9.5}$$

其中，σ_{ij}^2 为链路 (i,j) 的热噪声功率；$\boldsymbol{P}=(p_{11},p_{12},\cdots,p_{ij},\cdots)^{\mathrm{T}}$ 为传输功率向量；h_{ij} 为发送器 i 和接收器 j 间的链路增益；S_{ij} 为传输时可能会干扰链路 (i,j) 接收器的传感器节点的集合；θ为正交因子。

由信道容量公式可知[22]，链路 (i,j) 的容量为

$$C_{ij}(P)=B\log[1+\gamma_{ij}(P)] \tag{9.6}$$

其中，B 为由固定的数据包大小归一化的基带带宽。当具有合理的传播增益时，对于 $i\neq i_1$，h_{ij} 远大于 h_{i_1j}，且假定多数邻居传感器不同时传输的情况，$y_{ij}(p)$ 远大

于 1，因此 $C_{ij}(P)$ 可以近似表示为[22]

$$C_{ij}(P) = B\log[\gamma_{ij}(P)] \tag{9.7}$$

对于一次数据传输，锚点 a 通过链路 (i,j) 的流量 f_{ij}^{a} 被链路容量 $C_{ij}(P)$ 限制，即

$$0 \leqslant f_{ij}^{a} \leqslant C_{ij}(P),\ \ \forall (i,j)\in E^{a},\ \ \forall a\in A \tag{9.8}$$

约束式(9.7)意味着如果 $C_{ij}(P)$ 大于或等于入口流量 f, 数据就能被正确接收。否则，在出现传输故障时接收到的数据无法被正确解码。从式(9.6)可以看出，链路 (i,j) 的容量是变化的，其大小取决于传输功率和信道条件。

9.2.5　兼容性约束

应用 SDMA 技术，通过合并空间通道来提高传感器到 Sencar 上传数据的吞吐量。为了保证线性解相关性，并发数据流的数量应不超过接收天线的数量。因此，最多有两个传感器可以同时上传数据到 Sencar。图 9.2 显示了配备两根天线的并发数据上传与线性解相关器。以 $H_i = [h_{i1}, h_{i2}]^{\mathrm{T}}$ 代表传感器 i 和两根天线的 Sencar 间的链路增益。

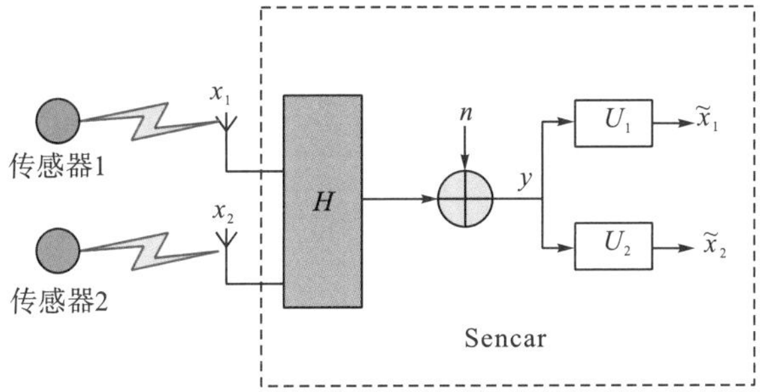

图 9.2　线性解相关策略

（图片来源：Guo S T, Yang Y, Wang C. DaGCM: A concurrent data uploading framework for mobile data gathering in wireless sensor networks. IEEE Transactions on Computers, 2016, 15(3): 610-626.）

对于任意两个兼容的传感器 1 和传感器 2，其同时上传数据到 Sencar 的速率分别为 x_1 和 x_2。Sencar 接收到的数据可以表示为

$$\boldsymbol{y} = \boldsymbol{H}_1 x_1 + \boldsymbol{H}_2 x_2 + n \tag{9.9}$$

其中，n 为服从 $\mathrm{CN}(0,\sigma^2 I_2)$ 的独立同分布的信道噪声。式(9.9)中指出，信道噪声是指数据流遇到其他数据流的干扰。分别选择 $\boldsymbol{U}_1$ 和 $\boldsymbol{U}_2$ 作为传感器 1 和传感器 2 的过滤矢量，且满足 $\boldsymbol{U}_2^{*\mathrm{T}}\boldsymbol{H}_1 = 0$ 和 $\boldsymbol{U}_1^{*\mathrm{T}}\boldsymbol{H}_2 = 0$。很明显，$\boldsymbol{U}_1$ 是空间 $\boldsymbol{V}_1$ 中与 $\boldsymbol{H}_2$ 正交的任意滤波向量，$\boldsymbol{U}_2$ 是空间 $\boldsymbol{V}_2$ 中与 $\boldsymbol{H}_1$ 正交的任意滤波向量。因此，如图 9.2 所

示，接收信号可以被解码为

$$\begin{cases}\tilde{\boldsymbol{x}}_1 = \boldsymbol{U}_1^{*\mathrm{T}}\boldsymbol{y} = \boldsymbol{U}_1^{*\mathrm{T}}\boldsymbol{H}_1 x_1 + \boldsymbol{U}_1^{*\mathrm{T}} n \\ \tilde{\boldsymbol{x}}_2 = \boldsymbol{U}_2^{*\mathrm{T}}\boldsymbol{y} = \boldsymbol{U}_2^{*\mathrm{T}}\boldsymbol{H}_2 x_2 + \boldsymbol{U}_2^{*\mathrm{T}} n\end{cases} \tag{9.10}$$

在经过两个滤波器过滤处理后，上传数据速率 x_1 和 x_2 可以相互分开，从而保证了两个传感器可以并发上传数据到 Sencar。一般地，增加它们的长度并不会增加信噪比，那么 $\boldsymbol{U}_1$ 和 $\boldsymbol{U}_2$ 可以选择作为一个单位向量：

$$\begin{cases}\boldsymbol{U}_1 = \left(\sqrt{|h_{22}|^2 + |h_{21}|^2}\right)^{-1}[h_{22}, -h_{21}]^{\mathrm{T}} \\ \boldsymbol{U}_2 = \left(\sqrt{|h_{12}|^2 + |h_{11}|^2}\right)^{-1}[h_{12}, -h_{11}]^{\mathrm{T}}\end{cases} \tag{9.11}$$

因此，对于每个传感器的给定传输功率，并不是任意两个传感器都可以同时成功传输数据到有两根天线的 Sencar。为了保证 Sencar 能够成功分离接收到的信号，应该满足以下条件[11]：

$$\mathrm{SNR}_1 = p_1 |\boldsymbol{U}_1^{\mathrm{T}}\boldsymbol{H}_1|^2 / \sigma^2 \geqslant \delta_1 \tag{9.12}$$

$$\mathrm{SNR}_2 = p_2 \left|\boldsymbol{U}_2^{\mathrm{T}}\boldsymbol{H}_2\right|^2 / \sigma^2 \geqslant \delta_1 \tag{9.13}$$

其中，p_1、p_2、SNR_1 和 SNR_2 分别为传感器 1 和传感器 2 的传输功率和数据信噪比；δ_1 为 Sencar 正确解码所接收数据的信噪比阈值。任何满足该条件的两个传感器都能够成功并发上传数据到 Sencar，这样的一对传感器 (i,m) 称为一个兼容对。

9.2.6 跨层最优化模型

在考虑约束条件的前提下，有两个天线的 Sencar 的移动 DaGCM 问题可以转化为跨层联合优化问题：

$$\mathrm{P1}: \min \sum_{i \in N} NC_i \left(\sum_{a \in A} R_i^a t^a\right) \tag{9.14}$$

其中，变量为 R_i^a、t^a、f_{ij}^a 和 p_{ij}。该问题受式(9.1)、式(9.3)、式(9.4)、式(9.8)、式(9.12)、式(9.13)、$p_i^{\min} \leqslant p_i \leqslant p_i^{\max}$ 和 $\sum_{a \in A} t^a \leqslant T$ 的约束。最后一个约束可确保所有锚点的总逗留时间不超过数据采集延迟时间 T 的范围。

数据采集问题的目标是最小化总数据采集成本或能耗。这可以通过在传输层动态分配链路中的流量和传感器的数据率，在物理层控制传感器的传输功率及用分布式的方式调整 Sencar 的逗留时间来实现。

一般来说，因为在目标函数式(9.14)和约束式(9.3)中变量 R_i^a、t^a、f_{ij}^a 和 p_{ij} 之间存在耦合，故式(9.12)中的 DaGCM 问题是非凸的。换句话说，由于 DaGCM 问题的对偶不是半正定的[24]，故目标函数关于变量 R_i^a、t^a 是非凸的。因此，这一问题可以采用辅助变量并进行适当转换，这在一定条件下可转化为一个等价的凸问题。定义 $x_{ij}^{a}=f_{ij}^{a}t^{a}$，$y_{i}\phi_{i}^{a}=R_{i}^{a}t^{a}$，$\phi_{i}^{a}\geqslant 0$，$\sum_{a\in A}\phi_{i}^{a}=1$，其中 x_{ij}^{a} 为通过链路 (i,j) 传送至锚点 a 处 Sencar 的数据量，可以认为它是一个路由变量；y_i 为在数据采集过程中由传感器 i 生成的数据总量；ϕ_{i}^{a} 为一个数据分割变量且 $\phi_{i}^{a}\geqslant 0$，它决定了由传感器 i 上传数据到锚点 a 处 Sencar 的数据与数据采集过程中由传感器 i 生成的总数据量的比值。

用 t^a 乘以流量守恒和链路容量约束，原优化问题(P1)可以转化为以下关于 x、y、φ、t 和 p 的凸优化问题：

$$\mathrm{P2}:\min\sum_{i\in N}NC_{i}\left(y_{i}\right) \tag{9.15}$$

满足：

$$\sum_{j:(i,j)\in E^{a}}x_{ij}^{a}-\sum_{j:(j,i)\in E^{a}}x_{ji}^{a}=y_{i}\phi_{i}^{a},\ \ \forall i\in N,\forall a\in A \tag{9.16}$$

$$\sum_{j:(i,j)\in E^{a}}x_{ij}^{a}e_{ij}\rho(i,m)\leqslant W_{i},\ \ \forall i,m\in N \tag{9.17}$$

$$\sum_{n:(m,n)\in E^{a}}x_{mn}^{a}e_{mn}\rho(i,m)\leqslant W_{m},\ \ \forall i,m\in N \tag{9.18}$$

$$0\leqslant x_{ij}^{a}\leqslant C_{ij}(P)t^{a},\forall(i,j)\in E^{a},\ \ \forall a\in A \tag{9.19}$$

$$\min\{\mathrm{SNR}_{i},\mathrm{SNR}_{m}\}\geqslant\delta_{1},\ \ \forall i,m\in N \tag{9.20}$$

$$\sum_{a\in A}t^{a}\leqslant T,\ \sum_{a\in A}\phi_{i}^{a}=1 \tag{9.21}$$

$$\sum_{i,m\in N}\rho(i,m)=1,\ \ \phi_{i}^{a}\geqslant 0,\ \ \forall i\in N,\forall a\in A \tag{9.22}$$

为了分解变量 p_i 和 t^a 在链路容量约束式(9.19)的耦合，令

$$\tilde{x}_{ij}^{a}=\log x_{ij}^{a},\ \tilde{p}_{i}=\log p_{i},\ \tilde{t}^{a}=\log t^{a} \tag{9.23}$$

且约束式(9.19)能用对数转换为

$$\tilde{x}_{ij}^{a}-\tilde{t}^{a}\leqslant\log C_{ij}(\tilde{P}),\ \ \forall(i,j)\in E^{a},\ \forall a\in A \tag{9.24}$$

于是有如下定理。

其中，约束式(9.23)表明滤波器 U_{i} 和 U_m 不仅是传感器本身和 Sencar 之间的通道，而且是兼容对和 Sencar 之间的通道。

定理 9.1　不等式(9.19)中 x_{ij}^{a}、p_{ij} 和 t^a 经 log 函数转换后，具有约束式(9.17)～式(9.19)和式(9.20)～式(9.23)的 DaGCM 问题(P2)在转换后是一个凸优化问题。

证明　很明显，目标函数 $NC_i(y_i)$ 关于 y_i 是一个凸函数。下一步，证明约束式(9.17)～式(9.19)和式(9.20)～式(9.23)是凸的。容易证明约束式(9.17)是凸的，因为它是线性函数和凸函数 $y_{i}\phi_{i}^{a}$ 的组合。约束式(9.17)、式(9.18)和式(9.21)是凸的，因为它们都是线性函数。我们进一步发现式(9.20)的左边和右边分别是指数和的 log

函数项和(log,x)项，这意味着约束式(9.20)也是凸的[23]。同理，因为函数项 $\log C_{ij}(P)$ 是(log,log)凹的和函数项 $\log t^a$ 是(log, t)凹的，所以约束式(9.23)是凸的。因此，DaGCM问题(P2)是凸的。

定理 9.1 说明解决问题(P2)应满足的斯莱特约束条件[23]，即没有二元性差距，所以至少存在一个拉格朗日乘子，且原始和对偶问题均有最优解。因此，可以使用凸规划技术有效地解决。

9.3 DaGCM 问题的最优化算法

本节提出了对数据控制、路由、逗留时间和功率控制的分布式算法，以分布式的方式通过拉格朗日对偶[23]分层作为优化分解(layering optimal decomposition, LOD)法[24]来解决问题(P2)。应用 LOD 法的必要条件是具有凸性和分离性，然而，因为变量 y_i 和 ϕ_i^a 之间的流守恒约束及变量 p_{ij} 和 t^a 之间的链路容量约束，所以问题(P2)的耦合对于优化变量是不可分离的。

9.3.1 拉格朗日对偶分解

注意，根据路由变量 x、传感器 i 在一次数据采集过程中采集的数据总额变量 y_i 和数据分离变量 ϕ_i^a 可通过式(9.20)耦合，而数据路由变量 x、功率分配变量 p 和逗留时间变量 t^a 在式(9.21)中是相互关联的，因此在对偶问题中，可使用拉格朗日对偶法进行解耦。

对于约束式(9.16)～式(9.18)和式(9.20)的传感器和链路，首先介绍拉格朗日乘子 λ_i^a、$\mu_{(i,m)}$、v_{ij}、ξ_i、$\eta_m,(i,j)\in E^a$、$a\in A$。λ_i^a、$\mu_{(i,m)}$ 和 v_{ij} 分别为每个传感器节点 $i\in V^a$ 在锚点 $a\in A$ 的流量守恒成本、不超过其总能量预算的兼容对 (i, m) 在锚点 a 的能耗成本和保持输出数据量不超过链路 (i, j) 平均容量在锚点 a 的成本。此外，ξ_i 和 η_m 可以称为传感器 i 和传感器 m 兼容所需的功率控制成本。部分 DaGCM 问题(P2)的拉格朗日乘子可以表示为

$$
\begin{aligned}
&L(x,y,\phi,t,p,\lambda,\mu,v,\xi,\eta)\\
&=L_y(y,\lambda)+L_x(x,\lambda,\mu,v)+L_\phi(\phi,\lambda)+L_t(t,v)+L_p(p,\eta,\upsilon,\xi)
\end{aligned}
$$

其中

$$
L_y(y,\lambda)=\sum_{i\in N}NC_i(y_i)-\sum_{a\in A}\sum_{i=N}\lambda_i^a\log y_i \tag{9.25}
$$

$$L_x(\tilde{x},\lambda,\mu,v)=\sum_{a\in A}\sum_{i,j\in N}v_{ij}\ \tilde{x}_{ij}^a+\sum_{a\in A}\sum_{i,m\in N}\mu_{(i,m)}F(\tilde{x}_{ij}^a\tilde{x}_{mn}^a)$$
$$+\sum_{a\in A}\sum_{i\in N}\lambda_i^a\log\left(\sum_{j:(i,j)\in E^a}\exp(\tilde{x}_{ij}^a)-\sum_{j:(j,i)\in E^a}\exp(\tilde{x}_{ji}^a)\right) \tag{9.26}$$

$$L_p(p,\eta,v,\xi)=\sum_{i\in N}\xi_i\left(\delta_1-p_i\left|U_i^{\mathrm{T}}H_i\right|^2/\sigma^2\right)$$
$$-\sum_{a\in A}\sum_{(i,j)\in E^a}v_{ij}\log C_{ij}(P)+\sum_{m\in N}\eta_m\left(\delta_1-p_m\left|U_m^{\mathrm{T}}H_m\right|^2/\sigma^2\right)$$
$$L_\phi(\phi,\lambda)=-\sum_{a\in A}\sum_{i\in N}\lambda_i^a\log\phi_i^a \tag{9.27}$$
$$L_t(t,v)=-\sum_{a\in A}\sum_{(i,j)\in E^a}v_{ij}\log t^a$$

$$F(\tilde{x}_{ij}^a\tilde{x}_{mn}^a)=-W_i-W_m$$
$$+\left(\sum_{j:(i,j)\in E^a}\exp(\tilde{x}_{ij}^a)e_{ij}+\sum_{n:(m,n)\in E^a}\exp(\tilde{x}_{mn}^a)e_{mn}\right)\rho(i,m) \tag{9.28}$$

以约束式(9.21)定义拉格朗日对偶问题的目标函数为

$$D(\lambda,\mu,v,\xi,\eta)=\min_{\lambda,\mu,\upsilon,\xi,\eta\geqslant 0}L(x,y,\phi,t,p,\lambda,\mu,\upsilon,\xi,\eta) \tag{9.29}$$

通过线性微分算子，目标由函数的可分离性质可以分解成五个不同的最小化子问题，即

$$\mathrm{DP1}:D_y(\lambda)=\min_{\lambda\geqslant 0}L_y(y,\lambda) \tag{9.30}$$

$$\mathrm{DP2}:D_x(\lambda,\mu,v)=\min_{\lambda,\mu,\upsilon\geqslant 0}L_x(\tilde{x},\lambda,\mu,v) \tag{9.31}$$

$$\mathrm{DP3}:D_p(\eta,v,\xi)=\min_{v,\xi,\eta\geqslant 0}L_p(p,\eta,v,\xi) \tag{9.32}$$

$$\text{s.t.}\,p_{ij}^{\min}\leqslant p_{ij}\leqslant p_{ij}^{\max},\quad\forall(i,j)\in E^a,\quad\forall a\in A \tag{9.33}$$

$$\mathrm{DP4}:D_\phi(\lambda)=\min_{\lambda\geqslant 0}L_\phi(\phi,\lambda),\quad\text{s.t.}\sum_{a\in A}\phi_i^a=1 \tag{9.34}$$

$$\mathrm{DP5}:D_t(v)=\min_{\lambda\geqslant 0}L_t(t,v),\quad\text{s.t.}\sum_{a\in A}t^a\leqslant T \tag{9.35}$$

从式中可以看出，对偶函数的最小化问题可以分解为几个简单的子问题，这意味着 DaGCM 优化问题能以一个分布式的方式进行分离和解决。

因此，通过对偶性，初始问题的对偶问题可以表示为

$$\max_{\lambda,\mu,v,\xi,\eta\geqslant 0}D(\lambda,\mu,v,\xi,\eta) \tag{9.36}$$

初始问题是凸的，且满足斯莱特约束条件[23]，因此可以设计原对偶算法来寻找最优数据量、路由、功率、数据分割量、逗留时间和成本，这些将在后面讨论。

9.3.2 数据控制子算法

数据控制子算法(data control sub algorithm，DCSA)旨在解决 DP1 问题，确定每个传感器在数据采集过程中产生的最佳数据量。由于 DP1 是凸的，因此可以用一个足够小步长的次梯度投影来解决这个问题。将 $L_y(y,\lambda)$ 对 y 求偏导，可得到关于 y 的次梯度如下：

$$\nabla D_1(y_i)=NC_i'(y_i)-\lambda_i^a/y_i,\ \ \forall i\in N,\ \ \forall a\in A \tag{9.37}$$

其中，$NC_i'(y_i)$ 为 $NC_i(y_i)$ 关于 y_i 的一阶导数。同理，传感器 i 在锚点 a 的成本 λ_i^a 的次梯度可表示为

$$\nabla D_1(\lambda_i^a)=-\log y_i,\ \ \forall i\in N,\ \ \forall a\in A \tag{9.38}$$

因此，数据量变量 y_i 和成本变量 λ_i^a 可以写成

$$y_i(k+1)=\left[y_i(k)+\varepsilon(k)\nabla D_1(y)\right]^+ \tag{9.39}$$

$$\lambda_i^a(k+1)=\left[\lambda_i^a(k)-\varepsilon(k)\nabla D_1(\lambda_i^a)\right]^+ \tag{9.40}$$

其中，ε 为步长；$[a]^+=\max(0,a)$。将式(9.39)称为初始更新，式(9.40)称为双重更新。DCSA 的最优解被定义为一个初始对偶($y_i^*,\lambda_i^{a^*}$)，如对于 $\forall i\in N,\forall a\in A$，有

$$y_i^*=\arg\min L_y(y_i^*,\lambda_i^{a^*})$$

$$\lambda_i^{a^*}\left(y_i^*\phi_i^a+\sum_{j:(j,i)\in E^a}x_{ji}^{a^*}-\sum_{j:(i,j)\in E^a}x_{ij}^{a^*}\right)=0,\ \ \lambda_i^{a^*}\geqslant 0$$

可以观察到，数据生成量 y_i 和价格 λ_i^a 的次梯度对于对偶函数的最大化起着重要的作用，因为它们能自然地将两个变量的方向和速度生成为最优解($y_i^*,\lambda_i^{a^*}$)。受 $\lambda_i^a\geqslant 0$，$i\in N$，$\forall a\in A$ 约束，考虑对偶问题式(9.39)与 $D_y(\lambda)$ 的最大化。我们在算法 9.1 总结了该子算法。基于文献[25]，初始对偶法收敛所需的迭代次数是一个关于问题规模的线性函数。因此，子算法需要 $O(|A||N|)$ 迭代使得 $\{\lambda(k)\}$ 和 $\{y(k)\}$ 分别收敛到 λ^* 和 y^*。

算法 9.1 数据控制子算法

For 任意传感器 $i\in N$，

  初始化拉格朗日乘子 $\lambda_i^a(0)\geqslant 0$, $a\in A$；

Repeat

  对于所有 $j:(i,j)\in E^a$, $a\in A$，

  通过式(9.39)计算 $y_i(k)$；

通过式(9.40)更新拉格朗日乘子 $\lambda_i^a(k+1)$;

发送 λ_i^a 的更新到网络层的 RSA 和传输层的数据分割子算法;

Untile $\{\lambda(k)\}$ 收敛到 λ^* 和 $\{y_i(k)\}$ 收敛到 y^*;

End for

定理 9.2　当步长满足如下条件时，由式(9.39)和式(9.40)更新的 y_i 和 λ_i^a 经迭代将收敛到最优解($y_i^*, \lambda_i^{a^*}$)。

$$\varepsilon(k) \to 0,\ \sum_{k=1}^{\infty}\varepsilon(k) \to \infty \text{ 和 } \sum_{k=1}^{\infty}\varepsilon(k)^2 < \infty$$

证明　由于篇幅限制此处省略了证明。相关证明可以参阅文献[23]。

很明显，子问题可以由每个分布式传感器通过一些额外的消息传递来解决，如邻居的流量信息。

9.3.3　路由子算法

现在继续解决 DP2 问题，即确定从传感器到 Sencar 的数据路由，以便调整传感器流出链路去往每个锚点的流量。分别对 x、μ 和 ν 作 $L_x(x,\lambda,\mu,\nu)$ 的偏导数，可以获得关于 x、μ 和 ν 的次梯度如下:

$$\nabla D_2(\tilde{x}_{ij}) = \mu_{(i,m)}\rho(i,m)G(\tilde{x}_{ij}^a, \tilde{x}_{mn}^a) + \sum_{j\in N}\nu_{ij} + \lambda_i^a H(\tilde{x}_{ij}^a) \tag{9.41}$$

$$\nabla D_2(\mu_{(i,m)}) = F(\tilde{x}_{ij}^a, \tilde{x}_{mn}^a) \tag{9.42}$$

$$\nabla D_2(\nu_{ij}) = \tilde{x}_{ij}^a \tag{9.43}$$

其中

$$G(\tilde{x}_{ij}^a, \tilde{x}_{mn}^a) = \sum_{j:(i,j)\in E^a}\exp(\tilde{x}_{ij}^a)e_{ij} + \sum_{n:(m,n)\in E^a}\exp(\tilde{x}_{mn}^a)e_{mn} \tag{9.44}$$

$$H(\tilde{x}_{ij}^a) = \frac{\sum\limits_{j':(j',i')\in E^a\setminus(i,j)}\exp(\tilde{x}_{j'i'}^a) - \sum\limits_{j':(i',j')\in E^a\setminus(i,j)}\exp(\tilde{x}_{i'j'}^a)}{\sum\limits_{j:(j,i)\in E^a}\exp(\tilde{x}_{ji}^a) - \sum\limits_{j:(i,j)\in E^a}\exp(\tilde{x}_{ij}^a)} \tag{9.45}$$

通过使用次梯度投影法来解决对偶问题[式(9.36)]，路由变量 $\tilde{x}_i$ 和成本 $\mu_{(i,m)}$ 及 ν_{ij} 可以更新为

$$\tilde{x}_{ij}(k+1) = [\tilde{x}_{ij}(k) + \varepsilon(k)\nabla D_2(\tilde{x}_{ij})]^+ \tag{9.46}$$

$$\mu_{(i,m)}(k+1) = [\mu_{(i,m)}(k) - \varepsilon(k)\nabla D_2(\mu_{(i,m)})]^+ \tag{9.47}$$

$$\nu_{ij}(k+1) = [\nu_{ij}(k) - \varepsilon(k)\nabla D_2(\nu_{ij})]^+ \tag{9.48}$$

显然，传感器到 Sencar 的数据的最优路由取决于传感器传入和传出的数据量，

这与传感器兼容对和拥堵的能耗成本有关。因此，成本 λ_i^a 在传感器和 Sencar 间的数据路由所产生的数据量之间的平衡起关键作用。该子算法即算法 9.2。

算法 9.2 路由子算法

For 任意传感器 $i \in N, m \in N$,

初始化 $\mu_{(i,m)}(0) \geqslant 0, v_{ij}(0) \geqslant 0$，对于所有 $j:(i,j) \in E^a, m \in N$

Repeat

对于所有 $b:(i,j) \in E^a, n:(m,n) \in E^a$ 和 $a \in A$,

获取 DCSA 的 λ_i^a 和 E^a 中每个链路的进入速率；

通过式(9.46)计算 $\tilde{x}_{ij}(k)$；

通过式(9.47)更新拉格朗日乘子 $\mu_{(i,m)}(k+1)$；

通过式(9.48)更新拉格朗日乘子 $v_{ij}(k+1)$；

发送 v_{ij} 的更新到物理层的功率分配子算法和 Sencar;

Until $\{\mu_{(i,m)}(k), v_{ij}(k)\}$ 收敛到 $\{\mu_{(i,m)}^*, v_{ij}^*\}$；

End for

9.3.4 功率控制和兼容性子算法

该子算法的目标是给出物理层的一个最优功率分配的分布式协议。功率控制的目的是，当确定合适的链路容量时，确保两个传感器兼容。这一目的可以通过解决 DP3 问题来实现。注意，DP3 问题也是一个凸优化问题。类似于上述子算法，关于 p、ξ 和 η 的次梯度可以表示为

$$\nabla D_3(p_i) = -\xi_i \left|U_i^{\mathrm{T}} H_i\right|^2 / \sigma^2 - M(v_{ij}, p_i) \tag{9.49}$$

$$\nabla D_3(p_m) = -\eta_m \left|U_m^{\mathrm{T}} H_m\right|^2 / \sigma^2 - M(v_{mn}, p_m) \tag{9.50}$$

$$\nabla D_3(\xi_i) = \delta_1 - p_i \left|U_i^{\mathrm{T}} H_i\right|^2 / \sigma^2 \tag{9.51}$$

$$\nabla D_3(\eta_m) = \delta_1 - p_m \left|U_m^{\mathrm{T}} H_m\right|^2 / \sigma^2 \tag{9.52}$$

其中，$M(v_{ij}, p_i) = -v_{ij} / p_i + v_{ij}\mathrm{msg}_{ij}$ 且

$$\mathrm{msg}_{ij} = \frac{\theta \sum_{k \neq i} h_{kj}}{\theta \sum_{k \neq i} h_{kj} p_k + \sigma_{ij}^2} \tag{9.53}$$

其中，msg_{ij} 为基于节点 i 的邻居信息的本地测量。每个发射机计算此消息并通过泛洪协议将其传递到所有其他邻居发射器。我们注意到，为了便于两个次梯度的计算，在路由子算法(RSA)中获得的 $\nabla D_3(p_i)\nabla D_3(p_m)$ 消息、拥塞价格 v_{ij} 和 v_{mn} 在网络层需要被发送到功率控制子算法。该接口变量 v_{ij} 就用于控制两个子算法的性

能并调节功率分配及最优解的路由策略。

初始对偶方法[25]可用来解决 DP3 问题，即功率分配变量和成本可以更新为

$$p_i(k+1)=[p_i(k)+\varepsilon(k)\nabla D_3(p_i)]_{p_{ij}^{\min}}^{p_{ij}^{\max}} \tag{9.54}$$

$$p_m(k+1)=[p_m(k)+\varepsilon(k)\nabla D_3(p_m)]_{p_{mn}^{\min}}^{p_{mn}^{\max}} \tag{9.55}$$

$$\xi_i(k+1)=[\xi_i(k)-\varepsilon(k)\nabla D_3(\xi_i)]^+ \tag{9.56}$$

$$\eta_m(k+1)=[\eta_m(k)-\varepsilon(k)\nabla D_3(\eta_m)]^+ \tag{9.57}$$

其中

$$[a]_{p^{\min}}^{p^{\max}}=\min[p^{\max},\max(a,p^{\min})] \tag{9.58}$$

在物理层和网络层，路由和功率控制分别独立运转，以更新传感器的路由策略和功率分配。以上的功率更新显示，下一时段发射器传感器 i 在链路(i,j)的两个方面调整它的功率水平：第一，功率增加与目前的价格成正比(如队列延迟或拥堵)，与当前功率成反比；第二，通过来自其他所有发射器的消息加权之和来降低功率，其中加权值为路径损耗 h_{kj}。显而易见，如果一个传感器的局部队列延迟较大或拥堵严重，那么该传感器的传输功率增加。如果当前功率水平已经很高，那么它将有更加稳健的增长。如果队列延迟在其他链路较大，那么为了减少对这些链路的干扰，这时传感器的传输功率应该降低。该算法即算法 9.3。

算法 9.3　功率控制和兼容性子算法

For 任意传感器 $i\in N, m\in N$，
　对于链路 $l(i,j)$、$k(m,n)$，初始化 $p_i^{\min}$、$p_i^{\max}$、$p_m^{\min}$、$p_m^{\max}$；
　对于 $i,m\in N$ 和 $a\in A$，初始化拉格朗日乘子 $\varepsilon_i(0)\geqslant 0, \eta_m(0)\geqslant 0$；
Repeat
　对于所有 $j:(i,j)\in E^a, a\in A$，
　从 RSA 测量拥塞价格 v_{ij} 和 v_{mn}；
　测量 h_{ij} 和接收的功率水平 $p_i h_{ij}$；
　计算信息 msg_{ij} 并将其传递给所有其他发射器；
　通过式(9.54)更新 $p_i(k)$；
　通过式(9.55)更新 $p_m(k)$；
　假如满足兼容性约束，传感器 i 和 m 是一个兼容对且能同步传输；
　通过式(9.56)更新拉格朗日乘子 $\xi_i(k+1)$；
　通过式(9.57)更新拉格朗日乘子 $\eta_m(k+1)$；
Until 达到平衡，即 $\{\varepsilon(k), \eta(k)\}$ 收敛到 $\{\varepsilon^*, \eta^*\}$；
End for

9.3.5 逗留时间分配子算法

Sencar 负责分配每个锚点的逗留时间，以满足优化目标：

$$\max\sum_{a\in A}\sum_{(i,i)\in E^a} v_{ij}\log t^a,\ \ \text{s.t.}\sum_{a\in A} t^a \leqslant T \tag{9.59}$$

因为优化问题是凸的，所以采用对偶分解并引入一个新的拉格朗日乘子 ϖ^a，逗留时间 t^a 和拉格朗日乘子 ϖ^a 可以更新为

$$t^a(k+1)=[t^a(k)-\varepsilon(k)\nabla D_4(t^a)]^+ \tag{9.60}$$

$$\varpi^a(k+1)=[\varpi^a(k)+\varepsilon(k)\nabla D_4(\varpi^a)]^+ \tag{9.61}$$

其中，$\nabla D_4(t^a)=v_{ij}/t^a+\varpi^a$ 和 $\nabla D_4(\varpi^a)=t^a-T$ 分别为关于 t^a 和 ϖ^a 的次梯度。可以观察到，拥塞价格 v_{ij} 和逗留时间 T 的范围决定了锚点 a 处的 Sencar 的逗留时间，拉格朗日乘子 ϖ^a 可称为锚点 a 处逗留时间的价格，这取决于总逗留时间。毫无疑问，锚点的拥塞价格越高，Sencar 的逗留时间越长。这个子算法即算法 9.4。明显，这个子算法的复杂度为 $O(|A|)$。

算法 9.4 逗留时间分配算法

```
Repeat
    对于任意锚点a ∈ A，
    初始化ϖ^a， T;
    对于所有(i,j) ∈ E^a， 接收v_ij
    Sencar通过式(9.60)同步计算t^a(k);
    Sencar通过式(9.61)更新拉格朗日乘子ϖ^a(k+ 1);
    发送λ_i^a的更新到网络层的RSA和传输层的数据分割子算法;
  Until  达到平衡，即{ϖ^a(k)}收敛到ϖ^a*;
End
```

Sencar 为了确定逗留时间，在每一次梯度迭代中，成本 v_{ij} 的值需要按路线发送到 Sencar。为了避免通信开销，另一种方法是让每个传感器确定锚点的逗留时间。然而，它收敛得比前者慢。因此，这是一个通信开销和收敛速度之间的权衡。

9.3.6 数据分割子算法

这一节将考虑数据分割变量问题，称为 P3 问题，可表示为

$$\text{P3}:\min_{\phi\geqslant 0} NC(\phi) \tag{9.62}$$

满足：

$$\sum_{a\in A}\phi_i^a=1,\ \forall i\in N,\ \forall a\in A \tag{9.63}$$

$$\phi_i^a\geqslant 0,\ \forall i\in N,\ \forall a\in A \tag{9.64}$$

当用 λ^*、μ^*、v^*、ξ^* 及 η^* 表示给定 ϕ 的时，最大化 $D(\phi,\lambda,\mu,v,\xi,\eta)$ 的拉格朗日乘子，则 $NC(\phi)$ 可表示为

$$NC(\phi)=\max_{\lambda,\mu,v,\xi,\eta\geqslant 0} D(\phi,\lambda^*,\mu^*,v^*,\xi^*,\eta^*) \tag{9.65}$$

因此，临界成本可以表示为 $NC(\phi)$ 对 ϕ_i^a 的偏导数，即 $NC'(\phi)=\dfrac{\partial NC(\phi)}{\partial \phi_i^a}=\lambda_i^{a^*}y_i^*$，它反映了 $NC(\phi)$ 对 ϕ_i^a 的改变率或从传感器 i 到锚点 a 的数据传递收益。

令 $\phi_i^*=\{\phi_i^{a^*}|a\in A\}$ 为传感器 i 的最佳数据分割变量，问题 P3 的最佳方案满足以下最优化条件。对于所有 $a'\in A$，有

$$\phi_i^{a^*}>0\Rightarrow\frac{\partial NC(\phi_i^*)}{\partial \phi_i^{a'}}\leqslant\frac{\partial NC(\phi_i^*)}{\partial \phi_i^{a}} \tag{9.66}$$

这意味着传感器 i 总是以最低临界成本 $NC'(\phi)$ 将更多的数据发送到锚点。

对于传感器 i，假定 $\tilde{a}$ 表示最低临界成本时的锚点，即 $\tilde{a}=\arg\min\limits_{a\in A}\dfrac{\partial NC(\phi)}{\partial \phi_i^a}$。在 n 次迭代时，传感器 i 能更新 ϕ_i^a，根据

$$\phi_i^a(n+1)=\phi_i^a(n)+\zeta_i^a(n) \tag{9.67}$$

其中，

$$\zeta_i^a(n)=\begin{cases}-\min\left\{\phi_i^a(n),\kappa(n)\left[\dfrac{\partial NC(\phi)}{\partial \phi_i^{\tilde{a}}}(n)-\dfrac{\partial NC(\phi)}{\partial \phi_i^{a}}(n)\right]\right\}, & a\neq\tilde{a}\\ -\sum\limits_{a\neq\tilde{a},a\in A}\zeta_i^a(n), & a=\tilde{a}\end{cases} \tag{9.68}$$

$\kappa(n)$ 为一个非负的标量步长。

使用与文献[26]类似的方法，可以得到 ϕ 的更新算法，这可以保证收敛到问题 P2 的最优解。对于传感器 i 可以直接进行验证

$$\sum_{a\in A}\delta_i^a(n)=0,\quad \sum_{a\in A}\delta_i^a(n)\frac{\partial NC(\phi)}{\partial \phi_i^a}\geqslant 0 \tag{9.69}$$

从中可以看到，只有当 $\delta_i^a(n)=0$ 时，$\sum\limits_{a\in A}\delta_i^a(n)\dfrac{\partial NC(\phi)}{\partial \phi_i^a}=0$，要求对于所有 $a\in A$，有

$$\phi_i^a(n)\left[\frac{\partial NC(\phi)}{\partial \phi_i^{\tilde{a}}}(n)-\frac{\partial NC(\phi)}{\partial \phi_i^{a}}(n)\right]=0 \tag{9.70}$$

最后，在算法 9.5 及其相应的框架图 9.3 总结了 DaGCM 问题的分布式算法。在内循环中(低)，传感器搜索最优的数据速率、传输功率和流量及流量守恒的最

优价格、能量平衡、拥堵和兼容性，而在不同的锚点由 Sencar 决定最优的逗留时间。在外循环中(更高)，传感器基于内循环的稳定价格求解数据分离向量。根据每个子算法的时间复杂度，可以获得 DaGCM 算法的总时间复杂度为 $O(|A||N|^2+|A||N|)$。因此，在最坏的情况下，该算法的时间复杂度为 $O(|A||N|^2)$。显然，时间复杂度主要由功率控制的复杂性和兼容性子算法决定。

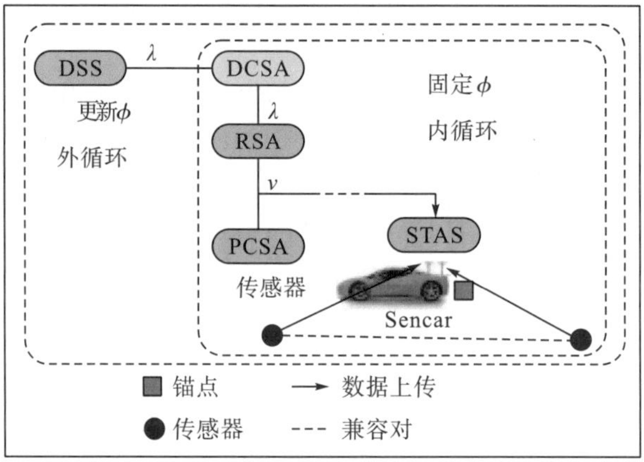

图 9.3 分布式算法的框架

(图片来源：Guo S T, Yang Y, Wang C. DaGCM: A concurrent data uploading framework for mobile data gathering in wireless sensor networks. IEEE Transactions on Computers, 2016, 15(3): 610-626.)

算法 9.5 DaGCM 问题的分布式算法

For 任意传感器 $i \in N$，

初始化数据分割向量 $\phi_i^a(0)$，满足 $\sum_{a\in A}\phi_i^a(0)=1$，对于所有 $a\in A$；

Repeat

初始化 $\lambda_i^a(0)$、$\mu_{(i,m)}(0)$、$v_{ij}(0)$，$\xi_i(0)$ 和 $\eta_m(0)$ 为非负值，对于所有 $j:(i,j)\in E^a$，$m\in N$ 和 $a\in A$；

Repeat 对于所有 $j:(i,j)\in E^a$，$n:(m,n)\in E^a$ 和 $a\in A$

如算法 9.1 所示，通过 DCSA 计算 $y_i(k)$；

计算 $p_i(k)$、$p_m(k)$ 和 msg_{ij} 以及通过算法 9.2 中 STAS 确定节点 i 和 m 的兼容性；

如表 9.2 所示，通过 RSA 计算 $\tilde{x}_{ij}(k)$；

在表 9.1 中 Sencar 以 STAS 同步计算 t^a；

分别通过式(9.40)、式(9.47)、式(9.48)、式(9.56)和式(9.57)更新，$\lambda_i^a(k+1)$、$\mu_{(i,m)}(k+1)$、$v_{ij}(k+1)$、$\xi_i(k+1)$ 和 $\eta_m(k+1)$；

发送 λ_i^a 的更新到 RSA 和 DSS;

在 Sencar 发送 v_{ij} 的更新到 PCSA 和 STAS;

发送信息 msg_{ij} 和进入速率到它的邻居;

Until $\{\lambda_i^a(k)\}$、$\{\mu_{(i,m)}(k)\}$、$\{v_{ij}(k)\}$、$\{\xi_i(k)\}$ 和 $\{\eta_m(k)\}$ 分别收敛到 $\lambda_i^{a^a}$、$\mu_{(i,m)}^*$、v_{ij}^*、ξ_i^* 和 η_m^*；

通过方程式(9.42)在 DSS 中调整数据分割变量 $\phi_i^a(n+1)$;

Until $\{\phi_i^a(n)\}$ 收敛到 $\phi_i^{a^*}$ ；

End for

9.4 性能评估

本节提供了一些数值结果以证明所提出分布式算法的收敛性和效率，并与没有并发上传和功率控制的算法在总逗留时间和总能耗方面的性能进行比较[10]。考虑一个传感器网络，总共有 30 个传感器随机分布在 100m×100m 的正方形区域，并选择 4 个锚点，如图 9.1 所示。设置每个锚点所覆盖范围的半径为 30m，且假设每个链路都经历瑞利衰落。Sencar 的移动速率是 0.8m/s。在这个模拟过程中，为了清晰起见，以锚点 a_1 和 a_2 为观察对象，其他参数设置如表 9.1 所示。所有的性能测试结果均通过 100 次以上模拟测试获得。

表 9.1 参数设置

符号	值	符号	值
$W_i, \forall i \in N$	1.25×10^4	T	80
$p_{ij}^{\min}, (i,j)\in E^a$	1mW	σ_{ij}	10^{-7}
$p_{ij}^{\max}, (i,j)\in E^a$	100mW	B	1M
e_{ij}	$0.007d_{ij}^2$	$\rho(i,m)$	$0.05\max(x_i, x_m)$

9.4.1 收敛性和性能分析

本节讨论并分析 DaGCM 算法的收敛性及其性能。我们定义成本函数为 $NC_i = \omega_i\left(\sum_a R_i^a t^a\right)^2$ 或 $NC_i = \omega_i(y_i)^2$，其中 ω_i 为一次数据收集过程中传感器 i 将数据上传到 Sencar 时的成本。令 DCSA 的迭代步长 $\varepsilon(k) = \dfrac{1+\beta}{k+\beta}$，其中 β 为一个固定的

正整数。由定理 9.2 可知步长函数能保证采集的数据量 y_i 收敛到它的最优值 y_i^*。因此，我们可以得到总成本。

下面验证在锚点 a_1 的传感器 2 和传感器 4 及在锚点 a_2 的传感器 7 和传感器 11 的总数据采集成本，其成本量 w_2、w_4、w_7 和 w_{11} 分别设置为 4000、7800、8000 和 2000。图 9.4(a)给出了在两个锚点处总数据采集成本随迭代次数的变化情况。从图中可以看出，数据采集成本在迭代开始时大幅振荡，然后略有波动，最后收敛。换句话说，数据采集成本在大概 60 次迭代后可以达到最优。波动的原因是使用增值的次梯度法解决 DaGCM 问题，当解决方案接近最优方案时，即波动的程度与迭代步长成正比时，会产生波动[25]。随着步长的减小，算法趋于稳定并达到收敛。

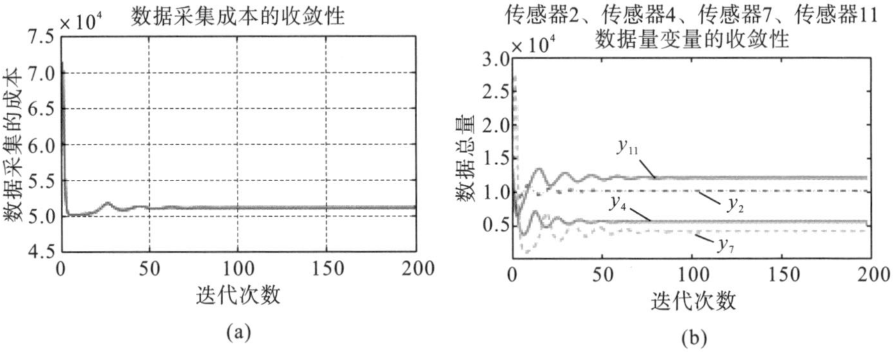

图 9.4 两锚点处总数据采集成本随迭代次数的变化：(a)数据采集成本的评估与迭代次数；(b)总采集数据量的评估与迭代次数

(图片来源：Guo S T, Yang Y, Wang C. DaGCM: A concurrent data uploading framework for mobile data gathering in wireless sensor networks. IEEE Transactions on Computers, 2016, 15(3): 610-626.)

图 9.4(b)给出了传感器 i(i=2、4、7、11)在数据采集过程中随迭代次数产生的总数据量 y_i 的变化。从图中可以观察到，因为传感器 11 与其他传感器相比有一个较小的成本量，所以在一个数据采集过程中，Sencar 从传感器 11 优先采集到更多的数据。特别是，y_7 波动更大，收敛时间较长。这是因为当链路$(7,a_2)$的可用容量受链接容量约束限制时，除了由增值的次梯度法引起的波动，传感器 7 还必须转发来自传感器 4 和传感器 6 的数据。从中进一步观察到，尽管传感器 4 和传感器 7 的成本几乎相同，但是传感器 4 产生的数据量明显超过传感器 7 产生的数据量。传感器 7 必须抑制生成更多的数据并保留合适的缓冲区尺寸以避免拥塞，这就使得 Sencar 在锚点 a_2 比在锚点 a_1 逗留的时间更长。因此，两个锚点的最佳逗留时间分别为 $t^{a_1^*}$=23.4s 和 $t^{a_2^*}$=23.4s。

图 9.5 给出了传感器 2、传感器 4、传感器 7 和传感器 11 的总数据量和有效数据量的比较。在这里，有效数据是环境监测实际上应该采集的数据(即没有冗余

数据)。在此次模拟中，为了清晰地描述数据冗余对有效数据量的影响，我们让相关参数 W=0.95，传感器的传感范围为 200m，且传感器对(1, 2)、(3, 4)、(5, 4)、(5, 2)和(7, 4)在锚点 a_1 的空间距离分别是 80m、50m、100m、250m 和 80m。同时，传感器对(6, 7)、(7, 8)、(8, 9)、(9, 10)和(10, 11)在锚点 a_2 的空间距离分别是 150m、100m、150m、100m 和 80m。根据 9.2.2 节中的数据关联模型，我们可以观察到，传感器 4 的数据冗余比传感器 7 多。从图 9.5 不难发现，每个传感器的有效数据量均小于总数据量。例如，在数据采集过程中传感器 2 的有效数据量是总数据量的 85%。这是合理的，因为并不是所有 Sencar 采集的数据都是有效的，即一般的数据来自多个传感器，一部分数据是冗余相关的，为了更准确地对环境监控进行评估，所以这部分数据需要进行融合。我们还可以观察到，虽然传感器 4 的总数据量大于传感器 7，但有效数据量却小于后者。这是因为传感器 4 附近的传感器节点有更多重叠的感知范围，并收集了更多的冗余数据。因此，仿真结果验证了无线传感器网络采集的数据多并不一定意味着有更多的有效信息。

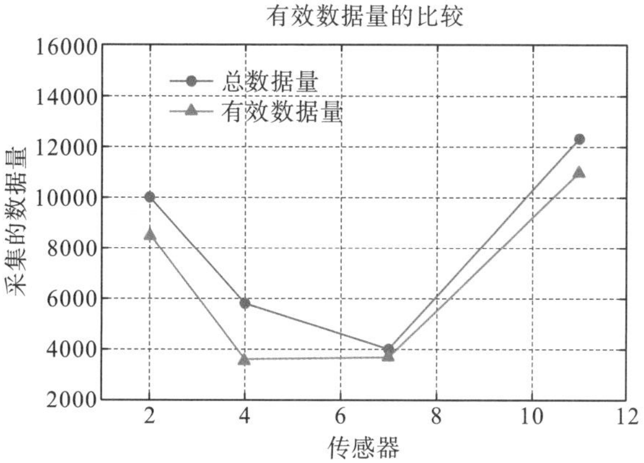

图 9.5　传感器 2、传感器 4、传感器 7 和传感器 11 的总数据量和有效数据量的比较

(图片来源：Guo S T, Yang Y, Wang C. DaGCM: A concurrent data uploading framework for mobile data gathering in wireless sensor networks. IEEE Transactions on Computers, 2016, 15(3): 610-626.)

表 9.2 列出了每个外部链路的最佳流量 $\tilde{x}_{ij}^{a}$ 和给传感器 2、传感器 4、传感器 7 和传感器 11 分配的最佳功率 p_i^*。从中可以发现，通过 Sencar 收集得到的传感器数据的成本减少了，这是因为在不同的锚点处可以动态地调整逗留时间。例如，传感器 4 的成本几乎是传感器 2 的两倍，因此在锚点 a_1，Sencar 从传感器 2 比从传感器 4 多采集 35.5%的数据。此外，在锚点 a_2 观察到 Sencar 收集的来自传感器 7 的数据更多。这是因为，在锚点 a_2 传感器 7 必须通过链路(7,a_2)转发从传感器 4 到 Sencar 的数据。特别是，在数据采集过程中，从传感器 7 和从传感器 11 采集

的数据量几乎一样，但前者的能耗却是后者的两倍多。

表 9.2 最佳链路流量和功率

锚点 a_1				锚点 a_2			
$\tilde{x}^{a_1*}_{(2,a_1)}$	5628	p_2^*	24	$\tilde{x}^{a_2*}_{(7,a_2)}$	4512	p_7^*	52
$\tilde{x}^{a_1*}_{(4,a_1)}$	4125	p_4^*	45	$\tilde{x}^{a_2*}_{(11,a_2)}$	6854	p_{11}^*	28
$\tilde{X}^{a_1*}_{(7,4)}$	2213	p_7^*	21	$\tilde{x}^{a_2*}_{(4,7)}$	2721	p_4^*	23

DaGCM 算法提出的兼容对如图 9.1 所示。根据以上的仿真结果，我们发现两个传感器是否兼容在很大程度上取决于两个传感器之间的物理距离，也取决于分配给两个传感器的功率。其原因是对于一个确定性衰落模型，无线链路增益是由链路的发射器和接收器之间的距离，以及环境的路径损耗指数和无线传播特性所决定的。在实践中，最后两个因素也决定了传感器的成本。

图 9.6 说明了传感器 2 和传感器 4 的信道衰落对所采集的数据量和功耗的影响。从传感器 2 和传感器 4 到锚点 a_1 的链路(2，a_1)和(4，a_1)分别将以 2.0×10^{-3} 和 12×10^{-3} 的速率衰退。由于路径损耗、阴影和多路径衰落等影响衰减率变低，从而改变了衰落状况，又因为 Sencar 的移动，高衰减率代表了快速衰落。因此从中可以观察到，随着衰减速率的增加，从传感器 2 和传感器 4 采集的数据量逐渐减少，相反功耗则逐渐增加。因为严重的信道衰落可导致链路(2，a_1)和(4，a_1)的收益减少，进而导致这些链路的流动速率减小。根据 PCSA 子算法，较低的链路收益将使能耗增加。

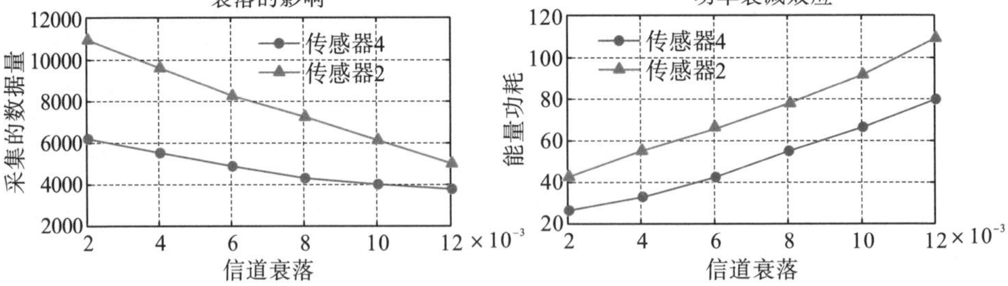

(a) (b)

图 9.6 传感器 2 和传感器 4 的信道衰落对数据量和功耗影响(a)数据量；(b)功耗

(图片来源：Guo S T, Yang Y, Wang C. DaGCM: A concurrent data uploading framework for mobile data gathering in wireless sensor networks. IEEE Transactions on Computers, 2016, 15(3): 610-626.)

9.4.2　性能比较

本节比较 DaGCM 算法与基于定价的算法的性能[10]。在两种算法中使用相同的网络和参数设置。图 9.7(a)给出了当 T=450，数据采集成本从 $1.0\times10^6\sim5.0\times10^6$ 变化时，两种算法总逗留时间的比较。从图中可以观察到，对于一个给定的数据采集成本，DaGCM 算法的总逗留时间显著少于基于定价的算法[10]。当执行功率控制子算法以节省 DaGCM 算法中传感器的能量时，两兼容的传感器可以同时上传数据到 Sencar 以缩短 Sencar 的逗留时间。它揭示了有两根天线的 Sencar 和 SDMA 技术的好处。

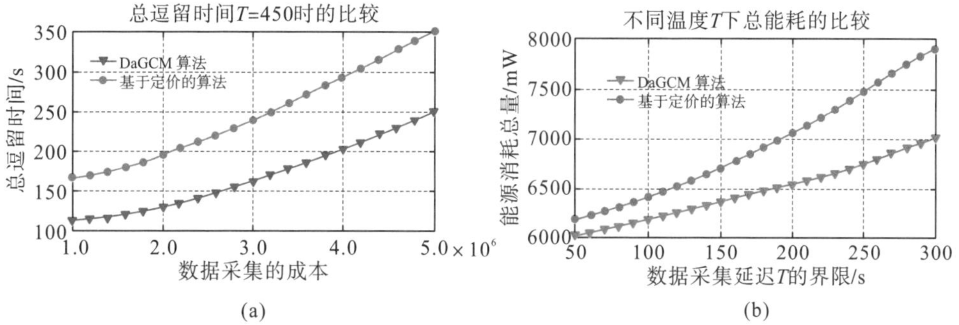

图 9.7　性能比较：(a)在数据采集成本下总逗留时间的比较；(b)总体能耗与数据采集延迟范围

（图片来源：Guo S T, Yang Y, Wang C. DaGCM: A concurrent data uploading framework for mobile data gathering in wireless sensor networks. IEEE Transactions on Computers, 2016, 15(3): 610-626.）

图 9.7(b)给出了当数据采集延迟 T 从 50～300s 变化时，DaGCM 算法和基于定价的算法[10]在一次数据采集过程中的总能耗比较。假设在两种算法中所有传感器上传的总数据量是相同的，那么可以得出以下结论：首先，DaGCM 算法中总能耗的增长明显低于基于定价的算法；其次，DaGCM 算法总能降低能耗，在延长网络生命周期中起着至关重要的作用。例如，当 T=200s 时，DaGCM 算法比基于定价的算法的总能耗低 7.3%。DaGCM 算法具有这种优势的根本原因是每个传感器都可以动态地调整其传输功率，并自适应地分割数据，然后在不同的相邻锚点以最佳的传输功率将数据发送到 Sencar。

图 9.8(a)给出了数据采集延迟 T 从 50～300s 变化时，DaGCM 算法的数据采集成本、最短路径和固定速率的变化情况。从图中可以观察到，随着 T 增加，三种算法的数据采集成本减少。当每个传感器分割它的数据并将其数据上传到不同锚点的 Sencar 时，成本函数的凸性将导致聚合的数据采集成本最小化。与此同时，与其他两种算法相比，我们也注意到采集相同数量的数据时，DaGCM 算法的成本最低。这是合理的，因为 DaGCM 算法同时考虑了最优数据传输速率、最优路

由路径和最优传动功率，而不仅是最短的路由路径或最大流量。当 T 足够大时，如 $T>280s$，所有算法达到了相同的最小数据采集成本，这表明 T 不再影响数据采集的成本。因为一个足够大的数据采集延迟可以确保所有算法以相同的成本采集数据，而不是强迫传感器上传数据时尽可能在一些特定锚点的 Sencar 以最短的时间完成数据上传。另外，当 T 足够大时，由于转发了大量来自其他传感器的数据包，所以传感器接近 Sencar 时最终会耗尽能量预算。结果，没有更多的数据可以上传到 Sencar，这使数据采集成本保持不变。

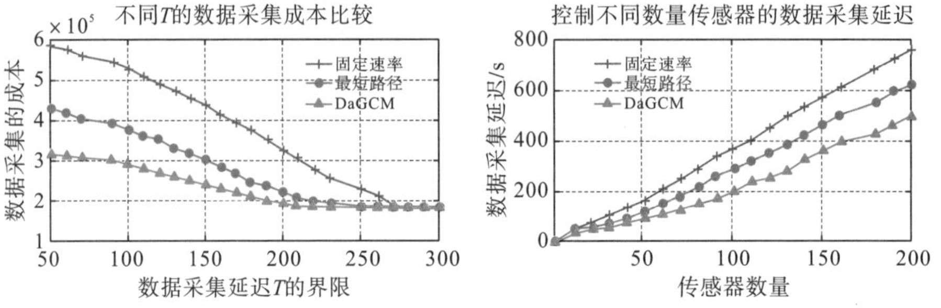

(a) (b)

图 9.8 (a)数据采集成本与数据采集延迟范围的比较；(b)传感器数量从 10～200 变化的数据采集延迟

(图片来源：Guo S T, Yang Y, Wang C. DaGCM: A concurrent data uploading framework for mobile data gathering in wireless sensor networks. IEEE Transactions on Computers, 2016, 15(3): 610-626.)

图 9.8(b)描述了传感器数量在 10～200 变化时，DaGCM 算法的数据采集延迟、最短路径和固定速率的比较。将 T 设置为 $4.5|N|$，以确保传感器可以上传足够多的数据到不同锚点的 Sencar。从图中可以看出，所有算法的数据采集延迟随传感器数量的增加而增加。这是因为传感器数量的增加将产生更多的数据信息，从而迫使 Sencar 花费更多的逗留时间来收集数据，进而导致数据采集时间的增加。从图中还可以观察到，DaGCM 算法的数据收集延迟总是最低。例如，当 $|N|=150$ 时，DaGCM 算法的数据采集延迟分别只有路径的 23.5%和固定率的 37.9%。特别地，随着传感器数量的增加，三种算法的数据采集延迟差异将变得更大。这是因为 DaGCM 算法利用并发的数据上传，能在不同锚点的 Sencar 分配最优逗留时间并确定每个传感器上传到停留在某一锚点的 Sencar 的最优数据量。虽然最短路径算法保证了最短路径，但它并不能避免链路拥塞。与此同时，固定率算法可以保证以容许的最大流量传送数据信息，但传递给不同锚点的路径和部分数据可能并不是最优的。

图 9.9(a)比较了传感器数量在 10～200 变化时的总能量消耗。显然，这三种算法的总能耗随传感器数量的增加而增加。与固定率相比，DaGCM 算法和最短路径算法的能耗较低。这样的趋势随着传感器数量的增加变得越来越明显，这是由于功率控制在减少能耗方面起着关键性的作用。DaGCM 算法的能耗最少，这是因为联合跨层设计采取大量的优化变量(数据控制、数据路由、功率控制、数据分割和逗留时间分配)。相比之下，在最短路径算法中，许多路径共享的一些“热门”链路由于链路容量约束，可能导致链路拥塞，这反过来将更多的包丢失和能源消耗。在固定算法中，所有传感器以容许的最大流量上传数据，但是并没有电源控制来管理能量消耗。因此，实现最大流量的成本会造成更多的能量消耗。

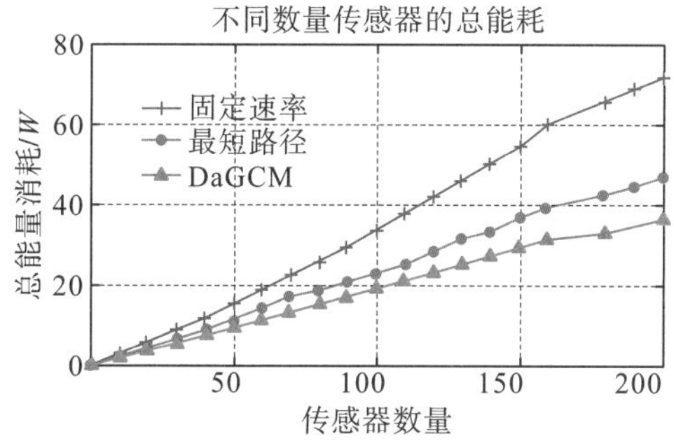

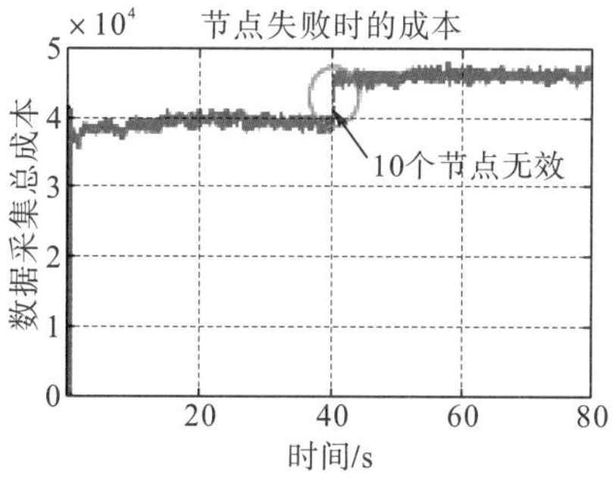

图 9.9　性能对比：(a)传感器数量从 10～200 变化的能耗总量对比；(b)节点故障时数据采集总成本

(图片来源：Guo S T, Yang Y, Wang C. DaGCM: A concurrent data uploading framework for mobile data gathering in wireless sensor networks. IEEE Transactions on Computers, 2016, 15(3): 610-626.)

9.4.3　在 NS-2 中的仿真结果

网络模拟器 NS-2 实现了文献[27]所提出的算法，同时也评估了节点故障事件中数据采集的成本。NS-2 是一个针对网络研究的离散事件驱动模拟器，并能够模拟几乎所有网络协议的动态特性。我们在传输层实现了数据速率控制和数据分割子算法，在网络层实现了路由子算法，在物理层实现了功率控制和兼容性子算法。除非特别提出，否则默认参数设置为：无线传播模型为双线地面反射模型，IEEE 802.11 DCF(分布式协调功能)作为 MAC 协议，尾部丢弃作为接口队列类型，全向天线作为天线模型。将 MIMO 与正交频分复用(orthogonal frequency division multiplexing，OFDM)结合以实现并发的数据上传。在每一帧中，可以确定哪些传感器节点能够同时传输调制的 OFDM 标志到 Sencar。一旦 Sencar 节点检测到信道是空闲的，它将根据信道条件在每个子载波上选择适当的星座图，自适应地在所有子载波分配数据，并在不同的子载波传输数据。然后，如 9.2.5 节中的定义，Sencar 从兼容节点分离叠加的数据流，并基于方程式(9.9)处理两根天线接收到的信号矢量。路由协议集成了 RSA(路由子算法)与原自组织按需距离向量路由协议(ad hoc ondemand distance vector，AODV)。所有结果都是在平均超过 100 个随机模拟中获取的，仿真时间为 80s。

在 1000m×1000m 区域随机散射 100 个节点，并选 15 个锚点使用文献[11]中的方法。我们采用一个有两根全向天线的移动节点作为 Sencar，其移动速度为 1m/s。节点间的距离设置为 50m，其传输范围和干扰范围随传输功率和通道状态而变化。假设在 40s 时，有 10 个节点由于意外的外部事件耗尽了能量，图 9.9(b)给出了数据采集成本的变化。从中可以观察到，当有节点耗尽能量时，数据收集的总成本也在不断增加。导致该结果的原因是 10 个节点的突然故障打破了之前的路由节点平衡，并迫使输入源发现新的数据转发路径，从而导致流量守恒价格和数据采集成本的增加。递增的成本也验证了本章所提算法在节点突然故障的事件中能很好地适应当前的网络状况，且能快速收敛。

进一步探索 DaGCM 算法和其他移动数据采集策略之间的性能比较，如文献[6]中的 MST 和文献[5]中的 MDC/PEQ 在数据采集总成本和能量总消耗量方面的情况。图 9.10 显示了对于不同的数据采集量和总能耗的数据采集总成本。从图 9.10(a)中可以看到，与 MST 和 MDC/PEQ 相比，当采集相同的数据量时，DaGCM 算法的成本花费最少。原因在于 MDC/PEQ 协议强调构建移动数据采集器的簇和更新传感器节点的路由信息，而 MST 策略的重点是最大化网络的生命周期。它们的目标均不是最小化数据采集成本。图 9.10(b)表明，DaGCM 算法所消耗的总能量远低于其他两个算法(几乎是 MDC/PEQ 算法的一半)。这是因为尽管 MST 和 MDC/PEQ 服从能量约束，但它们都没有采用传输功率控制以减少能量消耗。

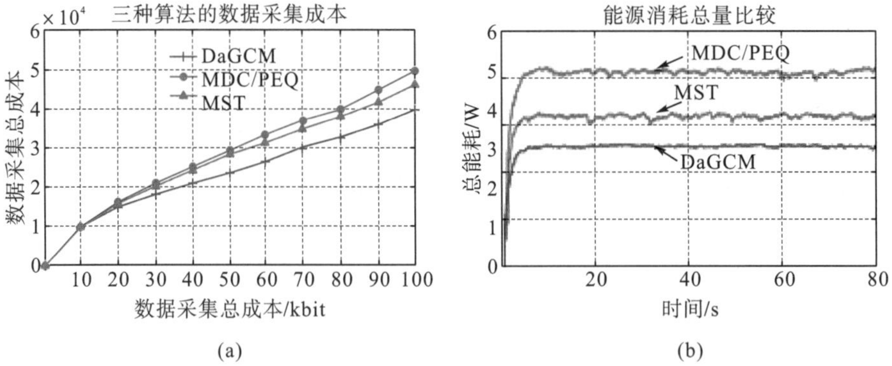

图 9.10 DaGCM、MST 和 MDC/PEQ 的性能比较：(a)数据采集总成本；(b)总能耗

(图片来源：Guo S T, Yang Y, Wang C. DaGCM: A concurrent data uploading framework for mobile data gathering in wireless sensor networks. IEEE Transactions on Computers, 2016, 15(3): 610-626.)

9.5 本 章 小 结

本章解决了无线传感器网络的跨层设计问题，它涉及数据控制、路由、功率控制和兼容性决策。利用两根天线的 Sencar 和 SDMA 技术，首先将并发数据上传的移动数据采集问题转化为 DaGCM 问题，然后通过引入一些辅助变量，将非凸 DaGCM 问题转化为一个凸问题，再进一步分解成在传输层的数据控制和数据分割子问题，以及在网络层的路由子问题和在物理层的功率控制和兼容性决策子问题。其中，DaGCM 问题受流量守恒、能耗、链路容量和传感器之间兼容性的约束，其目标是缩短数据采集时间和减少能量消耗。另外，我们还提供逗留时间分配子问题的最优解来确定不同锚点处 Sencar 的最佳逗留时间，并利用次梯度迭代法提出了几个相应的基于显式消息传递的分布式子算法。数值结果说明 DaGCM 算法收敛，且该算法在数据采集延迟和能量消耗方面优于没有并发数据加载和功率控制的算法。

最后进一步探讨后续的工作：①进一步研究对比 MMSE 接收机的系统复杂性与性能收益；②本章所反映的整个网络中的定价结构所使用的成本函数可能并不准确，因此，我们将继续从传感器的传输/接收能量、缓冲、编码/解码、移动能源和人类的管理成本方面设计一个更全面的模型；③将继续探索在 MIMO 通信中如何适应现有的传输调度、改善算法、制定有效的措施，以减少通信开销。

参 考 文 献

[1] Hua C, Yum T S P. Optimal routing and data aggregation for maximizing lifetime of wireless sensor networks. IEEE/ACM Transactions on Networking, 2008, 16(4): 892-903.

[2] Wu Y, Mao Z, Fahmy S, et al. Constructing maximum-lifetime data gathering forests in sensor networks. IEEE/ACM Transactions on Networking, 2010, 18(5): 1571-1584.

[3] Zhang Z, Ma M, Yang Y. Energy-efficient multihop polling in clusters of two-layered heterogeneous sensor networks. IEEE Transactions on Computing, 2008, 57(2): 231-245.

[4] Ahmed N, Kanhere S, Jha S. The holes problem in wireless sensor networks: A survey. Proceedings ACM SigMobile, 2005, 9(2): 4-18.

[5] Pazzi R W N, Boukerche A. Mobile data collector strategy for delay sensitive applications over wireless sensor networks. Computer Communication, 2008, 31(5): 1028-1039.

[6] Gatzianas M, Georgiadis L. A distributed algorithm for maximum lifetime routing in sensor networks with mobile sink. IEEE Transactions on Wireless Commun, 2008, 7(3): 984-994.

[7] Ma M, Yang Y. Sencar: An energy-efficient data gathering mechanism for large-scale multihop sensor networks. IEEE Transactions on Parallel Distribution System, 2007, 18(10): 1476-1488 .

[8] Ma M, Yang Y, Zhao M. Tour planning for mobile data gathering mechanisms in wireless sensor networks. IEEE Transactions on Vehicular Technology, 2012, 62(4): 1472-1483.

[9] Zhao M, Yang Y. Optimization based distributed algorithm for mobile data gathering in wireless sensor networks. IEEE Transactions on Mobile Computing, 2012, 11(10): 1464-1477.

[10] Zhao M, Gong D, Yang Y. A cost minimization algorithm for mobile data gathering in wireless sensor networks. IEEE International Conference on Mobile Ad-hoc and Sensor Systems, 2010: 322-331.

[11] Zhao M, Ma M, Yang Y. Efficient data gathering with mobile collectors and space-division multiple access technique in wireless sensor networks. IEEE Transactions on Computers, 2011, 60(3): 400-417.

[12] Cui S, Goldsmith A J, Bahai A. Energy-efficiency of MIMO and cooperative MIMO techniques in sensor networks. IEEE Journal on Selected Areas in Communications, 2004, 22(6): 1089-1098.

[13] Sun Y , Dai W, Qiao C, et al. Joint virtual MIMO and data gathering for wireless sensor networks. IEEE Transactions on Parallel and Distributed Systems, 2015, 4: 1034-1048.

[14] Nguyen D, Krunz M. A cooperative MIMO framework for wireless sensor networks. ACM Transactions on Sensor Networks, 2014, 10(3): 1-28.

[15] Nesamony S, Vairamuthu M, Orlowska M. On optimal route of a calibrating mobile sink in a wireless sensor network. 4th International Conference on Networked Sensing Systems(INSS'07), 2007: 61-64.

[16] Heinzelman W R, Chandrakasan A, Balakrishnan H. Energy-efficient communication protocol for wireless micro sensor networks. IEEE Hawaii International Conference on System Sciences, 2000: 10-17.

[17] Ajib W, Haccoun D. An overview of scheduling algorithms in MIMO-based fourth-generation wireless systems. IEEE Networks, 2005, 19(5): 43-48.

[18] Cui S, Goldsmith A J, Bahai A. Energy-constrained modulation optimization. IEEE Transactions on Wireless Communications, 2005, 4(5): 2349-2360.

[19] Yuen K, Liang B, Li B. A distributed framework for correlated data gathering in sensor networks. IEEE Transactions on Vehicular Technology, 2008, 57(1): 578-593.

[20] Slepian D, Wolf J. Noiseless coding of correlated information sources. IEEE Transations on Information Theory, 1973, 19(4): 471-480.

[21] Long C, Li B, Zhang Q, et al. The end-to-end rate control in multiple-hop wireless networks: Cross-layer formulation and optimal allocation. IEEE on Selected Areas in Communications, 2008, 26(4): 719-731.

[22] Goldsmith A. Wireless Communications. Cambridge: Cambridge University, 2005.

[23] Boyd S, Vandenbergh L. Convex Optimization. Cambridge: Cambridge University, 2004.

[24] Chiang M, Low S, Calderbank A, et al. Layering as optimization decomposition: A mathematical theory of network architectures. IEEE Proceedings. 2007, 95(1): 255-312.

[25] Bertseka D P S. Nonlinear Programming. 2nd Edition. Belmont: Athena Scientific, 1999.

[26] Guo S, Wang C, Yang Y. Joint mobile data gathering and energy provisioning in wireless rechargeable sensor networks. IEEE Transactions on Mobile Computing, 2014, 13(12): 2836-2852.

[27] NS-2, Network Simulator. 2012, http://www.isi.edu/nsnam/ns[2020-02-12].

第 10 章 基于 SINR 的低延迟数据收集算法

数据收集是各种无线传感器网络应用中的基础操作，各个传感器节点感知信息并通过多跳无线通信的方式将数据传送到数据汇聚节点。通常为了更有效地进行数据收集，无线传感器网络中的数据通过树形拓扑结构中继到汇聚节点。相关文献提出了大量基于树形结构的数据收集机制，其中大部分以最大化网络寿命为目标。然而，数据收集的及时性和可靠性对于众多无线传感器网络应用也十分重要。为了在无线传感器网络中实现低延迟、高可靠性的数据收集，本章基于可靠性模型构建数据收集树，在树上的链路间调度数据传输并相应地为每个链路分配传输功率。由于链路的可靠性很大一部分取决于信号与干扰加噪声比，因此所有在数据收集树上使用的链路的 SINR 必须高于某一门限值以保证链路的可靠性。本章将数据收集中树的构建问题、链路调度问题和能量分配问题构建成一个优化问题，其目标是最小化数据收集延迟。我们证明这是一个 NP 难问题并将其分解成两个子问题：低延迟数据收集树的构建问题、对数据收集树的联合链路调度及功率分配问题。针对每个子问题，本章提出了一个多项式启发式算法并进行了大量的仿真实验以证明该算法的有效性。仿真结果表明，相比现有的数据收集策略，本章所提算法实现了更低的数据收集时延并保证了较高的可靠性。

10.1 引 言

近些年来，无线传感器网络作为一种新兴的信息收集方式在诸多应用中展现出了巨大潜力，如结构监测、安全监控和野生动物保护等。除了感知感兴趣的信息，无线传感器网络的首要任务是如何从分散的传感器节点中收集数据。典型的数据收集方法是通过几个被选中的中继节点或动态路由将感知数据发送至静态汇聚节点[1]。在一些更复杂的方法中，中继节点通过探索时空相关性来聚集和压缩感知数据[2-4]，但是这种方法引入了额外的时延，因此并不适合某些应用。另一种方法是通过部署移动收集器在感知范围内移动以更接近传感器节点，从而以短程或直接通信的方式从传感器处收集数据[5]。通过这种方法可以有效地减少多跳中继的能耗，然而移动收集器移动速率的限制使得该方法很难保证在大规模传感器网络中数据收集的实时性。

同时，因为不需要在传感器节点处做出路由决策，所以在无线传感器网络中构建以汇聚节点为根的树形结构是非常简单且高效的数据收集方法。在这种机制下，每个节点将其自身的数据和从子节点接收的数据一并传给其父节点。以延长网络寿命为目的，文献[1]～文献[3]给出了几种数据收集树的构建机制。这些机制都以数据收集树上的传输总是成功为前提，而这样的假设是不现实的。事实上，通过实验证明，即使在无干扰的情况下，无线传感器网络中仍然有大部分的链路是不可靠和不对称的[6]。换言之，数据包在被成功传送之前可能需要在这些链路上被多次重传，这将导致在数据收集过程中额外的延时和能耗。

此外，介质访问机制与数据收集树上无线链路的容量和可靠性高度相关。然而，在前面提到的基于树的数据收集机制中这一点鲜被提及。具有冲突避免的载波侦听多路访问(carrier sense multiple access with collision detection，CSMA/CD)是无线传感器网络中一种常用的介质访问控制(medium access control，MAC)机制，但是它不能保证高可靠性和低延时性。这是因为在CSMA/CD机制下，每个节点以机会主义方式传输数据包，这使得当两个邻近的链路选择相同的退避间隙并同时发送时可能产生严重的干扰或冲突。尽管可以通过在MAC层重传信息来保证其可靠性，但是这将导致额外的开销和在数据收集中的过长延时。事实上，链路的可靠性和信干噪比紧密相关，SINR 被定义为链路从发射机上接收的功率与从其他链路接收的功率加上背景噪声的比值。为了保证高可靠性，链路的SINR应该大于当前的编码和调制机制下所设定的阈值。时分多路访问(time division multiple access，TDMA)是无线传感器网络中的另外一种MAC机制，它将MAC间隙分割成许多小的时隙，链路仅在属于自己的时隙传输数据，因此每一个链路的SINR在每一个时隙是确定的。给定一组无线链路，链路调度问题是指当每个链路的SINR都大于阈值时，如何找到满足所有链路流量需求的最小时隙数，这个问题也是个NP难问题[7]。当传感器节点以各种功率发送数据时，这一问题将变得更加复杂。

本章设计了一种无线传感器网络中基于树的数据收集机制。为了保证高可靠性，所有传感器节点以TDMA方式访问无线介质。具体来说，本章选取传感器网络中的链路子集来构建数据收集树，同时在不同时隙内调度树中的链路以进行数据传输，并且在每一时隙为激活节点动态分配传输功率，这样所有节点的感知数据都将以尽量少的时隙可靠地传输至汇聚节点。我们首先将上述问题转化成最优化问题并证明其是NP难问题。然后，给出一个实际的方案。我们将问题分解成两个子问题：①构建一个低延时的数据收集树；②对于给定的数据收集树，寻找其链路调度和传输功率分配策略以可靠快速地收集感知数据。对于子问题①，可以提出如下构建树的算法：其中每个节点根据中继流量的负载选择其父节点，对所有潜在候选者，还将考虑其对已经存在于树上的其他链路的干扰；对于子问题②，可以提出一种结合链路调度和传输功率分配的算法，该算法主要赋予那些有更多中继流量负载和存在更严重干扰的链路更高的优先权。从大量的仿真实验可以看出，本算法相较其他算法具有更快的数据收集速率。通过确保每次传输的高可靠性，链路重传的概率下降，从而使网络吞吐量得到进一步改善。因此本章所提出的算法在无线传感器网络数据收集中有着更大的优势。

本章的其余部分安排如下：10.2 节介绍系统模型，刻画数据收集问题并证明其为 NP 难问题；10.3 节将问题分解成为两个子问题，同时提出两个启发式算法来解决上述问题；10.4 节对所提出的算法进行性能评估；10.5 节进行总结。

无线传感器网络中针对数据收集机制已经有许多相关的工作。大部分的工作主要研究静态数据收集，目标在于利用数据融合的优势来最大化网络寿命。文献[1]提出了一种构建数据收集树的分布式协议，协议规定每个节点基于本地信息各自维持其自身的数据收集链路。文献[2]基于传感器感知数据的相关性，将传感器分配至不同的簇内，以最大化数据融合的级别且最小化传输到汇聚节点的数据包数量。另外，一些参考文献假设中间节点能够将所有接收的数据包和它本身感知的数据包融合成单个数据包。基于此假设，寻找最大寿命数据收集树的问题被证明为 NP 难问题，同时一个近似算法也被提出来解决这个问题[3]。文献[4]通过证明并解决在任意两个相邻层节点间的半匹配问题等价，提出一种优化算法，即从所有的根为汇聚节点的最短路径树中找到最大寿命树进行数据收集。然而，这种假设并不适合应用于所有的传感器网络。更重要的是，这些机制并没有考虑树中链路的可靠性。

如上所述，基于 TDMA 的 MAC 机制，通过 MAC 间隙分成许多时隙，在每一个时隙规划一系列的链路用于传输，这样可以保证链路的可靠性。现已存在一些对无线传感器网络中数据收集链路顺序的研究，例如，文献[8]将不需要数据融合的寻找最短路径长度顺序的问题定义为 NP 难问题，文献[9]和文献[10]分别给出了两种分布式算法。然而，上述研究的干扰模型并不精确，因为它仅根据两个链路是否在彼此的干涉范围来决定这两条链路间是否存在干涉。实际上，当所有链路同时传输数据时，相互干涉的情况将更加严重，即使是基于干扰模型，在其中任意两条链路互不干涉的情况。这是因为多跳传输节点之间的干涉在每一个接收节点处都有累积。因此，通过此机制得到的链路调度将导致更低的可靠性。最后，文献[11]提出了一种最小数据收集时间范围，在这种假设下，对不同的节点分配不同的传输能量和信道，以此来消除链路间的干涉是不现实的。事实上，文献[12]的测验证明了接收节点的 SINR 可以描述多跳链路间的干涉情况。

与此同时，通用无线传感器网络的 SINR 干扰模型下的链路调度问题在近几年得到了广泛的关注。在文献[7]中，即使是在欧几里得平面，满足 SINR 机制的最小链路调度问题也都是 NP 难问题。文献[13]～文献[17]提出了几种有效的算法。然而，这些算法都是基于所有链路均独立的假设提出的，这样的算法并不适合无线传感器网络中的数据收集，因为其中的许多链路都是公用的。

此外，文献[18]～文献[21]研究了 SINR 干扰模型下链路调度的功率控制。文献[18]从博弈论的角度研究了 SINR 干扰模型下的分布式功率控制，证明通过将此问题转化为非合作博弈可以达到 Nash 均衡。文献[19]介绍了一种基于功率的干涉图，该文献提出，若没有合适的功率分配策略来保证任意两个链路的 SINR 在给定的阈值之上，则图中对应的两个顶点是连通的。尽管干涉图并没有介绍多链路是否可以安排在同一时隙进行数据传输，但却有效地表明了当两条链路在图中相互连接时，它们并不能同时被调度。在文献[21]中，Perron-Frobenius 特征值条件被用来以集成方式将链路调度和功率控制联系到一起。在这种机制中，给定一组非相邻链路，通过检测由这些链路信道收益比组成矩阵的特征值和特征向量可以获得并发调度的可行性和相关功率控制向量。本章将采用 Perron-Frobenius 特征值条件作为决定调度策略可行性的标准。

10.2 系统模型和问题刻画

本节将对系统模型进行描述，并将基于树的数据收集模型构造为最优化问题。

10.2.1 网络模型与定义

假设一个网络由一组静态传感器节点组成，记为 N。网络中的一个传感器节点将作为汇聚节点收集并处理来自其他传感器节点的数据。每个传感器节点可从集合 $p=\{p_i|0\leqslant p_i\leqslant p_{\max}\}$ 中选择一个传输功率进行无线通信。为了保证高可靠性，链路接收器的 SINR 应该大于一个最小阈值 λ。对于任意两个传感器节点 i 和 j，如果节点 j 的 SINR 大于 λ，那么当节点 i 以功率 $p_{\max}$ 传输且没有来自其他链路的干扰时，存在从 i 到 j 的有向链路。值得注意的是链路 (i,j) 是有向的，这是因为 i 和 j 的干扰及噪声水平是不对称的。我们用集合 L 表示网络中所有的有向链路。

网络中所有节点使用基于 TDMA 的 MAC 机制访问无线介质，MAC 时间被划分为固定长度的时隙。在每个时隙中，对传输数据包的调度是主动的，传感器节点周期性地感知邻近区域，并且所有节点都有相同的感知频率，这意味着在给定周期内，所有节点发送相同的数据量到汇聚节点。我们将连续时隙定义为一个时间帧，在时间帧期间收集每个节点的感知数据一次。我们做一个合理的假设，在一个时间帧内，每个节点传输一个数据包到汇聚节点，并且所有节点的数据包具有相同的长度。另外，汇聚节点需要在一个帧内从所有节点接收数据包。对任意节点 i，定义流量需求 D_i 为在一个帧内产生的数据包数量。对于一个常规节点 D_i=1，汇聚节点不会产生数据包，它只会收集其他所有 $|N|-1$ 个节点的数据包。

因此将汇聚节点的流量需求定义为 $-(|N|-1)$，以保持流守恒。节点 i 的流量需求表示如下：

$$D_i=\begin{cases}1, & i\neq \sin k\\ 1-|N|, & i=\sin k\end{cases}\tag{10.1}$$

10.2.2　数据收集与链路调度约束

选择链路 L 的一个子集来构成数据收集树 T，根节点为汇聚节点，此时每个节点通过它们之间的有向路径转发其感知数据到汇聚节点。图 10.1 为一个 WSN 中数据收集树的示例。对于 L 中的链路 (i,j)，使用一个二元变量 $x_{i,j}$ 表示其是否在数据收集树上：

$$x_{i,j}=\begin{cases}1, & (i,j)\in T\\ 0, & 其他\end{cases}\tag{10.2}$$

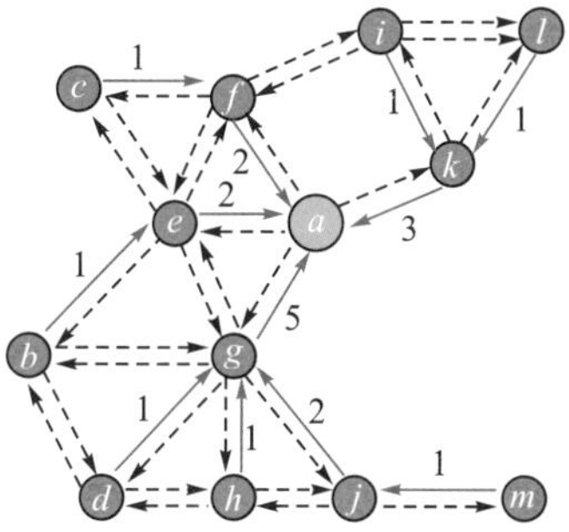

图 10.1　WSN 中数据收集树的一个示例

图中每个节点发送一个数据包到汇聚节点。网络中，节点 a 为汇聚节点，其余为普通传感器节点，蓝线表示链路，黑色虚线表示网络中其他有向链路，数字则表示链路的流量负载

（图片来源：Gong D W,Yang Y. Low-latency SINR-based data gathering in wireless sensor networks. Proc. IEEE Infocom, 2013.）

此外，定义 K 为一足够大的时隙，使在此时隙内足以将数据包从所有传感器节点传输到汇聚节点，即使每个时隙中只有一个链路处于活动状态也是如此。使用二元变量 $s_{i,j}^t$ 表示在时隙 t 链路 (i,j) 是否被调度传输，可表示为

$$s_{i,j}^t=\begin{cases}1, & 1\leqslant t\leqslant K\\ 0, & 其他\end{cases}\tag{10.3}$$

显然，若链路不在数据收集树中则其不应该被调度传输，此约束可表示为

$$s_{i,j}^t\leqslant x_{i,j},\quad 1\leqslant t\leqslant K\tag{10.4}$$

此外，由于传感器节点收发器的半双工特性，一个传感器节点在一个时隙内只能传输或接收。换句话说，一个节点在任何时刻最多只有一条输入链路或输出链路处于激活状态。此约束可描述为

$$\sum_{i\in N,i\neq j} s_{i,j}^{t} + \sum_{m\in N,m\neq j} s_{j,m}^{t} \leqslant 1,\ 1\leqslant t\leqslant K \tag{10.5}$$

在数据收集树上，除了汇聚节点，各个节点除传输自身产生的数据外，还要中继其子节点发往其父节点的数据。值得注意的是本章不考虑在中间节点进行数据融合，因此本章所提模型并不局限于数据具有时空相关性的特定应用。此后，节点需要一个单独时隙来中继所有接收的数据包，也就是说，节点输出链路激活时隙的数量应该等于其用于输入链路的激活时隙再加一个额外的时隙，这个额外的时隙用于发送自身的数据。此约束条件可表示如下：

$$\sum_{t=1}^{K}\sum_{i\in N,i\neq j} s_{i,j}^{t} + D_j = \sum_{t=1}^{K}\sum_{m\in N,m\neq j} s_{j,m}^{t} \tag{10.6}$$

然而，值得一提的是，通过将融合比例结合到上述流量守恒约束中，可以很轻易地将本章所提模型扩展以支持数据融合。

10.2.3 SINR 约束

正如前面所述，数据收集树激活链路的 SINR 应该大于阈值 λ 以提供可靠传输。影响 SINR 的一个决定性因素是接收信号的强度，而这与传输功率水平、传输距离和信号传播模型相关。本章采用对数距离路径损耗传播模型[22]来估计 SINR，因为这可以精确地描述阴影衰落。对于链路 (i,j)，用 $r_{i,j}^{\mathrm{dBm}}$ 表示节点 j 的接收功率，可得

$$r_{i,j}^{\mathrm{dBm}} = p_i^{\mathrm{dBm}} - \mathrm{PL}_{d_0}^{\mathrm{dB}} - 10\rho\log\frac{d_{i,j}}{d_0} + R_{\delta}^{\mathrm{dB}} \tag{10.7}$$

其中，p_i^{dBm} 为节点 i 的传输功率(单位：分贝)；d_0 为参考距离的常数；$\mathrm{PL}_{d_0}^{\mathrm{dB}}$ 为 d_0 处的路径损耗(单位：分贝)；ρ 为路径损耗指数；$d_{i,j}$ 为节点 i 和节点 j 间的距离；R_{δ}^{dB} 为均值为 0、方差为 δ 的高斯随机变量。

链路 (i,j) 接收信号的强度也可表示为非对数形式，此时接收功率为信道增益 $g(i,j)$ 和节点 j 的传输功率 p_i (单位：W)的乘积，即

$$r_{i,j} = g(i,j)\cdot p_i = \left(\frac{d_0^{\rho}}{d_{i,j}^{\rho}}\cdot 10^{-\frac{\mathrm{PL}_{d_0}^{\mathrm{dB}}}{10}+\frac{R_{\delta}^{\mathrm{dB}}}{10}}\right)\cdot p_i \tag{10.8}$$

在链路 SINR 的定义中，干扰是指从所有非预期发射机接收的功率总和，而噪声为背景噪声。因为在每个时隙中调度数据收集树上所有链路的子集，以及传输功率和干扰源的不同，所以链路 (i,j) 的 SINR 在每个时隙都不相同。在时隙 t，

干扰只来自这个时隙内被激活调度的链路发射器。很明显，链路(i,j)的 SINR 只有在链路被调度时才有意义，因此当$s_{i,j}^t=0$时，定义链路(i,j)的 SINR 在时隙 t 为 0。此外，在同一时隙内，除节点外，其他任一节点发出的传输链路均会对链路(i,j)。这里，用$q_{i,j}^t$表示时隙 t 时链路(i,j)的 SINR，它等于 i 到 j 的接收功率除以节点 j 其他所有激活发射器的接收功率与噪声的和，表达式如下：

$$q_{i,j}^t=\frac{S_{i,j}^t-r_{i,j}}{\sum\limits_{m\in N,m\neq i}\left(\sum\limits_{n\in N,n\neq j}s_{m,n}^t\right)\cdot r_{m,j}+B_j},\quad \forall(i,j)\in L \tag{10.9}$$

其中，B_j为节点 j 处感知的背景噪声。

最后，如果链路(i,j)在时隙 t 被调度，那么其 SINR 应该大于等于一个阈值λ，即

$$q_{i,j}^t\geqslant s_{i,j}^t\cdot\lambda \tag{10.10}$$

10.2.4　问题刻画

无线传感器网络中基于 SINR 的数据收集问题可描述如下。给定一个由 N 个传感器节点组成的无线传感器网络，节点间组成的定向链路为 L，寻找链路 L 的子集以构成一棵树 T，其根节点为汇聚节点，对树上的链路分配传输时隙，并在每个时隙给激活链路分配传输功率，使得其满足所有节点的流量需求，且分配的时隙数为最小。由于所有活跃链路的 SINR 都大于阈值λ，因此数据收集的可靠性可以得到保证。

基于 SINR 的数据收集问题可以构造为最优化问题，其目标函数为最小化分配时隙的数量，可表示如下：

$$\sum_{t=1}^{K}\max_{(i,j)\in L}s_{i,j}^t \tag{10.11}$$

如式(10.3)所定义的，如果链路(i,j)在时隙 t 被激活，那么$s_{i,j}^t=1$；若至少有一条链路是活跃的，则$\max\limits_{(i,j)\in L}s_{i,j}^t=1$，这说明时隙 t 是已经被分配的。因此，$\sum\limits_{t=1}^{K}\max\limits_{(i,j)\in L}s_{i,j}^t$为所有被分配的时隙的数量。最优化问题表示如下：

Minimize

$$\sum_{t=1}^{K}\max_{(i,j)\in L}s_{i,j}^t \tag{10.12}$$

满足：

$$0\leqslant p_i\leqslant p_{\max},\quad \forall i\in N \tag{10.13}$$

$$D_i = \begin{cases} 1, & i \neq \sin k \\ 1-|N|, & i = \sin k \end{cases}, \quad \forall i \in N \tag{10.14}$$

$$1 \leqslant t \leqslant K \tag{10.15}$$

$$x_{i,j} = \begin{cases} 1, & (i,j) \in T \\ 0, & \text{其他} \end{cases}, \quad \forall (i,j) \in L \tag{10.16}$$

$$s_{i,j}^t \leqslant x_{i,j}, \quad \forall (i,j) \in L, \quad 1 \leqslant t \leqslant K \tag{10.17}$$

$$\sum_{i \in N, i \neq j} s_{i,j}^t + \sum_{m \in N, m \neq j} s_{j,m}^t \leqslant 1, \quad 1 \leqslant t \leqslant K \tag{10.18}$$

$$\sum_{t=1}^{K} \sum_{i \in N, i \neq j} s_{i,j}^t + D_j = \sum_{t=1}^{K} \sum_{m \in N, m \neq j} s_{j,m}^t, \quad \forall j \in N \tag{10.19}$$

$$r_{i,j} = \left(\frac{d_0^{\rho}}{d_{i,j}^{\rho}} \cdot 10^{-\frac{\mathrm{PL}_{d_0}^{\mathrm{dB}}}{10} + \frac{R_{\delta}^{\mathrm{dB}}}{10}} \right) \cdot p_i, \quad \forall (i,j) \in L \tag{10.20}$$

$$q_{i,j}^t = \frac{S_{i,j}^t - r_{i,j}}{\sum_{m \in N, m \neq i} \left(\sum_{n \in N, n \neq j} s_{m,n}^t \right) \cdot r_{m,j} + B_j}, \quad \forall (i,j) \in L \tag{10.21}$$

$$q_{i,j}^t \geqslant s_{i,j}^t \cdot \lambda, \quad \forall (i,j) \in L, 1 \leqslant t \leqslant K \tag{10.22}$$

在上面的公式中，式(10.13)和式(10.14)分别用于计算传输功率的范围和所有节点的流量需求；式(10.17)～式(10.19)和式(10.22)分别用于计算数据收集量、链路调度值和 SINR 阈值；式(10.20)和式(10.21)分别用于确定每条链路的接收功率水平 SINR。表 10.1 给出了所用符号的定义。在得到最优结果后，没有激活链路的时隙被移除，剩余时隙则构成一个时间帧。

表 10.1 问题刻画中的符号清单

N	节点集合
L	有向链路集
P	传输功率级别集合
D	需求通信量
T	数据收集树
K	数据收集一个周期的时隙数
λ	SINR 最小阈值
ρ	传播模型的路径丢包指数
$p_{\max}$	节点的最大传输能量
p_i	节点 i 的传输能量
D_i	从节点 i 至汇聚节点的通信量需求
$x_{i,j}$	(i,j) 是否在数据收集树 T 上的变量

续表

$S_{i,j}^t$	(i,j) 是否在时隙 t 的变量
$r_{i,j}$	节点 j 从节点 i 收集到的能量
$d_{i,j}$	节点 i 和节总 j 之间的距离
$q_{i,j}^t$	链路 (i,j) 在时隙 t 的 SINR
$g_{(i,j)}$	从节点 i 到节点 j 的信道增益
B_i	节点 i 的环境噪声

10.2.5　NP 难问题

用下面的引理证明上面所提到的优化问题为 NP 难问题。

引理 10.1　无线传感器网络中基于 SINR 的数据收集问题是一个 NP 难问题。

证明　为证明此引理，引入一个最大链接问题，而在文献[23]中，这已经被证明是一个 NP 难问题。最大链接问题是通过选择所有链路的发射功率来最大化在任意无线传感器网络中满足最小 SINR 阈值的链路数量。基于 SINR 的数据收集问题可表示如下：在网络的所有生成树中，在所有链路满足 SINR 约束的情况下找到使得数据收集时间最短的树。

在一个生成树中，对于不需要数据融合的数据收集，所有链路的流量负载是确定的。对于 T 中的任意链路 (i,j)，定义其流量负载为节点 i 的流量需求 D_i 及节点 i 所有子节点的流量需求之和。这时，在一个生成树中找到最小数据收集时间的问题可进一步分解为一系列最大连接问题。在每个最大连接的子问题中，对其构造一个辅助图，如果相应链路有剩余流量负载，那么就为辅助图增加一条边。利用辅助图解决了最大连接的子问题后，数据收集树的剩余流量负载会进行更新。这个步骤一直重复直到链路负载为 0，此时迭代次数为树的数据收集延迟。特别地，将所有传感器放置在一条线上的无线传感器网络中，只存在一个生成树并且其结构与网络拓扑相同。因此，基于 SINR 的优化问题实质上是几个最大连接子问题的组合问题。所以基于 SINR 的优化问题为 NP 难问题。

10.3　启发式算法

在前面构造的优化问题中，约束条件随节点数呈指数增长，因此通过数学工具解决此问题得到最优结果是不可行的。为了使问题简单化，我们将此问题分解为两个子问题：①构造一个低延迟的数据收集树；②链路调度并且在每个时隙为激活链路分配传输功率，使得当激活链路的 SINR 值大于 λ 时数据收集时间最小。为了更简单地求解这两个子问题，我们先介绍一个基于功率的增强干扰图，再对这两个子问题分别提出启发式算法。

10.3.1 基于功率的增强干扰图

正如 10.2 节所讨论的，基于功率的干扰图在文献[21]中的介绍。在此图中，如果不能对无线传感器网络中两个给定任意功率的相关链路进行调度，那么就将这两个顶点连接起来。此图在数据收集树中的链路调度时非常有用，但是此图不能反映链路的流量负载，而这在启发式算法中是需要的。因此将此图扩展为基于增强功率的干扰图，这里定义一个加权无向图 $I=(V,E,W)$，其中 V 为顶点的集合，E 为边的集合以表示干扰关系，W 为所有顶点的权重集合。V 中每个顶点都与数据收集树中的一条链路相关联，如果两条关联链路流量负载为正值，且没有可行的功率分配以满足最小 SINR 阈值或共享一个公共节点，那么这两个顶点连通。如果 I 中的关联顶点相连接，那么认为两条链路是不兼容的。顶点的权重定义为关联链路的剩余流量负载。图 10.1 中的数据收集树基于增强功率的干扰图如图 10.2 所示。

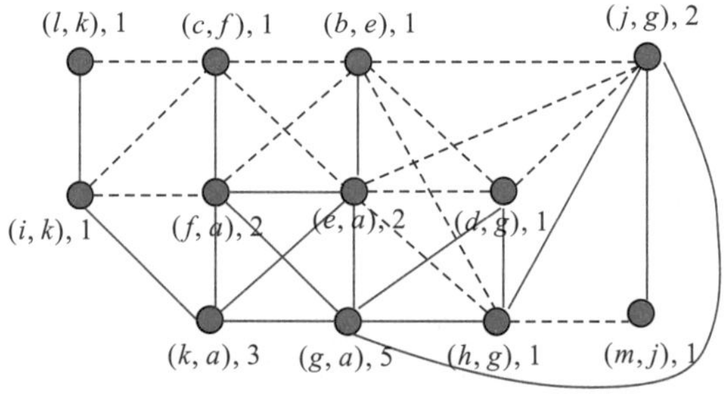

图 10.2 图 10.1 中数据收集树基于增强功率的干扰图

图中每个顶点都与树上的链路相关联，数字代表链路负载，顶点间的黑色虚线表示两个链路共用一个节点，蓝色链路表示两条关联链路不能同时被调度

（图片来源：Gong D W,Yang Y. Low-latency SINR-based data gathering in wireless sensor networks. Proc. IEEE Infocom, 2013.）

10.3.2 数据收集树的构造

基于树的数据收集所需要的时隙数取决于树的拓扑结构。文献[11]基于可以完全消除所有干扰的假设，给出了数据收集时间的下限 $\max\{2n_\delta-1,|N|\}$，其中

n_δ 为数据收集树上一汇聚节点为根的所有子树的最大规模。直观上看，如果节点以平衡方式分布在多个子树中，那么 n_δ 是相对较小的。另外，当不能在相同时隙调度两条不兼容的链路时，则在构建数据收集树时应该避免增加不兼容链路，以减少所需的时隙数。基于这些观察，我们设计一个低延迟高兼容(low latency and high compatibility，LLHC)算法以构建数据收集树。

在 LLHC 算法中，使用广度优先搜索(breadth first search，BFS)算法遍历网络并为每个节点分配高度，遍历从汇聚节点开始并使得节点的高度是其到汇聚节点的最短跳数，在本章的剩余部分中“高度”和“等级”两个术语互换使用。另外，还为网络构建了一个基于增强功率的干扰图 I，数据收集树的初始状态为空。最初，当所有的节点为一级时，将所有到汇聚节点的有向链路增加到 T 中，然后每个一级节点被当作子树的根节点，由于 BFS 算法的性质，子树的量是最大的。然后所有其他节点以等级增序的方式增加到 T。一个 m 级的节点可选择 m−1 级的任意节点作为其候选父节点，只要它们之间存在直接链路。正如前面所讨论的，应该选择最小化最大子树规模并能引入一条与 T 上大多数链路兼容的新链路的候选节点为父节点。权重是为候选父节点而定义的，可反映出两个因素。对于节点 i 的候选父节点 j，将其权重定义为 j 所属子树大小和 T 上与 (i,j) 不兼容的链路的数量之和。将其权重最小的候选节点 j' 将被选为节点 i 的父节点，同时将链路 (i,j) 加入 T。这个过程一直重复，直到所有节点都被包含。

因为每次只有一个新节点能连接到数据收集树并且节点数量是有限的，所以本章的算法能够保证收敛。算法 10.1 给出 LLHC 算法的伪代码。从算法 10.1 中可以看出，产生基于增强功率的干扰图的时间复杂度为 $O(|L|^2)$，而使用 BFS 算法遍历所有节点的时间复杂度为 $O(|N|+|L|)$。假设节点有 M 级且在第 m 级的节点数为 n_m，可得 $n_1+n_2+\cdots+n_m=|N|$。在最糟糕的情况下，在第 m−1 级的任意节点都可作为第 m 级的候选父节点。如果假设候选父节点确定权重的时间为常数，那么其所花费的连接第 m 级的所有节点的时间复杂度为 $O(n_{m-1}\cdot n_m)$，连接所有节点的时间复杂度为 $O(n_1\cdot n_2+n_2\cdot n_3+\cdots+n_{M-1}\cdot n_M)=O(|N|^2)$。因此 LLHC 算法的全局时间复杂度为 $O(|L|^2+(|N|+|L|)+|N|^2)=O(|L|^2)$。

算法 10.1　低延迟高兼容算法

输入：

　　节点个数 N；

　　有向链接数 L；

输出：

　　数据收集树 T；

算法：

```
初始化 N 中所有节点的传输能量为 pmax;
初始化 N 中所有节点的 parent 为-1;
生成增强功率干扰矩阵 I;
使用 BFS 得到网络中所有节点的 level(i);
置为所有节点 lever 的最大值为 levelmax;
T=Φ;
for 任意 lever 为 1 的节点
    Parent(n)=sink, subtree(n)=n;
    numsub(n)=1,T=T∪(n,sink);
end for
for lever m 从 2 到 levelmax
  for 任意节点 n 的 lever 为 m
      C={c∈N|leve(c)=m-1,parent(c) ≠-1,(c,n)∈L}
     for  每个在 C 中的 c
       Count(c)=numsub(subtree(c));
        for T 中的每一个链路 f
            if f 在 I 上与(c,n)连接
            int(c)++;
            end if
       end for
    weight(c)=int(c)+count(c);
    end for
  C 中最小权重处的节点为 c';
  parent(n)=c';
  subtree(n)=subtree(c');
  numsub(subtree(n))=numsub(subtree(n))+1;
  T=T∪(n,c');
     end for
    end for
```

10.3.3 链路调度与功率分配

通过 LLHC 算法得到数据收集树后，下一步就是为树上的链路分配时隙并传输功率以得到最小化数据收集延迟。当在一个新的时隙调度链路时，应当首先考虑具有高流量负载的链路，因为这些链路需要更多的时隙来传输流量。此外，与顶点关联且有更大度的链路也应该有较高的优先级，因为这些链路可以防止在同一时隙中调度与其不兼容的其他所有链路。基于前面的观察，我们提出一个关于链路调度和传输功率分配的最大权重优先(maximum weight first，MWF)算法，其中链路的权重定义为剩余流量负载和顶点的度之和。

给定一个链路的集合，确定其收发器是否存在功率分配向量使得所有链路的 SINR 约束都满足，这是充满挑战的。由于干扰的累积性质，即使关联顶点是相互独立的，这样的传输功率分配也可能是不存在的。因此当链路数量很多时使用蛮力搜索方法是不可行的。对于没有公共节点链路的集合 M，定义一个$|M|\times|M|$的可行性矩阵 $\boldsymbol{F}$ 如下：

$$\boldsymbol{F}=\begin{bmatrix} 0 & \dfrac{g(2_{\mathrm{t}},1_{\mathrm{r}})}{g(1_{\mathrm{t}},1_{\mathrm{r}})} & \dfrac{g(3_{\mathrm{t}},1_{\mathrm{r}})}{g(1_{\mathrm{t}},1_{\mathrm{r}})} & \dfrac{g(m_{\mathrm{t}}1_{\mathrm{r}})}{g(1_{\mathrm{t}},1_{\mathrm{r}})} \\ \dfrac{g(1_{\mathrm{t}},2_{\mathrm{r}})}{g(2_{\mathrm{t}},2_{\mathrm{r}})} & 0 & \dfrac{g(3_{\mathrm{t}},2_{\mathrm{r}})}{g(2_{\mathrm{t}},2_{\mathrm{r}})} & \dfrac{g(m_{\mathrm{t}},2_{\mathrm{r}})}{g(2_{\mathrm{t}},2_{\mathrm{r}})} \\ \vdots & \vdots & \vdots & \vdots \\ \dfrac{g(1_{\mathrm{t}},m_{\mathrm{r}})}{g(m_{\mathrm{t}},m_{\mathrm{r}})} & \dfrac{g(2_{\mathrm{t}},m_{\mathrm{r}})}{g(m_{\mathrm{t}},m_{\mathrm{r}})} & \dfrac{g(m-1_{\mathrm{t}},m_{\mathrm{r}})}{g(m_{\mathrm{t}},m_{\mathrm{r}})} & 0 \end{bmatrix} \tag{10.23}$$

其中，链路 m 的发射器和接收器分别定义为 m_{t} 和 m_{r}。将可行性矩阵 $\boldsymbol{F}$ 的第(i, j)个元素定义为

$$\boldsymbol{F}(i,j)=\begin{cases} 0, & i=j \\ \dfrac{g(j_{\mathrm{t}},i_{\mathrm{r}})}{g(i_{\mathrm{t}},i_{\mathrm{r}})}, & i\neq j \end{cases} \tag{10.24}$$

其中，$g(j_{\mathrm{t}},j_{\mathrm{r}})$为链路 j 的发射器到链路 i 的接收器的信道增益；$g(j_{\mathrm{t}},j_{\mathrm{r}})$为链路 i 的信道增益。

当忽略接收器处的噪声时，当且仅当矩阵 $\boldsymbol{F}$ 的 Perron 特征值的倒数 ρ 大于 SINR 阈值 λ 时，M 中的所有链路可以被同时调度，而任意正的多个相应的 Perron 特征值可被当作对所有链路的功率分配向量 $\boldsymbol{p}$。非负平方矩阵的 Perron 特征值为最大正特征值，而 Perron 特征向量为 Perron 特征值对应的向量。

当考虑接收器的噪声时，需要一个常数因子 c 乘以上面推导出的功率分配向量以确保满足 SINR 约束，而 c 应该满足下面的条件：

$$c\geqslant\max_{m\in M}\left\{\frac{B_{m_{\mathrm{r}}}}{g(m_{\mathrm{t}},m_{\mathrm{r}})[\delta^{-1}-\rho(F)]p_{m_{\mathrm{t}}}}\right\} \tag{10.25}$$

其中，$B_{m_{\mathrm{r}}}$ 为链路 m 处接收器的背景噪声；$p_{m_{\mathrm{t}}}$ 为传输功率。充分必要条件在文献[24]中已经得到证明。在 MWF 算法中使用此条件确定链路是否可以在同一时隙被调度。

在 MWF 算法中，首先对数据收集树 T 构建基于增强功率的干扰图 I，将 T

中所有链路的权重以降序方式排列。这时，将分配一个新的时隙 t，对这个时隙 t，将权重最大的链路 m 增添到活跃链路集 S_t 中，流量负载则下降到 1。下面研究权重第二大的链路 m' 与 S_t 中所有链路的兼容性。如果链路 m' 能与其他链路兼容，那么对链路 $S_t \cup m'$ 构建一个可行性矩阵 $\boldsymbol{F}$。如果能在 $\boldsymbol{F}$ 中找到可行的功率分配，那么将链路 m' 增添到 S_t 中，并且 m' 的流量负载下降到 1，否则检查排序列表中的下一条链路。对于时隙 t，在对所有链路将剩余流量负载都检查一次后，活跃链路集 S_t 最终得以确定。然后分配一个新的时隙 t+1，再重复上述程序直到 T 中所有链路的流量负载为 0。作为一个例子，由 MWF 算法产生的链路调度在表 10.2 中给出。

表 10.2 图 10.1 中数据收集树的链路调度

时隙	激活链路	时隙	激活链路
1	$g \to a$	9	$k \to a$
	$c \to f$	10	$g \to a$
2	$g \to a$	11	$k \to a$
	$l \to k$	12	$i \to k$
3	$g \to a$		$j \to g$
	$m \to j$	13	$b \to e$
4	$e \to a$	14	$k \to a$
5	$g \to a$	15	$j \to g$
6	$e \to a$		
7	$f \to a$		
	$d \to g$		
8	$f \to a$		
	$h \to g$		

由于每个时隙至少有一条链路被调度，并且全局流量负载是有限的，因此该算法能够保证收敛，算法 10.2 给出了 MWF 算法的伪代码。为了分析 MWF 算法的时间复杂度，假设在每个时隙中平均有 u 条链路被调度，在最糟糕的情况下，排列链路集中的前 u 条链路总是被选择为激活链路集。这时，对剩下的$|T|-u$ 条链路，将花费 $O(u)$时间来检查链路是否与前 u 条链路兼容。如果兼容，那么花费额外 $O[(u+1)^3]$时间来验证矩阵 $\boldsymbol{F}$ 的可行性，而计算 $n\times n$ 矩阵的特征值和特征向量的时间复杂度为 $O(n^3)$，否则此链路不能增添到激活链路集且需要检查后面所剩余链路的兼容性。在最糟糕的情况下，所有传感器分布在一条直线上，汇聚节点为一端的端点，则数据收集树有一个线性拓扑结构。这种情况下总的流量负载为$1+2+\cdots+|T|=(|T|+1)/2$，因此所需时隙数为$|T|(|T|+1)/(2u)$，则 MWF 算法

的全局时间复杂度可近似为

$$O\left\{|T|^{*}\left[u+(u+1)^{3}\right]\cdot\left[|T|(|T|+1)/(2u)\right]\right\}\approx O(|T|^{3}\cdot u^{2}) \tag{10.26}$$

算法 10.2　最大权重优先算法

输入：

数据收集树 T；

通信传输功率集合 P；

通信请求 S；

输出：

链路调度矩阵 S 和功率分配矩阵 U；

算法：

```
生成 T 的基于功率增强的干扰图 I；
决定 T 中每一链路的通信量；
for 任意 m∈T
    定义 I 中与顶点相连的链路 m 的度为 degree(m)；
    weight(m)=load(m)+degree(m)；
end for
t=1;
sumd=sum(load)；
while
   根据链路的权重将 T 中的链路按降序排列形成 T'
   for 任意 T'中的 m
       if  m 不与 St 中的任意链路冲突
       and  St∪m 有合适的功率分配
            St=St∪m;
            load(m)--;
       end if
    end for
     给 St 中每个链路分配传输能量向量 Ut；
     更新增强功率干扰图 I；
     更新所有节点的权重；
      t++;
end while
```

由于在数据收集树中任意时隙最多只能有一半链路被调度，u 的上界为$|T|$，因此 MWF 的时间复杂度为$O(|T|^5)$。

在实际的无线传感器网络中，每个传感器均以较低频率广播一个固定功率的信标信息，其他节点通过测量信标节点的接收功率水平决定链路的信道增益，再进一步将此信道增益信息发送给汇聚节点。汇聚节点执行 LLHC 算法和 MWF 算法并广播派生树的构建、链路调度及功率分配输出消息给所有节点。需要注意的是，LLHC 算法和 MWF 算法均只需要周期性地执行以反映由节点电池能量耗尽而引起的信道增益变化或网络拓扑改变。由于无线传感器网络需要花费大多数时间和能量来收集感知数据，因此本章所提算法的负载是可以忽略的。

10.4 性能评价

本节将通过仿真对 LLHC 算法和 MWF 算法的性能进行评估。首先研究在不同节点密度和不同 SINR 阈值下本章所提算法的有效性，然后研究数据收集负载的分布关于节点的平均转发流量和最大缓冲长度，最后研究汇聚节点的位置对数据收集延迟的影响。为了进行比较，使用广度优先搜索算法和最大寿命树(maximum life tree，MLT)算法[4]产生数据收集树，而使用整合调度和功率控制的改进最短增广路(improved shortest augumenting path，ISAP)算法[20]和不断增加的需求贪婪调度(increasing demand for greedy scheduling，IDGS)算法[22]在数据收集树中调度链路。

在仿真部分，传感器节点随机分散在 500m×500m 方形区域，节点的最大传输功率设置为-10dBm。另外，所有节点在 5MHz 频带进行通信，且加性白高斯噪声(additive white Gaussian noise，AWGN)的均值为-97dBm。使用对数距离路径损耗模型作为传播模型，其中路径损耗指数ρ为 3，标准偏差X_δ为 7dB。如果没有特别说明，最小 SINR 阈值设置为 10dB 并将汇聚节点部署在区域中心。以上所有结果都是基于 100 次计算所取的均值。

首先评估所提出的 LLHC 算法和 MWF 算法。传感器节点数从 50～200 以步长 25 变化，仿真节点如图 10.3(a)所示，其中当由 BFS 算法和 MLT 算法产生的树分别通过 ISAP 算法和 IDGS 算法链路调度算法调度时，LLHC 算法和 MWF 算法将联合执行。注意所提算法需要的数据收集时间比对比算法结合所花的时间要少。此外，当节点密度越高时，LLHC 算法和 MWF 算法的优点越明显。例如，当区域中的节点为 200 时，所提算法的结果比从 MLT-IDGS 算法和 MLT-ISAP 算法所得到的结果分别要好 13%和 28%。这证明本章对于树的构造及链路调度的策略在保证高可靠性的同时更能减少数据收集延迟。注意，若给定相同的数据收集树，IDGS 算法比 ISAP 算法使用更少的时隙进行数据收集，因此链路的流量负载只考虑 IDGS 算法。另一方面，由于不同链路调度算法将导致不同的结果，因此比较 BFS 算法或 MLT 算法是否更能缩短数据延迟是很困难的。

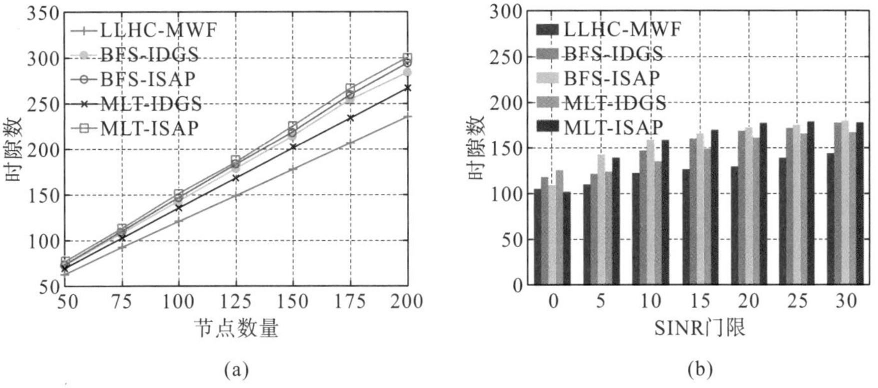

图 10.3　最小 SINR 阈值在不同节点密度下数据收集的时隙

（图片来源：Gong D W,Yang Y. Low-latency SINR-based data gathering in wireless sensor networks. Proc. IEEE Infocom, 2013.）

现在研究本章所提算法在不同 SINR 阈值约束条件下所需的时隙数。将传感器节点固定为 100 个，最小 SINR 阈值在 0～30dB 变化，步长为 5dB。LLHC-MWF 算法及四种比较算法组合的仿真结果如图 10.3(b)所示。很明显，对于所有算法，当最小 SINR 阈值增加时，数据收集时间也增加，因为当链路对干扰敏感时只有很少的链路能够被调度。然而，在不同的最小 SINR 阈值约束条件下，本章所提算法总是优于所比较的算法。此外，当最小 SINR 阈值约束条件相对严格时，LLHC 算法和 MWF 算法的优点更加显著。特别地，当 SINR 阈值为 20dB 时，本章算法相比 MLT-IDGS 算法和 BFS-ISAP 算法分别少使用 31 个和 46 个时隙。同时也可以观察到 LLHC-MWF 算法相比其他算法，当 SINR 阈值超过 20dB 时下降得更缓慢。这是因为当 SINR 阈值很大时，链路不能在同一时隙被调度，从而导致树中大量链路变得不兼容，即使其比其他链路干扰更少，也不能被加入树中。

下面研究不同算法在数据收集树中由节点转发而引起的平均流量，结果如图 10.4(a)所示，其中节点数量在 50～200 变化。从图中可以发现，LLHC 算法的平均转发流量低于 BFS 算法，而高于 MLT 算法，这是因为在构建树时，为使得其在网络中均匀分布，将子树大小考虑进来。MLT 算法的平均转发流量随节点密度增加基本保持不变，由于其在树的不同层试图最小化链路的流量负载。然而，如图 10.3 所示，这将比 LLHC 花费更长的时间来完成一轮数据收集，这表明需要平衡中继负载和数据收集延迟。

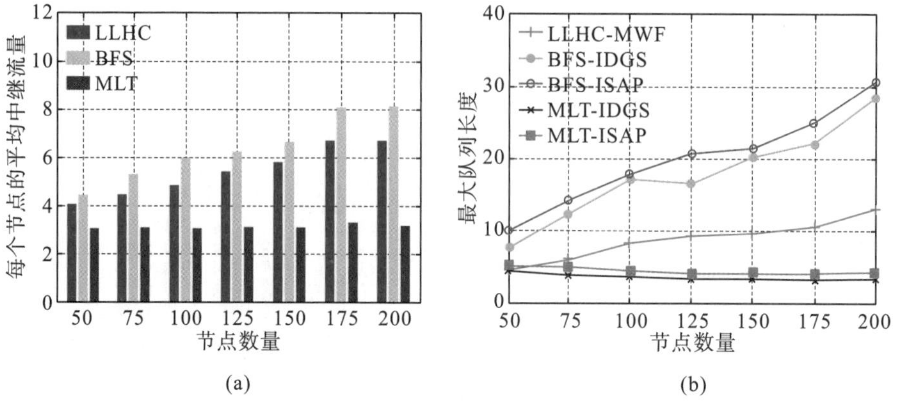

图 10.4 在不同的数据收集策略中平均中继流量和最大队列长度

（图片来源：Gong D W,Yang Y. Low-latency SINR-based data gathering in wireless sensor networks. Proc. IEEE Infocom, 2013.）

本章还研究了在数据收集期间每个节点的最大序列长度，这是为了确定传感器的最小缓冲。仿真结果如图 10.4(b)所示。需要注意的是，LLHC 算法和 MWF 算法的最小序列长度比基于 BFS 算法的数据收集策略的更短。另外，随着节点密度增加，本章所提算法的最大序列长度也在缓慢增加。当区域中的节点数量为 200 时，LLHC-MWF 算法的最大序列长度为 13，而这仅是基于 BFS 算法策略的 1/3。假设数据包大小为 1kB，则所提算法的缓冲需求小于 20kB，而这对于大多数已有传感器是可行的。无论节点密度为多少，基于 MLT 算法的数据收集的最大序列长度均小于 5，这就得到与前面所讨论的每个节点的平均转发流量情况相似的解释。我们还可以观察到，IDGS 算法与 ISAP 算法相比，在相同数据收集树的情况下需要更小的缓冲区，这是因为 IDGS 算法在每个时隙平均调度的链路比 ISAP 算法更多，如图 10.3 所示。

最后，本章研究了汇聚节点的位置对数据收集延迟的影响。我们做了两个实验，一个实验的汇聚节点随机部署，而另一个实验的汇聚节点被部署在区域中心。结果如图 10.5 所示，其中 CS 和 RS 分别表示位于区域中心的汇聚节点和随机布置的汇聚节点。很明显，当汇聚节点随机分布时，数据收集策略需要更多的时间，这是因为当汇聚节点在网络边缘时，很少的节点能够直接用于传输数据，这就造成数据收集出现瓶颈。相比其他算法，本章所提算法仍可明显地降低数据延迟。

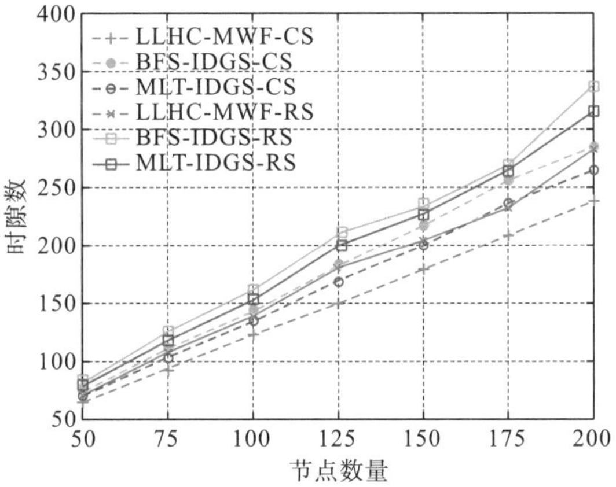

图 10.5　汇聚节点随机分配的传感网络中的数据收集需求时隙

（图片来源：Gong D W,Yang Y. Low-latency SINR-based data gathering in wireless sensor networks. Proc. IEEE Infocom, 2013.）

10.5　本 章 小 结

本章研究了无线传感器网络中基于树的数据收集，目标是通过仔细构建数据收集树，调度链路及在每个时隙为激活链路分配传输功率，以实现在低延迟和高可靠性的条件下从所有的传感器收集数据。我们将问题构造为优化问题并证明其是 NP 难问题，本章将此问题分解为两个子问题并为每个子问题提出一个启发式算法。基于大量仿真的基础上，结果表明在不同节点密度和最小 SINR 阈值下，不考虑汇聚节点的位置，相比其他方案，本章所提算法能够显著减少数据收集延迟。同时，表明本方案中整个网络的流量负载更加平衡，因此网络寿命也会延长。

参 考 文 献

[1] Thepvilojanapong N, Tobe Y, Sezaki K. On the construction of efficient data gathering tree in wireless sensor networks. Proc. IEEE International Symposium on Circuits & Systems, 2005: 648-651.

[2] Liu C, Wu K, Pei J. An energy-efficient data collection wireless sensor networks by exploiting spatiotemporal correlation. IEEE Transactions on Parallel and Distributed Systems, 2008, 18(7): 1010-1023.

[3] Wu Y, Fahmy S, Shroff N B. On the construction of a maximum-lifetime data gathering tree in sensor networks: NP-completeness and approximation algorithm. Proc. IEEE Infocom, 2008: 356-360.

[4] Luo D, Zhu X, Wu X, et al. Maximizing lifetime for the shortest path aggregation tree in wireless sensor networks. Proc. IEEE Infocom, 2011: 1566-1574.

[5] Ma M, Yang Y . Sencar: An energy efficient data gathering mechanism for large scale multihop sensor networks. IEEE Transactions on Parallel and Distributed Systems, 2007, 18(10): 1476-1488.

[6] Zhao J, Govindan R. Understanding packet delivery performancein dense wireless sensor networks. Proc. ACM Conference on Embedded Networked Sensor Systems, 2003: 1-13.

[7] Goussevskaia O, Oswald Y A, Wattenhofer R . Complexity ingeometric SINR. Proc. ACM MobiHoc, 2007: 100-109.

[8] Choi H, Wang J, Hughes E A . Scheduling for information gathering on sensor network. Wireless Networks, 2009, 15(1): 127-140.

[9] Cheng W C, Chou C F, Golubchik L, et al. A coordinated data collection approach: Design, evaluation, and comparison. IEEE Journal on Selected Areas in Communications, 2004, 22(10): 2004-2018.

[10] Gandham S, Zhang Y, Huang Q. Distributed time-optimal scheduling for convergecast in wireless sensor networks. Computer Networks, 2008, 52(3):610-629.

[11] Durmaz Incel O, Ghosh A, Krishnamachari B, et al. Fast data collection in tree-based wireless sensor networks. IEEE Transactions on Mobile Computing, 2012, 11(1):86-99.

[12] Maheshwari R, Jain S, Das S R. A measurement study of interference modeling and scheduling in low-power wireless networks. Proc. ACM International Conference on Embedded Networked Sensor Systems, 2008: 141-154.

[13] Kompella S, Wieselthier J E, Ephremides A. A cross-layer approach to optimal wireless link scheduling with SINR constraints. Proc. IEEE Military Communications Conference, 2007: 1-7.

[14] Moscibroda T, Wattenhofer R, Zollinger A Topology control meets SINR: The scheduling complexity of arbitrary topologies. Proc. ACM MobiHoc, 2006: 310-321.

[15] Blough D M, Resta G, Santi P. Approximation algorithms for wireless link scheduling with SINR-based interference. IEEE/ACM Transactions on Networking, 2010, 18(6): 1701-1712.

[16] Yuan F, Zhang B, Yang C. A joint power control and link scheduling strategy for consecutive transmission in TDMA wireless networks. Proc. IEEE International Symposium on Personal Indoor & Mobile Radio Communications, 2010: 2477-2482.

[17] Wan P, Frieder O, Jia X, et al. Wireless links cheduling under physical interference model. Proc. IEEE Infocom, 2011: 838-845.

[18] Sengupta S, Chatterjee M, Kwiat K A. A game theoretic framework for power control in wireless sensor networks. IEEE Transactions on Computers, 2009, 59(2): 231-242.

[19] Behzad A, Rubin I. Optimum integrated link scheduling andpower control for multihop wireless networks. IEEE Transactions on Vehicular Technology, 2007, 56(1): 194-205.

[20] Borbash S A, Ephremides A. Wireless link scheduling with power control and SINR constraints. IEEE Transactions on Information Theory, 2006, 52(11): 5106-5111.

[21] Fu L, Liew C, Huang J. Joint power control and link scheduling in wireless networks for throughput optimization. Proc. IEEE International Conference on Communications, 2008: 3066-3072.

[22] Zuniga M, Krishnamachari B. Analyzing the transitional region in low power wireless links. Proc. IEEE International Conference on Sensing, Communication, and Networking, 2004: 517-526.

[23] Andrews M, Dinitz M. Maximizing capacity in arbitrary wireless networks in the SINR model: Complexity and game theory. Proc. IEEE Infocom, 2009: 1332-1340.

[24] Borbash S A, Ephremides A.The feasibility of matchings in a wireless network. IEEE Transactions on Information Theory, 2006, 52(6): 2749-2755.